计算机课程改革教材——任务实训系列

Photoshop CS3 图形图像处理

张　巍　总主编

王小平　林 波　林柏涛　龙天才　副总主编

张穗宜　主　编

卿　林　主　审

電子工業出版社

Publishing House of Electronics Industry

北京·BEIJING

内 容 简 介

本书将软件功能与行业实际应用相结合，通过任务实例制作来讲解 Photoshop 的应用。全书共分为 10 个模块，其中模块一主要讲解 Photoshop CS3 的基本操作；模块二讲解创建与编辑图像选区；模块三讲解图像的绘制与修饰；模块四讲解编辑、排列与对齐图形；模块五讲解调整图像色彩的相关知识；模块六讲解绘制路径和矢量图形；模块七讲解编辑文本的相关知识；模块八讲解使用通道与蒙版；模块九讲解滤镜应用，包括制作“文字特效”、制作“纹理与质感特效”和制作“图像特效”等；模块十主要讲解图像的批处理与输出。

本书随书配有光盘，内容包括素材源文件。本书的所有实例都来源于实际工作，具有较强的代表性和可操作性，并融入了大量的职业技能元素，注重实训教学。适合作为中等职业学校教学用书。

图书在版编目（CIP）数据

Photoshop CS3 图形图像处理 / 张穗宜主编. —北京：电子工业出版社，2011.8
计算机课程改革教材. 任务实训系列
ISBN 978-7-121-13657-3

Ⅰ. ①P… Ⅱ. ①张… Ⅲ. ①图像处理软件，Photoshop CS3－中等专业学校－教材 Ⅳ. ①TP391.41

中国版本图书馆 CIP 数据核字（2011）第 100302 号

策划编辑：肖博爱
责任编辑：陈　虹　　特约编辑：孙雅琦
印　　刷：北京季蜂印刷有限公司
装　　订：三河市鹏成印业有限公司
出版发行：电子工业出版社
　　　　　北京市海淀区万寿路 173 信箱　　邮编 100036
开　　本：787×1092　1/16　印张：14.5　字数：372 千字
印　　次：2011 年 8 月第 1 次印刷
印　　数：3 000 册　　定价：32.00 元（含 CD 光盘 1 张）

凡所购买电子工业出版社图书有缺损问题，请向购买书店调换。若书店售缺，请与本社发行部联系，联系及邮购电话：（010）88254888。

质量投诉请发邮件至 zlts@phei.com.cn，盗版侵权举报请发邮件至 dbqq@phei.com.cn。

服务热线：（010）88258888。

前　言

☑丛书写作背景

中等职业教育是我国高中阶段教育的重要组成部分，而中等职业学校的教学目标是培养具有综合职业能力的高素质技能型人才，随着我国中等职业教育改革的不断深入与创新，以就业为导向、以学生为本并提倡学生全面发展的职业教育理念迅速应用到教学过程中，从而很好地完成了从重知识到重能力的转化过程。职业教育的课程特点主要体现在以下几个方面：

- 以就业为导向，满足职业发展需求；
- 以学生为本，激发学习兴趣；
- 以技能培养为主线，解决实际问题；
- 重视与实践紧密结合的项目任务和实训。

本套“中等职业学校·任务实训教程”就是顺应这种转化趋势应运而生，我们调查了多所中等职业学校，并总结了众多优秀老师的教学方式与教学思路，从而打造出以“任务驱动与上机实训相结合”的教学方式，让学生易学、易就业，让老师易教、易拓展。

☑本书的内容

Photoshop CS3 是 Adobe 公司推出的最为著名的图像处理软件之一，其功能强大，被广泛应用于广告、影视、动画、网页设计和三维效果图后期处理等众多领域。

我们编写的这本《Photoshop CS3 图形图像处理》将软件功能与行业实际应用相结合，通过不断的任务实例制作来掌握 Photoshop 的应用并能制作一些常见的创意设计作品。全书共分为 10 个模块，各模块的主要内容如下。

- 模块一：主要讲解 Photoshop CS3 的基本操作，包括 Photoshop CS3 工作界面介绍、Photoshop CS3 的基本设置和基本操作。
- 模块二：以制作“创意海报”、制作“书签”和制作“笔记本电脑宣传广告”等任务讲解创建与编辑图像选区的相关知识。
- 模块三：以绘制“水墨梅花”、制作“新年贺卡”和调整与修饰照片等任务讲解图像的绘制与修饰的相关知识。
- 模块四：以后期处理建筑效果图、制作“电影海报”和制作“个性壁纸”等任务讲解编辑、排列与对齐图形的相关知识。
- 模块五：主要讲解调整图像色彩的相关知识，包括数码照片的基本调整、为黑白照片上色和制作“杂志封面”等。
- 模块六：以绘制标志图像、制作“名片”和制作霓虹灯效果等任务实训讲解绘制路径和矢量图形的相关知识。
- 模块七：以制作“音乐演出海报”、制作“手机广告”等任务讲解编辑文本的相关知识。

- 模块八：以制作“创意广告”、制作“人物墙纸”和制作图像合成效果等任务讲解使用通道与蒙版的相关知识。
- 模块九：主要讲解滤镜应用的相关知识，包括制作“文字特效”、制作“纹理与质感特效”和制作“图像特效”等。
- 模块十：主要讲解图像的批处理与输出的相关知识，包括图像的自动化处理和图像的输出与打印等。

☑本书的特色

（1）分模块化讲解，任务目标明确。

每个模块都给出了“模块介绍”和“学习目标”，便于学生了解模块介绍的相关内容并明确学习目的，然后通过完成几个任务和上机实训来学习相关操作，同时每个任务还给出了任务目标、专业背景、操作思路和操作步骤，使学生明确需要掌握的知识点和操作方法。

（2）以学生为本，注重学以致用。

在任务讲解过程中，通过各种“技巧”和“提示”为学生提供了更多解决问题的方法和掌握更为全面的知识，而每个任务制作完成后通过学习与探究版块总结了相关软件知识与操作技能，并引导学生尝试如何更好、更快地完成任务以及类似任务的制作方法等。

（3）实例丰富，与企业接轨。

本书的所有实例都来源于实际工作中，具有较强的代表性和可操作性，并融入了大量的职业技能元素，注重实训教学，按照实际的工作流程和工作需求来设计实例，使学生能较快地适应企业工作环境，并能获得一些设计经验与方法。

（4）边学边实践，自我提高。

每个模块最后提供有大量练习题，给出了各练习的最终效果和制作思路，在进一步巩固前面所学知识基础上重点培养学生的实际动手能力，并拓展学生的思维，有利于自我提高。

☑本书的作者

本书由张巍担任总主编，王小平、林波、林柏涛、龙天才为副总主编，本书具体编写分工如下：张穗宜担任主编，卿林担任主审，王加玉、先义华、陈琦为副主编，参加编写的还有李怡均、段胜星、雷涛、谢莎、叶桦、张晓琴。

由于编者水平有限，书中疏漏和不足之处在所难免，恳请广大读者及专家不吝赐教。为了方便教学，本书随书配有光盘，内容包括素材源文件，有问题请与电子工业出版社联系（E-mail:xiaoboai@phei.com.cn）。

编者

目　录

模块一

Photoshop CS3 基本操作

Photoshop CS3 是由 Adobe 公司开发的一款图像处理软件，也被称做 Photoshop 10.0，因其用户界面友好、功能完善、性能稳定，所以，在平面设计、广告摄影、修复照片、视觉创意和网页制作等领域中，都是首选的图像处理工具。对于 Photoshop 初学者来说，熟练掌握 Photoshop CS3 的基本操作是非常必要的，主要包括 Photoshop CS3 的操作界面、基本设置和关于它的一些常用术语等。本模块将以 3 个任务来介绍 Photoshop CS3 的基本操作。

学习目标

- 掌握 Photoshop CS3 启动和退出的操作方法
- 熟悉 Photoshop CS3 操作界面
- 熟练掌握 Photoshop CS3 的基本设置
- 熟悉工具箱中的工具

任务一　认识 Photoshop CS3

◆ 任务目标

本任务的目标是认识 Photoshop CS3 的操作界面组成、自定义操作环境和了解图像处理过程中的常用术语。

本任务的具体目标要求如下：

（1）熟悉 Photoshop CS3 的操作界面。

（2）掌握工具箱中各工具的使用方法。

（3）掌握自定义操作环境的方法。

（4）了解 Photoshop CS3 的常用专业术语。

操作一　Photoshop CS3 界面介绍

选择【开始】→【所有程序】→【Adobe Photoshop CS3】菜单命令，启动 Photoshop CS3，然后选择【文件】→【打开】菜单命令打开一幅图像，进入如图 1-1 所示的操作界面。

提示　双击桌面上的快捷图标可快速启动 Photoshop CS3；在计算机中双击以.psd 格式保存的文件，也可通过打开此文件来启动 Photoshop CS3。

图 1-1　Photoshop CS3 的操作界面

Photoshop CS3 的操作界面主要由标题栏、菜单栏、工具箱、工具属性栏、控制面板区、图像窗口和状态栏组成，下面对各组成部分进行具体讲解。

- 标题栏：用于显示当前的 Photoshop 软件版本号，其右侧的窗口控制按钮包括▭、▭和☒，作用分别是最小化、最大化和关闭 Photoshop 界面，如图 1-2 所示。在标题栏中任意区域处双击可缩小窗口，再次双击则可放大窗口。
- 菜单栏：主要包括“文件”、“编辑”、“图像”、“图层”、“选择”、“滤镜”、“视图”、“窗口”和“帮助”9 个菜单。鼠标先选中菜单项，然后在弹出的菜单或子菜单中选择需要的菜单命令。如图 1-3 所示为“文件”菜单，菜单右侧为命令快捷键。

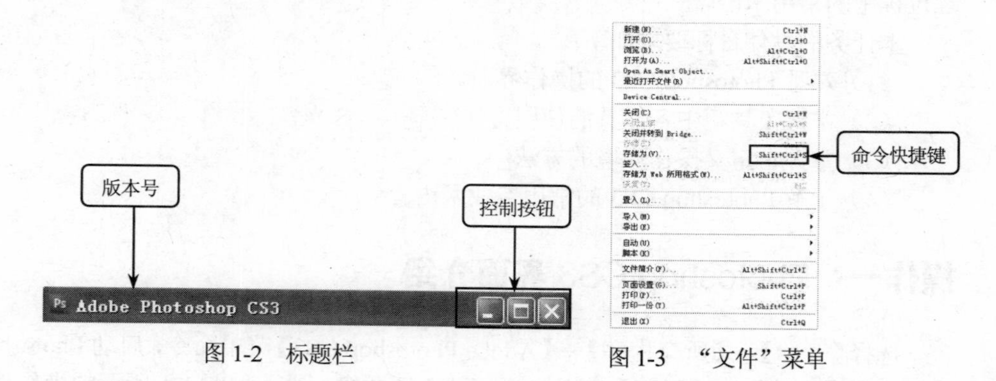

图 1-2　标题栏　　　　图 1-3　“文件”菜单

- 工具箱：用于存放图像处理过程中最常用的工具，默认以一列的方式位于工作界面的最左侧，在其顶部按住鼠标进行拖动可将其拖动到操作界面的任意位置。单击工具箱顶部的折叠按钮▸▸，可将其以紧凑型排列，如图 1-4 所示。工具箱中有的工具按钮右下角会有一个黑色的小三角形，这表示该工具位于一个工作组中，其下还有一些被隐藏的工具，在该工具按钮上按住鼠标不放或右击，可将该工具组中隐藏的工具显示出来。

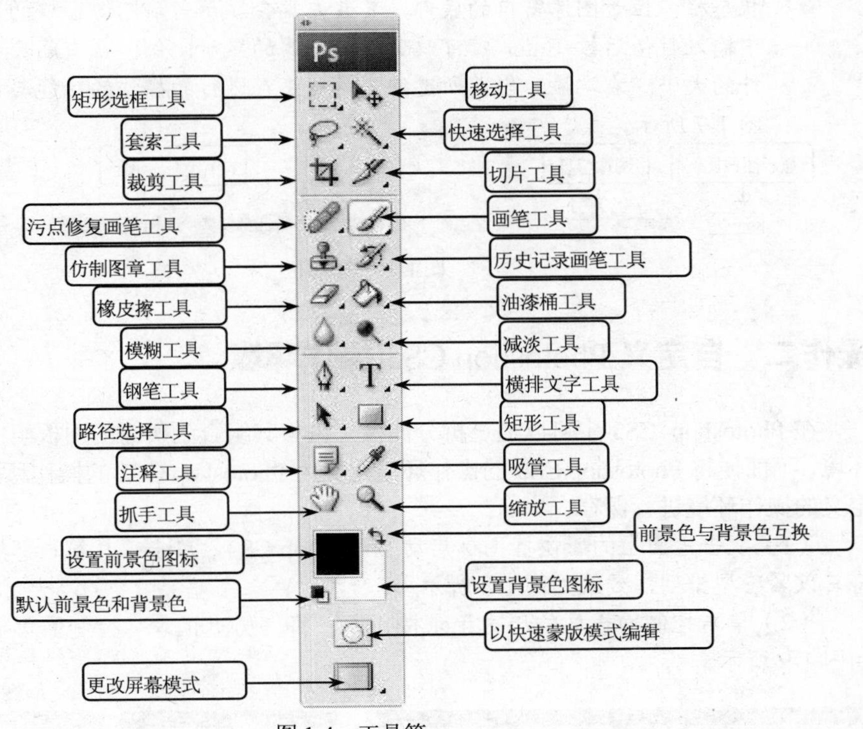

图 1-4　工具箱

- 工具属性栏：当选择了某个工具后，在工具属性栏中会显示当前选择工具对应的属性和参数，工具属性栏中的工具属性和参数会随着选择工具的不同而变化。
- 控制面板区：指在 Photoshop CS3 中进行选择颜色、编辑图层、新建通道和编辑路径等操作的主要功能面板，Photoshop CS3 中有多个面板组，而在默认情况下只显示 3 组控制面板。要将隐藏的面板显示出来，只需单击面板左上角的扩展按钮即可，如图 1-5 所示，单击折叠按钮则可以简洁方式显示面板，如图 1-6 所示。

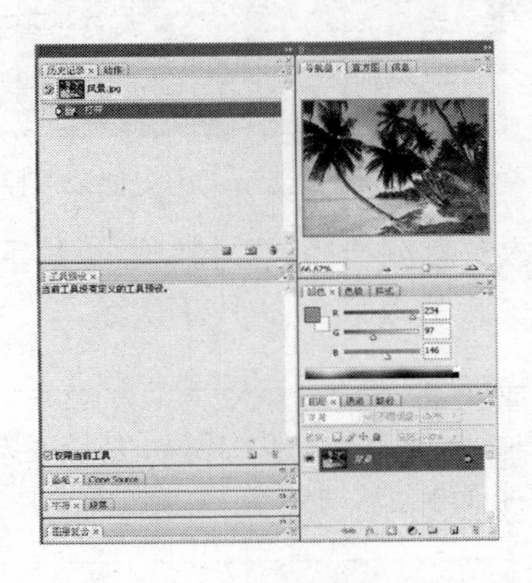

图 1-5　显示隐藏的面板

图 1-6　以简洁方式显示面板

- 图像窗口：是对图像进行浏览和编辑的主要场所，在图像窗口的标题栏上会显示当前打开图像的名称、格式、显示比例和颜色模式等信息。
- 状态栏：位于图像窗口的底部，其最左端会显示当前图像窗口的显示比例，在其中输入数值后按 Enter 键可改变当前图像的显示比例；在中间会显示当前图像文件的大小；右端显示当前所选的工具及正在进行的操作的功能与作用等信息，如图 1-7 所示。

图 1-7　状态栏

操作二　自定义 Photoshop CS3 操作环境

在 Photoshop CS3 中可以通过拆分面板，再将其组合到所需的面板组中来自定义操作环境，下面便将 Photoshop CS3 的操作环境定义为 Photoshop CS2 的操作环境，然后将所自定义的操作环境进行保存。

（1）双击桌面上的快捷图标启动 Photoshop CS3，单击工具箱顶部的折叠按钮，将其以紧凑型排列，效果如图 1-8 所示。

（2）单击控制面板区的历史记录按钮，将“历史记录”控制面板显示出来，效果如图 1-9 所示。

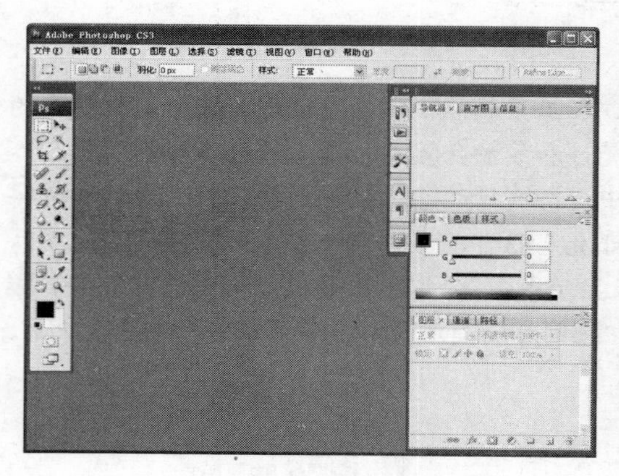

图 1-8　折叠工具箱

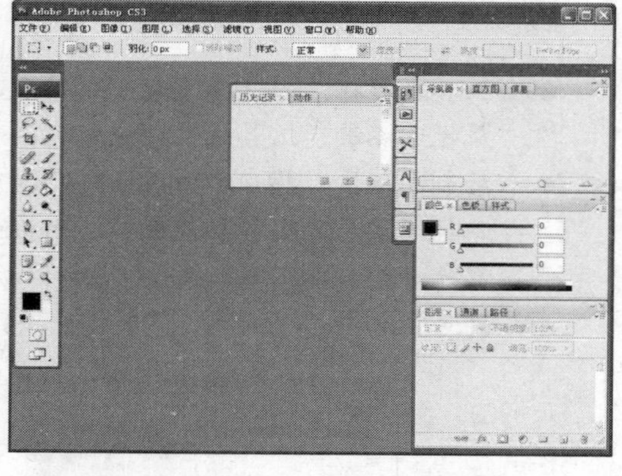

图 1-9　显示“历史记录”控制面板

（3）将显示出来的“历史记录”控制面板移动到“颜色”控制面板的下方，当出现一条蓝色线条时释放鼠标，如图 1-10 所示，完成后的效果如图 1-11 所示。

提示　在拖动“历史记录”控制面板组到控制面板组区后，如蓝色提示线条出现在某控制面板组内，则表示会将“历史记录”控制面板组移动到当前面板组内。

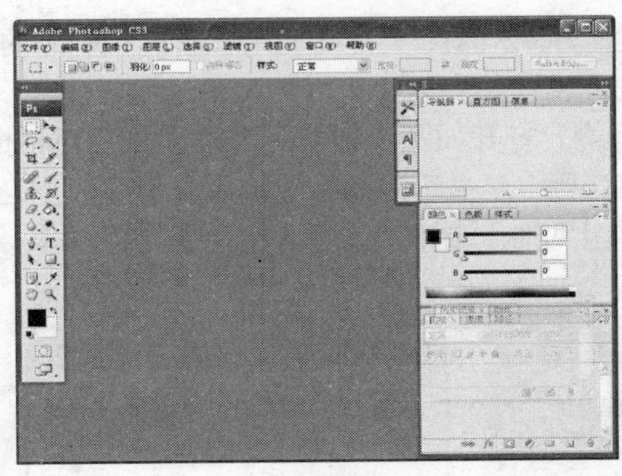

图 1-10　出现蓝色线条

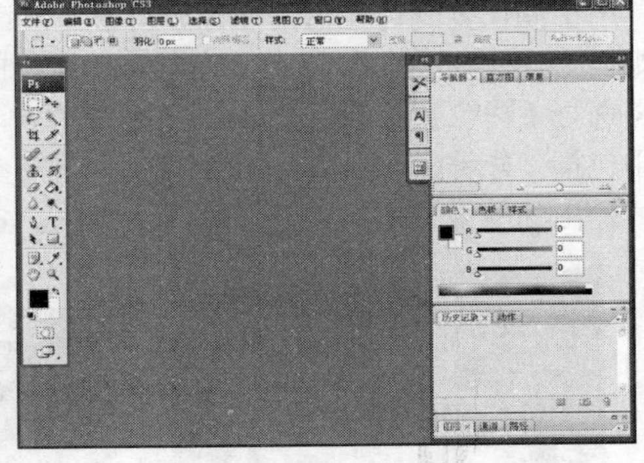

图 1-11　移动后的效果

（4）按照步骤（3）的方法将控制面板区左侧的其余按钮所代表的控制面板移动到工作界面的空白区域处，最后单击这些控制面板右上侧的☒按钮，完成自定义操作环境，如图 1-12 所示。

（5）选择【窗口】→【工作区】→【存储工作区】菜单命令，打开如图 1-13 所示的“存储工作区”对话框，在其中的“名称”文本框中输入 Photoshop CS2，然后单击“存储”按钮将自定义好的工作界面进行存储。

（6）如要恢复系统默认的工作界面，只需选择【窗口】→【工作区】→【复位调板位置】菜单命令即可。

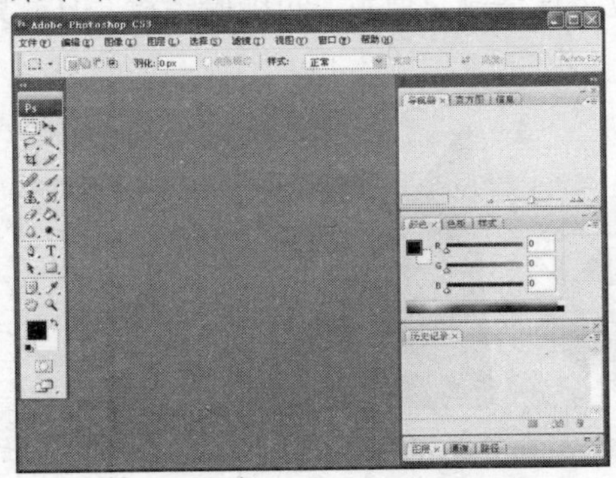

图 1-12　完成自定义操作环境

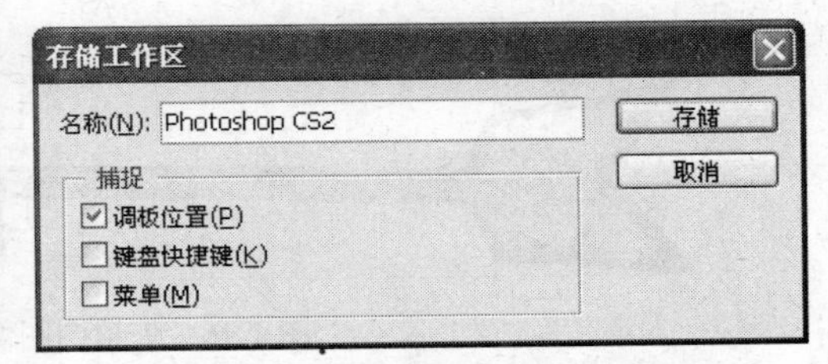

图 1-13　“存储工作区”对话框

操作三　认识图像处理常用术语

在学习使用 Photoshop 进行图像处理的过程中，经常会遇到一些 Photoshop 的专业术语，下面对图像处理的常用术语做一个初步认识，以便于以后的操作。

1．位图

位图也称为点阵图或像素图，是由像素构成，将图像放大到一定程度，会发现它是由一个个像素组成。而图像质量由分辨率决定，单位面积内的像素越多，分辨率越高，图像的效果就越好。如图 1-14 所示为位图图像局部放大后的效果。

用于制作多媒体光盘的图像分辨率通常设置为 72 像素/英寸，而用于彩色印刷品的图像则需要设置为 300 像素/英寸左右，印刷出的图像才不会缺少平滑的颜色过渡。

选择【图像】→【模式】→【位图】菜单命令，打开如图 1-15 所示的“位图”对话框，其中包括“分辨率”栏和“方法”栏，“分辨率”栏主要显示源图像的输入分辨率，并定义需要输出的图像分辨率和分辨单位；“方法”栏主要制订图像在转换时所使用的方案。

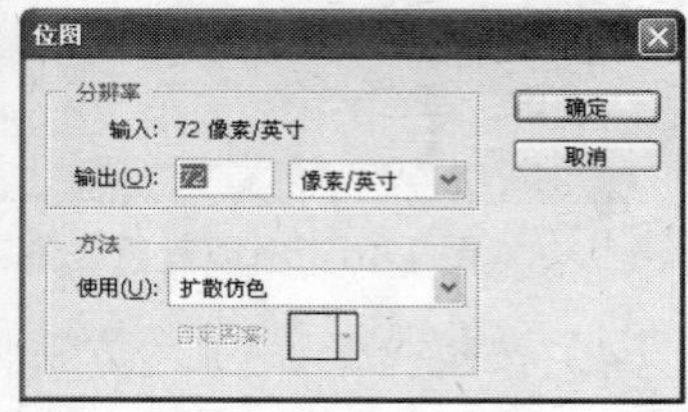

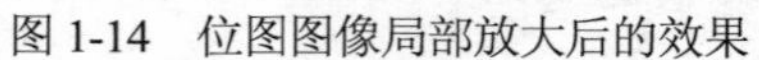

图 1-14　位图图像局部放大后的效果　　图 1-15　“位图”对话框

2. 矢量图

矢量图是由如 Adobe Illustrator、Macromedia Freehand 和 CorelDraw 等一系列的图形软件制作的，它由一些用于数学方式描述的曲线组成，其基本组成单元是锚点和路径。无论放大或缩小多少，它的边缘都是平滑的，通常用于制作企业标志，这些标志无论用于商业信纸，还是招贴广告，只需一个电子文件就能满足要求，可随时缩放，且效果清晰，如图 1-16 所示。

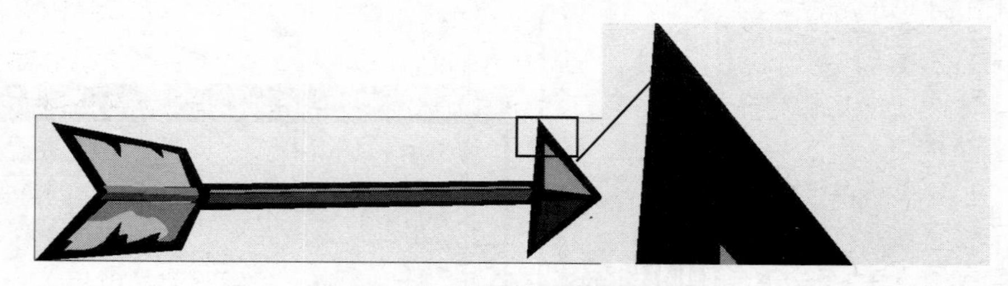

图 1-16　矢量图图像局部放大后的效果

3. 分辨率

分辨率是指单位长度上的像素数量。单位长度上像素越多，分辨率越高，图像就越清晰，所需的存储空间也就越大。分辨率可分为图像分辨率、打印分辨率和屏幕分辨率。

- 图像分辨率：用于确定图像的像素数量，其单位有“像素/英寸”和“像素/厘米”。
- 打印分辨率：又称为输出分辨率，是指绘图仪或激光打印机等输出设备在输出图像时每英寸所产生的油墨点数。如使用与打印机输出分辨率成正比的图像分辨率，则能产生较好的图像输出效果。
- 屏幕分辨率：指显示器上每单位长度显示的像素或点的数量，单位为“点/英寸”。如 80 点/英寸表示显示器上每英寸包含 80 个点。普通显示器的典型分辨率约为 96 点/英寸。

4. 色彩模式

常用的色彩模式主要有 RGB（表示红、绿、蓝）模式、CMYK（表示青、洋红、黄、黑）模式、Lab 模式，灰度模式、索引模式、位图模式、双色调模式和多通道模式等。

色彩模式除确定图像中能显示的颜色数之外，还影响图像通道数和文件大小，每个图像具有一个或多个通道，每个通道都存放着图像中颜色元素的信息。图像中默认的颜色通道数取决于其色彩模式。例如，RGB 图像至少有 3 个通道，分别代表红、绿和蓝信息。

- RGB 模式：由 Red（红色）、Green（绿色）和 Blue（蓝色）3 种颜色按不同的比例混合而成，也称真彩色模式，是最为常见的一种色彩模式。RGB 模式在“颜色”和“通道”控制面板中显示的颜色和通道信息如图 1-17 所示。
- CMYK 模式：由 Cyan（青）、Magenta（洋红）、Yellow（黄）和 Black（黑）4 种颜色组成，是印刷时使用的一种颜色模式。为了避免和 RGB 三基色中的 Blue（蓝色）发生混淆，其中的黑色用 K 来表示。CMYK 模式在“颜色”和“通道”控制面板中显示的颜色和通道信息如图 1-18 所示。

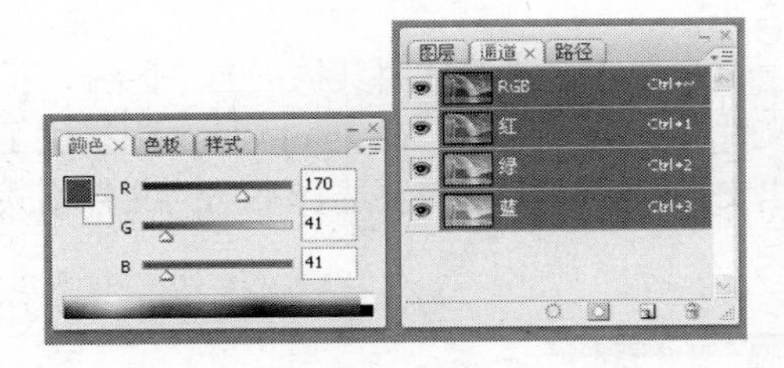

图 1-17　RGB 模式对应的控制面板

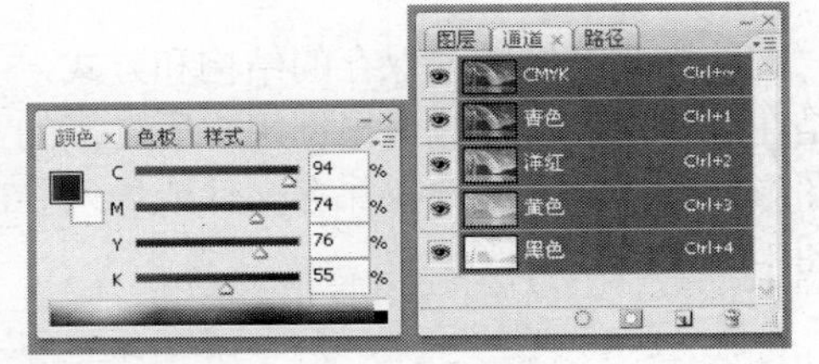

图 1-18　CMYK 模式对应的控制面板

- Lab 模式：是国际照明委员会发布的一种色彩模式，由 RGB 三基色转换而来。其中 L 表示图像的亮度，取值范围为 0～100；a 表示由绿色到红色的光谱变化，取值范围为−120～120；b 表示由蓝色到黄色的光谱变化，取值范围和 a 分量相同。Lab 模式在“颜色”和“通道”控制面板中显示的颜色和通道信息如图 1-19 所示。
- 灰度模式：在灰度模式图像中，只有灰度颜色而没有彩色，每个像素都有一个 0（黑色）～255（白色）之间的亮度值。当一个彩色图像转换为灰度模式时，图像中的色相及饱和度等有关色彩的信息将消除掉，只留下亮度。灰度模式在“颜色”和“通道”控制面板中显示的颜色和通道信息如图 1-20 所示。

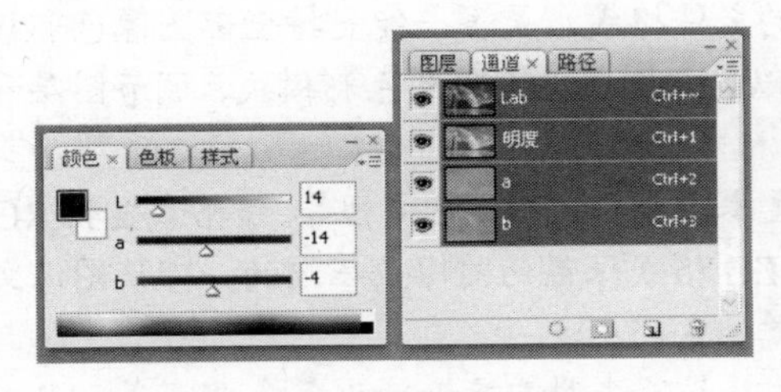

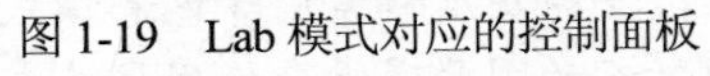
图 1-19　Lab 模式对应的控制面板

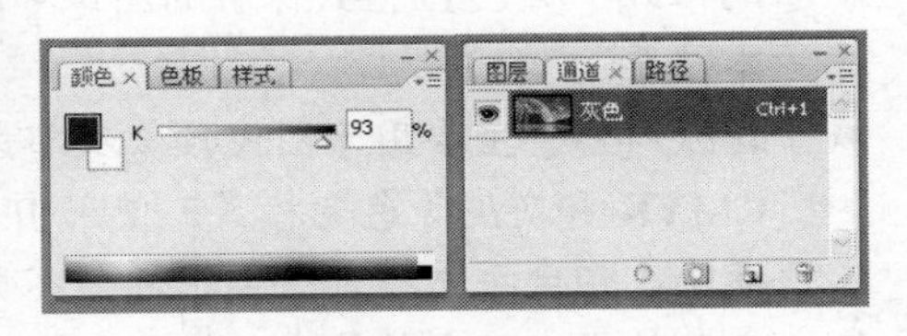

图 1-20　灰度模式对应的控制面板

- 索引模式：该模式是系统预先定义好的一个含有 256 种典型颜色的颜色对照表。

当图像转换为索引模式时，系统会将图像的所有色彩映射到颜色对照表中，图像的所有颜色都将在它的图像文件里定义。当打开该文件时，构成该图像的具体颜色的索引值都将被装载，然后根据颜色对照表找到最终的颜色值。

- 位图模式：只由黑和白两种颜色来表示图像的颜色模式。只有处于灰度模式或多通道模式下的图像才能转化为位图模式。
- 双色调模式：用灰度油墨或彩色油墨来渲染一个灰度图像的模式，可打印出比单纯灰度图像更加有趣的图像效果。该模式采用两种彩色油墨来创建，由双色调、三色调和四色调混合色阶来组成图像。在此模式中，最多可向灰度图像中添加四种颜色。
- 多通道模式：在该模式下，图像包含了多种灰阶通道。将图像转换为多通道模式后，系统将根据源图像产生相同数目的新通道，每个通道均由256级灰阶组成。在进行特殊打印时，多通道模式十分有用。当将RGB色彩模式或CMYK色彩模式的图像中任何一个通道被删除时，图像模式会自动变成多通道色彩模式。

5. 文件格式

文件格式是指数据保存的结构和方式，一个文件的格式通常用其扩展名来区分，扩展名是在用户保存文件时，根据用户所选择的文件类型自动生成。在 Photoshop 中提供了多种图形文件格式，用户在保存文件或导入导出文件时，可根据需要选择不同的文件格式，如图 1-21 所示。

Photoshop (*.PSD;*.PDD)
BMP (*.BMP;*.RLE;*.DIB)
CompuServe GIF (*.GIF)
Dicom (*.DCM;*.DC3;*.DIC)
Photoshop EPS (*.EPS)
Photoshop DCS 1.0 (*.EPS)
Photoshop DCS 2.0 (*.EPS)
GIF (RD) (*.GIF)
JPEG (*.JPG;*.JPEG;*.JPE)
JPEG 2000 (*.JPF;*.JPX;*.JP2;*.J2C;*.J2K
PCX (*.PCX)
Photoshop PDF (*.PDF;*.PDP)
Photoshop Raw (*.RAW)
PICT 文件 (*.PCT;*.PICT)
Pixar (*.PXR)
PNG (*.PNG)
Scitex CT (*.SCT)
Targa (*.TGA;*.VDA;*.ICB;*.VST)
TIFF (*.TIF;*.TIFF)
便携位图 (*.PBM;*.PGM;*.PPM;*.PNM;*.PFM;
大型文档格式 (*.PSB)

图 1-21 Photoshop 中的文件格式

Photoshop 中常用的文件格式有如下几种：

- PSD 格式：是 Photoshop 自身生成的文件格式，是唯一能支持全部图像色彩模式的格式。以 PSD 格式保存的图像可以包含图层、通道及色彩模式、调节图层和文本图层。
- JPEG 格式：主要用于图像预览及超文本文档，如 HTML 文档等。该格式支持 RGB、CMYK 和灰度等色彩模式。使用 JPEG 格式保存的图像是压缩的，可使图像文件变小，但会丢失掉部分肉眼不易察觉的色彩。
- GIF 格式：该文件格式可进行 LZW 压缩，支持灰度和索引等色彩模式，且以该格式保存的文件体积较小，所以在网页中插入的图片通常会使用该格式的文件。
- BMP 格式：该文件格式是一种标准的点阵式图像文件格式，支持 RGB、索引和灰度模式，但不支持 Alpha 通道。另外，以 BMP 格式保存的文件通常较大。

- TIFF 格式：该文件格式可在多个图像软件之间进行数据交换，其应用相当广泛。支持 RGB、CMYK、Lab 和灰度等色彩模式，而且在 RGB、CMYK 以及灰度等色彩模式中还支持 Alpha 通道。

6. 图层

图层是组成图像的基本元素，图像可以由一个或多个图层组成，也可根据需要将几个图层合并为一个图层。利用图层可以灵活地对不同图层中的图像进行处理和编辑等操作，且不会影响其他图层中的图像。

Photoshop 中的图层可分为如下几种：

- 普通图层：是最基本的图层类型，相当于一张用于绘画的透明画纸。透过普通图层中没有图标的部分可以看到下方图层中的图像。
- 背景图层：位于所有图层的最下方，相当于绘画时最下层不透明的画纸，每幅图像只能有一个背景图层。背景图层可与普通图层进行相互转换，但无法与其他图层交换排列次序。
- 调整图层：用于调节其下方所有图层中图像的色调、亮度和饱和度等。
- 文本图层：是使用文字工具时自动创建的图层，可以使用文字工具对其中的文字进行编辑。通过栅格化文本图层操作可将其转换为普通图层，但转换后无法再次编辑文字。

如图 1-22 所示为“图层”控制面板，下面对其进行具体讲解。

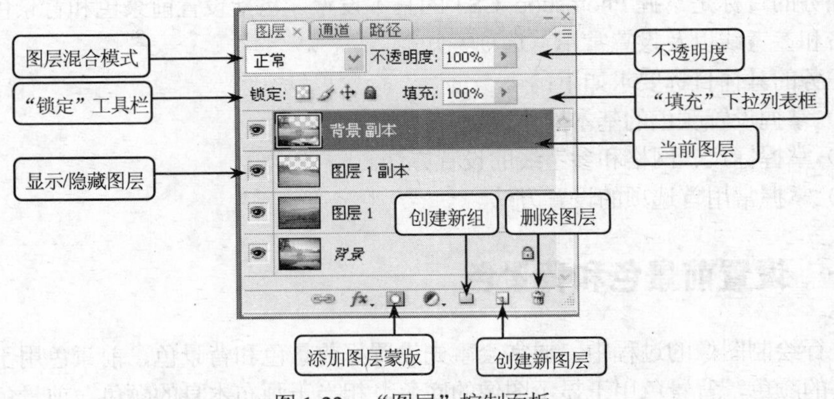

图 1-22　“图层”控制面板

- 图层混合模式：主要用于设置当前图层与其他图层重叠后的效果。
- “锁定”工具栏：用于锁定图层中指定对象。单击按钮后，将无法对当前图层中的透明像素进行任何编辑操作；单击按钮后，将无法在当前图层中进行绘制操作；单击按钮后，将无法移动当前图层；单击按钮后，将无法对当前图层进行任何编辑操作。
- 显示/隐藏图层：图标为，用于显示或隐藏图层。在图层左侧显示该图标时，其中的图像将在图像窗口中显示；单击该图标使其消失，将隐藏图层中的图像内容。
- 不透明度：用于设置当前图层的不透明度。

- “填充”下拉列表框：用于设置当前图层中填充内容的不透明度。
- 当前图层：在“图层”控制面板中，以蓝色显示的图层为当前图层，单击所需图层即可选择该图层使其成为当前图层。
- “删除图层”按钮：用于删除当前图层。
- “创建新图层”按钮：用于创建一个新的空白图层。
- “创建新组”按钮：用于创建一个新的组。
- “添加图层蒙版”按钮：用于为当前图层添加图层蒙版。

◆ 学习与探究

本任务学习了 Photoshop CS3 的基础知识，包括 Photoshop CS3 工作界面的介绍、自定义操作环境和认识常用术语等。

在 Photoshop 中色彩模式之间是可以进行相互转换的，转换的实质是色彩表达位数的增加或减少。其方法为选择【图像】→【模式】菜单命令，在弹出的子菜单中选择需要转换的色彩模式即可将图像转换为其他色彩模式。

任务二 Photoshop CS3 的基本设置

◆ 任务目标

本任务的目标是掌握 Photoshop CS3 的基本设置，包括设置前景色和背景色，设置标尺、网格和参考线以及设置常用首选项等知识。

本任务的具体目标要求如下：

（1）掌握设置颜色的基本操作。

（2）掌握标尺、网格和参考线的设置方法。

（3）掌握常用首选项的设置方法。

操作一 设置前景色和背景色

在进行绘制图像的过程中，通常会事先设置好前景色和背景色，前景色用于显示当前绘图工具的颜色，背景色用于显示图像的底色，相当于画布本身的颜色。前景色和背景色的设置可以通过拾色器、吸管工具和“色板”面板进行设置，下面具体进行讲解。

1. 通过拾色器设置

（1）单击工具箱中的“设置前景色”图标，打开“拾色器（前景色）”对话框，如图 1-23 所示。

（2）在对话框右侧的 RGB 颜色数值框中输入色值，或直接在色彩区域中单击选择需要的颜色，都可设置前景色，如图 1-24 所示。

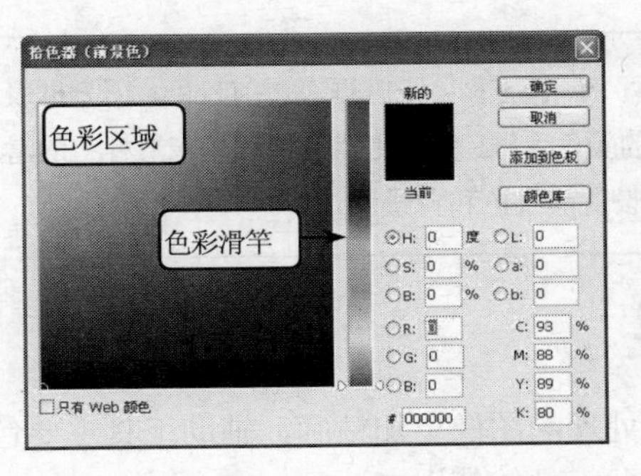

图 1-23　“拾色器（前景色）”对话框

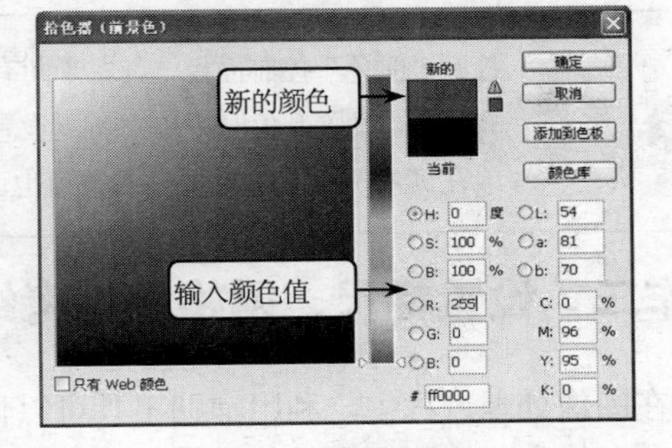

图 1-24　设置前景色

（3）在对话框右侧的颜色框中，上面的颜色即是当前设置的新的颜色，下面表示之前设置的颜色。

（4）单击工具箱中的“设置背景色”图标，打开“拾色器（背景色）”对话框，用相同的方法可设置背景色。

2．通过吸管工具设置

打开一幅图像，选择工具箱中的吸管工具，在其属性栏的“取样大小”下拉列表框中选择颜色取样方式，然后将鼠标光标移动到图像所需颜色周围并单击，取样的颜色就会成为新的前景色；按住 Ctrl 键不放的同时在图像上单击可取样新的背景色。

3．通过“色板”控制面板设置

选择【窗口】→【色板】菜单命令，打开“色板”控制面板，将鼠标光标移至色样方格中，当鼠标光标变为形状时单击可设置前景色，按住 Ctrl 键不放再单击所需的色样方格，可将其设为背景色。

通过“色板”控制面板还可删除和存储颜色，其方法分别如下：

- 存储颜色：首先通过“拾色器”对话框、吸管工具或“颜色”控制面板设置好前景色，然后单击“色板”控制面板下方的按钮，或将鼠标光标移动到颜色块的空白处，当光标变成形状时单击即可，如图 1-25 所示。
- 删除颜色：拖动要删除的颜色块到按钮上后释放鼠标，或在按住 Alt 键的同时将鼠标光标移动到要删除的颜色块上，当光标变成形状时单击即可，如图 1-26 所示。

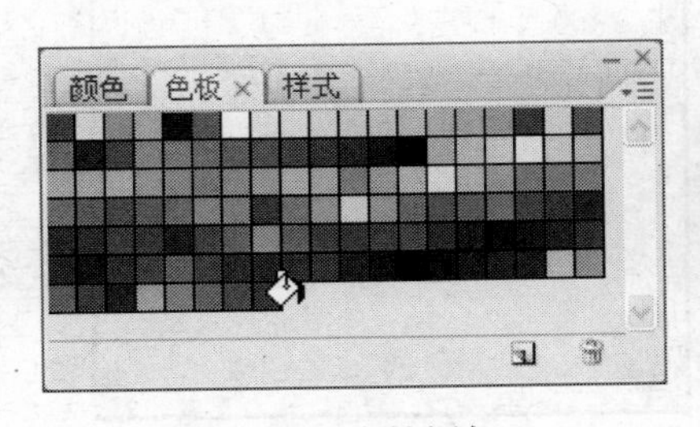

图 1-25　存储颜色

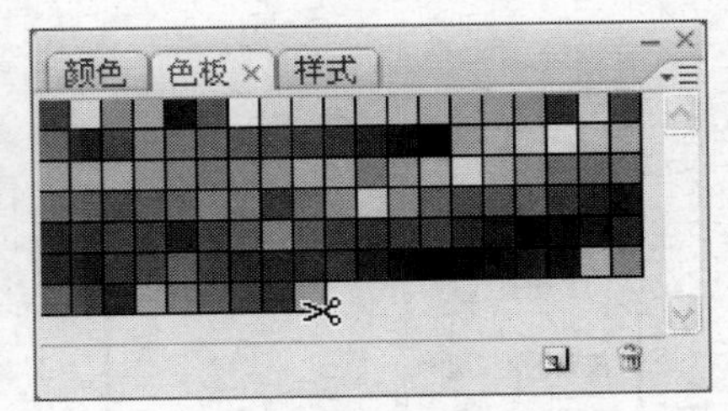

图 1-26　删除颜色

提示 打开“颜色”控制面板，其左上角有两个颜色方框，上方框表示前景色，下方框表示背景色。设置颜色时先单击所需设置的颜色方框，然后用鼠标拖动相应滑杆上的滑块或在其右侧的文本框中输入数值也可设置前景色和背景色。

操作二　设置标尺、网格和参考线

在图像处理过程中，利用辅助工具可以使处理的图像更加精确，辅助工具主要包括标尺、参考线和网格，下面具体进行解决这些辅助工具的使用方法。

（1）选择【文件】→【新建】菜单命令，或按 Ctrl+N 组合键，在打开的“新建”对话框中单击“确定”按钮创建一个空白文件。

（2）选择【视图】→【标尺】菜单命令，或按 Ctrl+R 组合键，在图像窗口的顶部和左侧分别显示水平和垂直标尺，如图 1-27 所示。

（3）在任意标尺上右击，在弹出的快捷菜单中可选择相应的命令可更改标尺的单位，如图 1-28 所示。再次按 Ctrl+R 组合键可隐藏标尺。

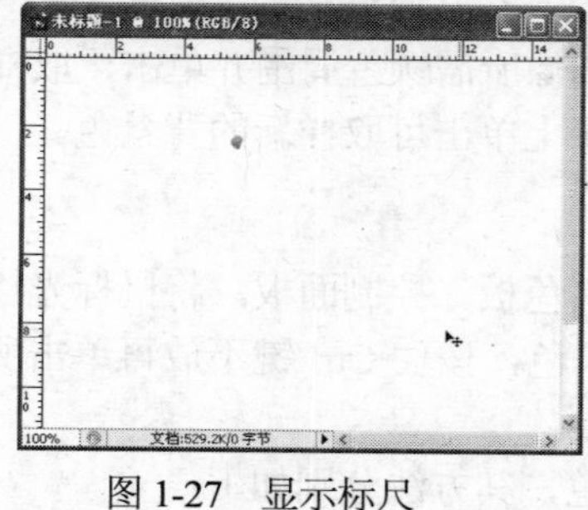

图 1-27　显示标尺

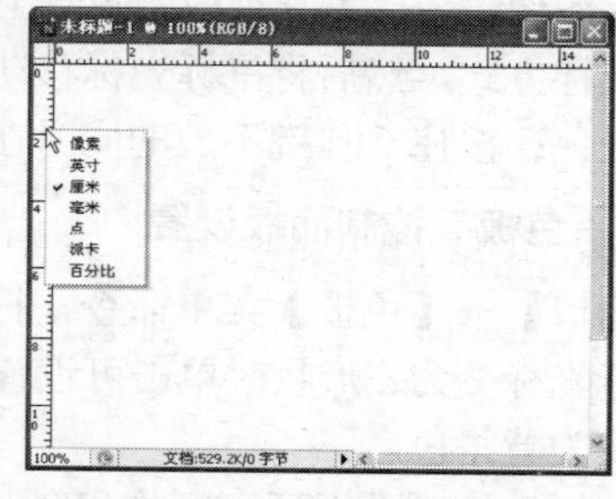

图 1-28　设置标尺单位

（4）选择【视图】→【新建参考线】菜单命令，打开“新建参考线”对话框，如图 1-29 所示。

（5）在打开的对话框中可设置参考线的类型和所在位置，完成后单击“确定”按钮，添加的参考线如图 1-30 所示。

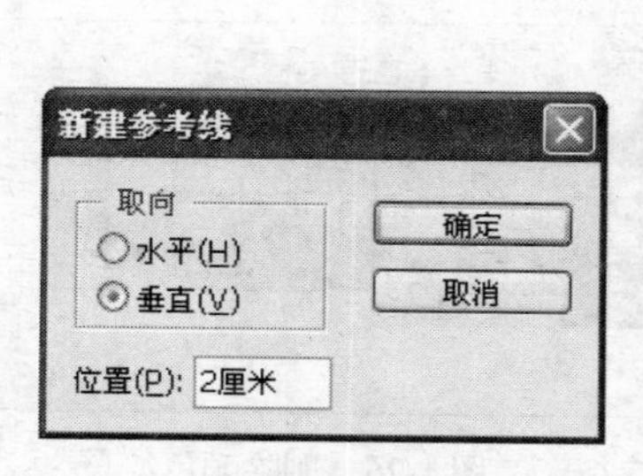

图 1-29　“新建参考线”对话框

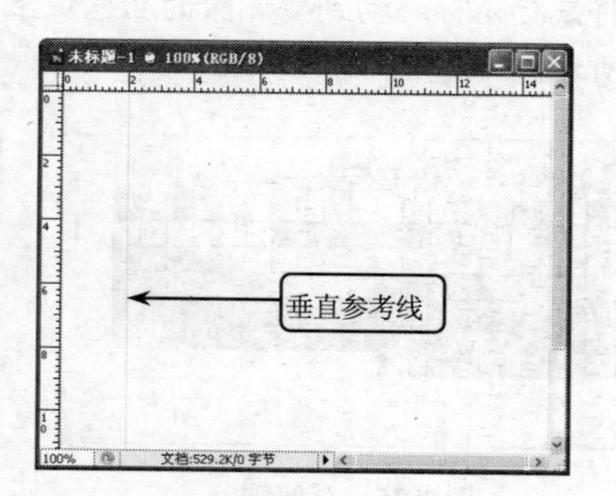

图 1-30　创建的参考线效果

（6）选择【视图】→【显示】→【网格】菜单命令，或按 Ctrl+’组合键，在图像窗口中显示出网格，如图 1-31 所示。再次按 Ctrl+'组合键即可隐藏网格。

（7）在网格上右击，在弹出的快捷菜单中选择相应的命令可更改网格的显示状态，如按屏幕大小缩放等，如图 1-32 所示。

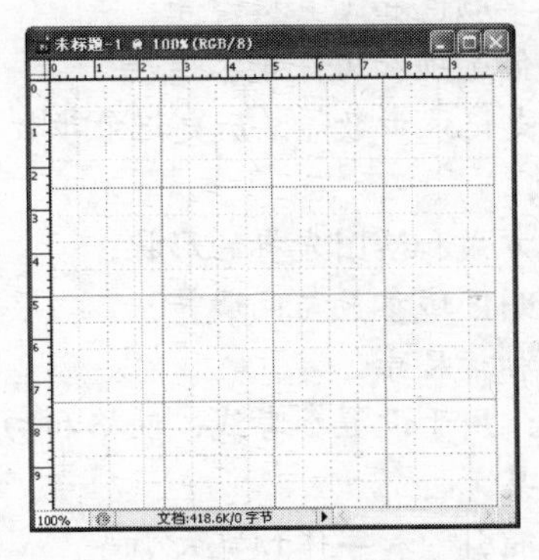

图 1-31　显示网格

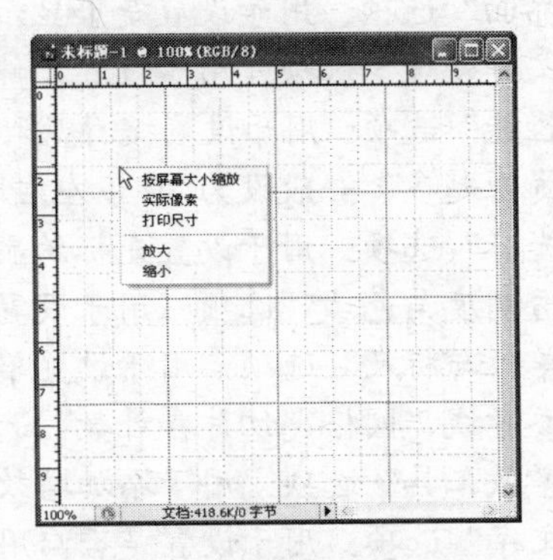

图 1-32　设置网格显示状态

提示　创建参考线也可通过标尺来创建，方法是将鼠标指针移动到图像窗口的顶部或左侧标尺处，当鼠标指针呈 或 形状时，按住左键不放并向图像区域处拖动，释放鼠标后即可在释放处创建一条参考线。

操作三　设置常用首选项

选择【编辑】→【首选项】→【常规】菜单命令，或按 Ctrl+K 组合键，将打开如图 1-33 所示的“首选项”对话框。在左侧列表框中单击“常规”、“界面”、“文件处理”、“性能”、“光标”、“透明度与色域”、“单位与标尺”、“参考线、网格、切片和计数”、“增效工具”和“文字”选项，在对话框右侧便可进行相应选项设置。

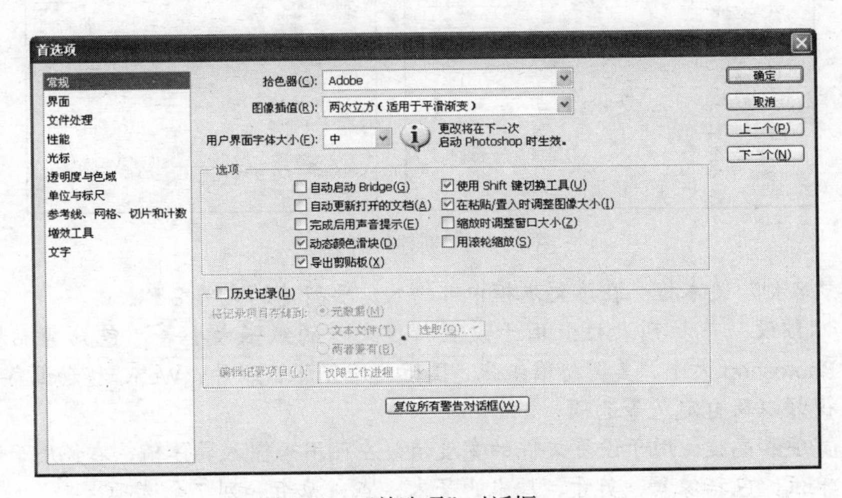

图 1-33　“首选项”对话框

各类型选项的作用如下：

- “常规”选项：用于设置历史记录步数和是否以英文显示所有字体等。历史记录步数越多，耗用系统资源越多，一般设为 20 步即可。
- “界面”选项：用于设置是否显示菜单颜色和工具提示等。
- “文件处理”选项：用于设置文件存储选项和文件兼容性等。
- “性能”选项：用于设置缓存盘和历史记录步数等。历史记录步数越多，耗用系统资源越多，一般设为 30 步左右即可。
- “光标”选项：用于设置光标的显示方式和绘图光标的形状。
- “透明度与色域”选项：用于设置透明区域参数与色域等。
- “单位与标尺”选项：用于设置单位和标尺等。
- “参考线、网格、切片和计数”选项：用于设置参考线、网格和切片的颜色等。
- “增效工具”选项：用于添加增效工具。
- “文字”选项：用于设置是否启用智能引号和字体预览大小等。

提示 若需要将所有的首选项还原为默认值，只需在打开 Photoshop 之后立即按下 Ctrl+Alt+Shift 组合键，在打开的提示对话框中单击“是”按钮即可还原首选项的默认值。

◆ 学习与探究

在本任务中学习了 Photoshop CS3 的基本设置，包括设置前景色和背景色，设置标尺、网格和参考线以及常用首选项的设置等知识。

下面对在 Photoshop CS3 中新建图层做具体讲解。如图 1-34 所示为“新建”对话框。

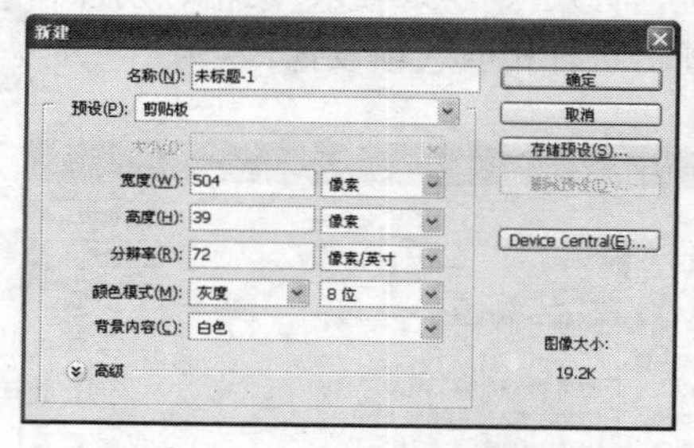

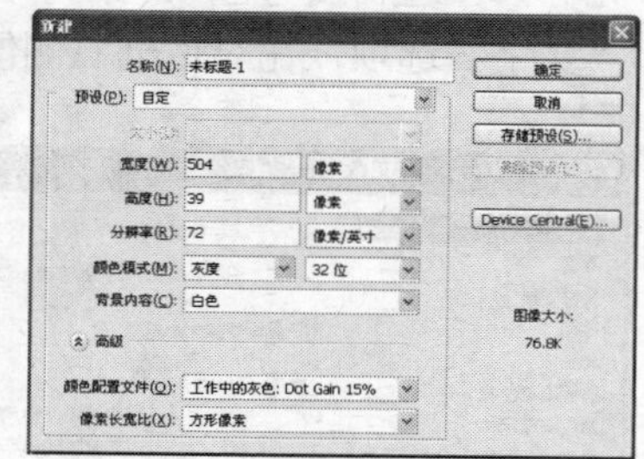

图 1-34 “新建”对话框

- “名称”文本框：在该文本框中可输入需要新建的文件名称。
- “预设”下拉列表框：用于设置新建文件的纸张大小等，包括剪贴板、默认 Photoshop 大小、美国标准纸张、国际标准纸张、照片、Web、移动设备、胶片和视频以及自定义等选项。
- 宽度和高度：用于设置文件的宽度值，左侧用来输入具体值，右侧用来选择值的单位，包括像素、英寸、厘米、毫米、点、派卡和列 7 个选项。
- 分辨率：用于设置新建文件的分辨率，左侧用来输入具体值，右侧用来选择值的单位，包括像素/英寸、像素/厘米选项。

- 颜色模式：左侧的下拉列表框用来设置颜色的模式，包括位图、灰度、RGB 颜色、CMYK 颜色和 Lab 颜色模式；右侧的下拉列表框用来设置颜色模式的位数，包括 1 位、8 位、16 位和 32 位。
- “背景内容”下拉列表框：用于设置新建文件的背景内容，其中包括白色、背景色和透明选项。
- “高级”栏：单击左侧的“隐藏”按钮，可显示高级设置，在其中可设置新建文件的颜色配置文件和像素的长宽比。

提示 对话框中的“大小”下拉列表框是根据“预设”下拉列表框中的选项不同而变化，在“预设”下拉列表框中选择“剪贴板”、“默认 Photoshop 大小”和“自定”选项时，对话框中不会显示“大小”下拉列表框。

在使用 Photoshop 处理图形图像时，通常会使用到一些常用的颜色，如红色和黑色等。下面列举几个比较常用的颜色值。绿色 R:0,G:255,B:0；蓝色 R:0,G:0,B:255；青色 R:0,G:255,B:255；巧克力色 R:92,G:51,B:2 和海蓝 R:112,G:219,B:147，其他的颜色值可自行在网上搜索。

任务三 处理照片并设置为桌面背景

◆ 任务目标

本任务的目标是运用 Photoshop CS3 基本操作和设置的相关知识对照片进行处理，完成后的效果如图 1-35 所示。通过练习掌握 Photoshop CS3 的相关基础知识。具体目标要求如下：

（1）掌握图像的放大、缩小及视图模式切换的操作。

（2）掌握图像大小的调整。

（3）掌握存储图像操作。

图 1-35 照片处理效果

素材位置：模块一\素材\校园.jpg
效果图位置：模块一\源文件\照片处理.psd、照片处理副本.jpg

本任务的操作思路如图 1-36 所示，涉及的知识点有浏览照片、调整照片大小、设置照片的色彩与亮度、添加文字和存储照片。具体思路及要求如下：

（1）打开照片图像并切换屏幕模式。

（2）调整照片的色彩和亮度，并添加文字。

（3）存储照片为 JPG 格式图像并设置为桌面。

图 1-36　照片处理的操作思路

操作一　浏览照片图像

（1）启动 Photoshop CS3，选择【文件】→【打开】菜单命令，打开“打开”对话框，在其中选择“校园.jpg”素材图像，单击 打开(O) 按钮打开素材图像文件。

（2）打开后，默认是以标准屏幕模式显示图像，在工具箱下方的“更改屏幕模式”按钮上右击，在弹出的快捷菜单中选择“最大化屏幕模式”选项，将图像以该模式进行显示，如图 1-37 所示。单击菜单栏右侧的“向下还原”按钮可将其还原。

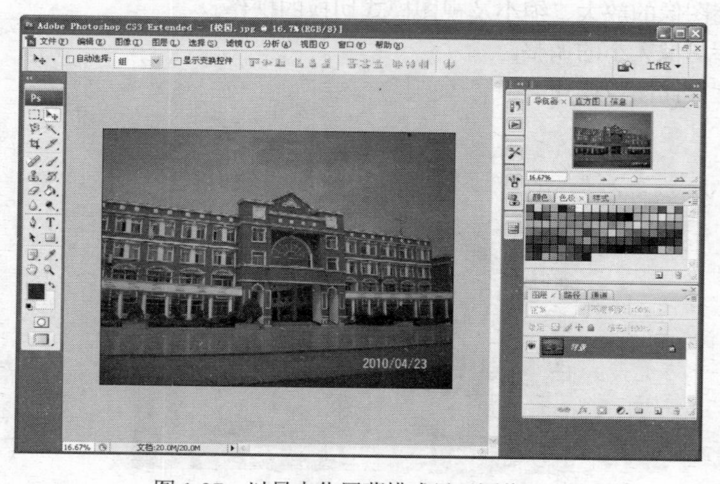

图 1-37　以最大化屏幕模式显示图像

（3）选择工具箱中的缩放工具，按 Ctrl++组合键可放大图像，按 Ctrl+−组合键可缩小图像，当图像放大到一定的比例时，选择工具箱中的抓手工具，按住鼠标左键进行拖动可移动放大后的图像。

提示 在工具属性栏中单击“放大”按钮，移动鼠标到图像窗口中再单击，可将图像进行放大显示；若要缩小图像，只需在工具属性栏中单击“缩小”按钮，再在图像窗口单击即可缩小图像；按住鼠标进行框选图像可放大或缩小选择的区域图像。控制面板区的“导航器”控制面板中会显示图像的预览状态，鼠标拖动其中的红色框线移动也可实现查看放大后的区域图像。

操作二　调整照片图像大小

（1）选择【图像】→【图像大小】菜单命令，或按 Alt+Ctrl+I 组合键，打开“图像大小”对话框，如图 1-38 所示。

（2）在对话框中选中“约束比例”复选框，然后在“像素大小”栏中将宽度设置为 1280 像素，如图 1-39 所示，完成后单击“确定”按钮。

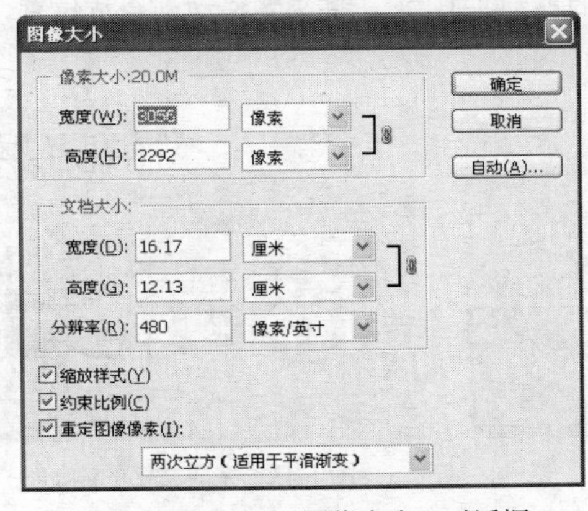

图 1-38　打开“图像大小”对话框

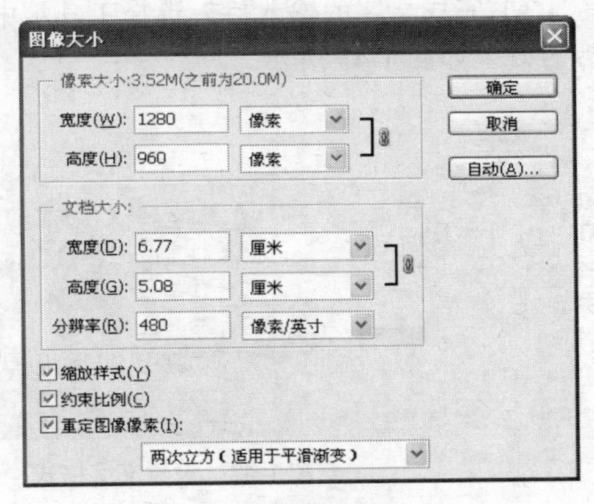

图 1-39　设置图像大小

操作三　调整照片色彩与亮度

（1）选择【图像】→【调整】→【色相/饱和度】菜单命令，或按 Ctrl+U 组合键，打开“色相/饱和度”对话框，在其中设置图像的色相为 5，饱和度为 20，明度为 10，设置参数如图 1-40 所示，完成后单击“确定”按钮。

（2）选择【图像】→【调整】→【亮度/对比度】菜单命令，设置图像的亮度和对比度分别为+150 和−25，如图 1-41 所示，完成后单击“确定”按钮。

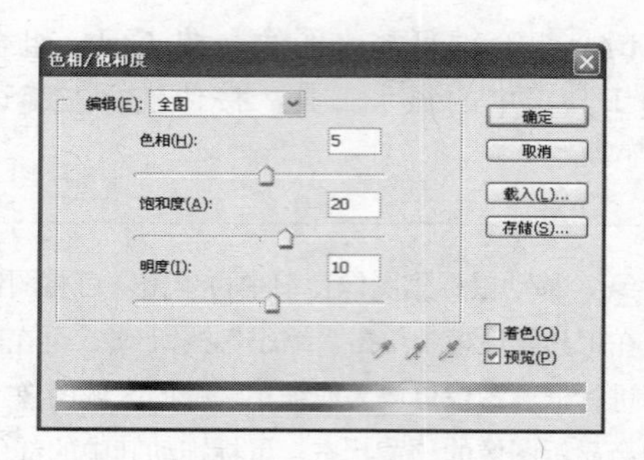

图 1-40　设置色相、饱和度和明度

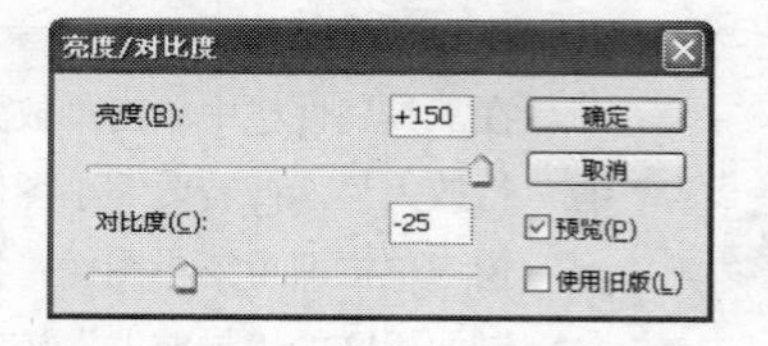

图 1-41　设置亮度和对比度

操作四　处理文字

（1）在工具箱中选择横排文字工具T，然后在图像窗口中单击确定文字输入点，之后即可输入文字。

（2）单击工具属性栏中的“显示/隐藏字符和段落调板”按钮，打开“字符”控制面板，在其中设置字体为汉仪漫步体简，字体大小为 12 点，行距为 6 点，如图 1-42 所示。设置完成后单击工具属性栏中的“提交”按钮✓。

（3）完成文字的输入后，选择工具箱中的移动工具，将文字移动到合适位置，完成后的效果如图 1-43 所示。

图 1-42　设置文字格式

图 1-43　完成文字的添加

操作五　存储和查看照片效果

（1）选择【文件】→【存储为】菜单命令，或按 Shift+Ctrl+S 组合键，打开“存储为”对话框，在“保存在”下拉列表框中选择存储路径，在“文件名”下拉列表框中输入“照片处理”文本，在“格式”下拉列表框中选择图像的文件格式.psd，如图 1-44 所示，完成后单击“保存”按钮保存图像。

（2）.psd 文件格式只能在 Photoshop 中打开，为了便于其他用户直接查看照片并设置桌面背景，需将其以 jpg 的文件格式进行存储。

（3）打开“存储为”对话框，只需在“文件名”下拉列表框中输入“照片处理副本”文本，在“格式”下拉列表框中选择.jpg 文件格式。完成后单击标题栏的“关闭”按钮，即退出 Photoshop CS3。

（4）找到保存的“照片处理副本.jpg”文件，双击以 Windows 照片查看器查看照片效果，然后在图像上右击，在弹出的快捷菜单中选择“设为桌面背景”命令，将处理后的照片设置为桌面背景，效果如图 1-45 所示。

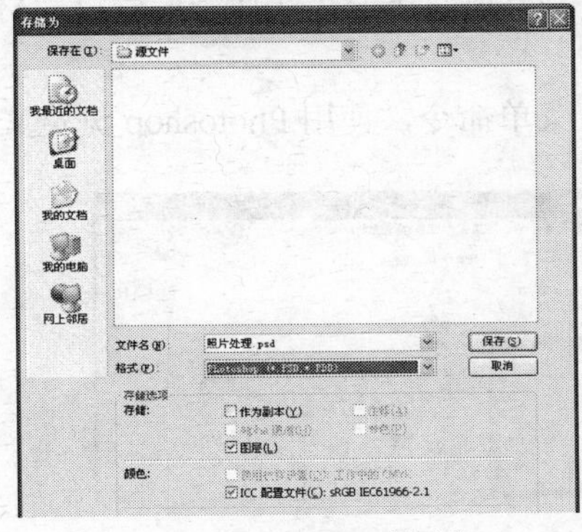

图 1-44　存储照片图像

图 1-45　设置为桌面背景

提示　利用 Photoshop 处理图像后，通常在存储图像时，存储的文件格式为.psd，这主要是为了便于后期的修改操作。另外退出 Photoshop CS3 可以选择【文件】→【退出】菜单命令或按 Ctrl+Q 组合键退出。

◆ 学习与探究

本任务除练习了使用 Photoshop CS3 处理图像的一些基本操作外，还讲述了调整图像色彩的知识。调整图像大小时，数值越高，则保存后的文件也就越大。

下面对屏幕的几种更换模式进行介绍，在 Photoshop 中可以直接按 F 键进行屏幕模式的转换。

- 标准屏幕模式：是 Photoshop 中默认显示的屏幕模式。
- 最大化屏幕模式：是指图像窗口将占用 Photoshop 中所有的可用空间，并自动调整图像显示位置。
- 带有菜单栏的全屏模式：指在 Photoshop 工作界面中只带有菜单栏和 50%灰色背景，隐藏标题栏、滚动条和任务栏。
- 全屏模式：指在工作界面中隐藏标题栏和菜单栏，只显示工具箱和调板。

实训一　管理图像素材

◆ 实训目标

本实训要求通过对电脑中的图像素材进行分类管理，便于在以后使用 Photoshop 处理图像时，能快速地找到素材图像的路径位置。

◆ 实训分析

本实训的具体分析如下：

（1）首先找到电脑中存放素材图像的路径位置，查看素材图像。

（2）新建“Photoshop 素材”文件夹，并按图像类别创建子文件夹，最后将素材分类整理到各个子文件夹中。

（3）在 Photoshop 中选择【文件】→【浏览】菜单命令，使用 Photoshop 浏览文件。

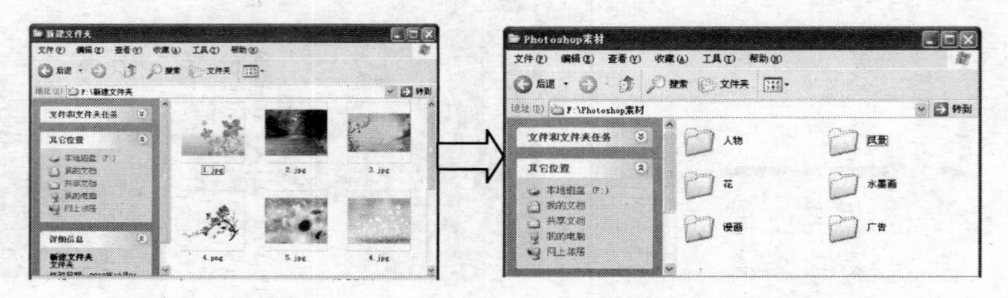

①查看素材图像　　②新建文件夹并重命名

图 1-46　管理图像素材的操作思路

实训二　转换图像色彩模式和文件格式

◆ 实训目标

本实训要求使用 Photoshop 来转换图像的色彩模式和文件格式。

◆ 实训分析

本实训的具体分析及思路如下：

（1）打开电脑中的任意一幅图像，选择【文件】→【模式】菜单命令，在弹出的子菜单中可将图像以需要的模式显示。

（2）选择【文件】→【存储为】菜单命令，在打开的“存储为”对话框中的“格式”下拉列表框中可选择需要转换的图像文件格式对图像进行存储。

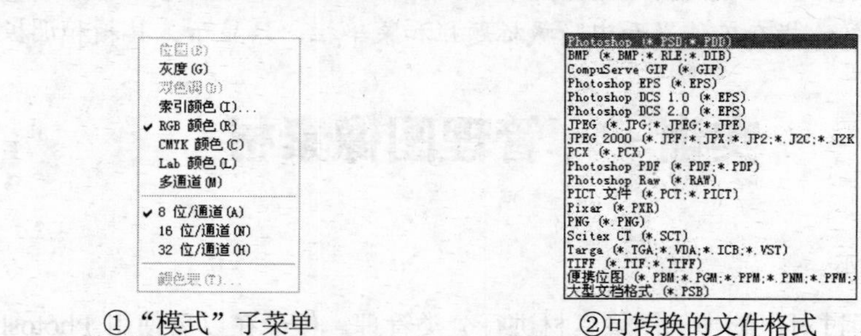

①“模式”子菜单　　②可转换的文件格式

图 1-47　转换图像色彩模式和文件格式的操作思路

实践与提高

根据本模块所学内容，动手完成以下实践内容。

练习 1　收集图像素材

通过数码相机和上网等途径收集需要的 Photoshop 素材图像，并按相应的名称和路径保存到电脑中，然后在 Photoshop 中打开各个素材文件进行浏览。

练习 2　网上查看 PS 教程

通过在网上搜索有关的 PS 教程，学习更多的 Photoshop 相关知识。

练习 3　了解不同版本的 Photoshop 界面区别

目前，Photoshop 的最新版本为 Photoshop CS5，Photoshop 的界面会随着版本的增高而有所变化。在学习了 Photoshop CS3 的界面过后，通过上网查看或下载安装不同的版本来了解不同版本的 Photoshop 界面变化及区别。

模块二

创建与编辑图像选区

在 Photoshop 中编辑图像时，选区是最常用的，选区也被称为选取范围，是指通过各种选区绘制工具在图像中选取全部或部分图像区域，在图像中呈流动蚂蚁爬行状显示。当在图像中创建选区后，只能对选区内的图像进行编辑，对选区外的图像不能编辑，而创建的选区中至少要包含一个像素。本模块以 3 个任务介绍选区的创建与编辑的操作。

学习目标

- 了解选区的作用
- 熟练掌握运用工具创建选区的方法
- 熟练掌握选区的基本编辑
- 熟练掌握选区的变换、填充和描边操作

任务一　制作创意海报

◆ 任务目标

本任务的目标是运用选区的相关知识制作一个创意海报，完成后的最终效果如图 2-1 所示。通过练习掌握创建选区的方法，了解选区在制作图像中的广泛运用。

图 2-1　创意海报效果

素材位置：模块二\素材\尖塔.jpg、剪影.jpg、建筑.jpg
效果图位置：模块二\源文件\创意海报.psd

本任务的具体目标要求如下：

（1）掌握选框工具组、套索工具组和魔棒工具，以及“色彩范围”命令创建选区的方法。

（2）掌握创建选区的基本操作方法。

（3）了解选区的作用。

◆ 操作思路

本任务的操作思路如图 2-2 所示，涉及知识点有运用选框和套索工具选取图像、运用魔棒工具选取图像、运用“色彩范围”命令选取图像、横排文字工具和竖排文字工具等。具体思路及要求如下：

（1）新建图像文件。

（2）移动选区并调整到合适位置。

（3）利用选区绘制图像，然后添加广告文字。

①选取和羽化选区　②绘制矩形选区　③调整图像位置　④添加海报文字

图 2-2　制作创意海报的操作思路

操作一　用选框和套索工具选取图像

（1）选择【文件】→【新建】菜单命令，打开“新建”对话框，在“名称”文本框中输入“创意海报”文本，将宽度和高度分别设置为 15 厘米和 20 厘米，分辨率为 72 像素/英寸，在“颜色模式”下拉列表框中选择“RGB 颜色”选项，单击“确定”按钮，如图 2-3 所示。

（2）按 Ctrl+O 组合键打开本任务的所有素材图像，选择“建筑.jpg”图像，然后选择工具箱中套索工具组中的磁性套索工具，在图像中颜色反差较大的地方单击确定选区起始点，沿着颜色边缘慢慢移动鼠标，系统会自动捕捉图像中对比度较大的颜色边界并产生定位点，最后移动到起始点处单击即可完成选区绘制，如图 2-4 所示。

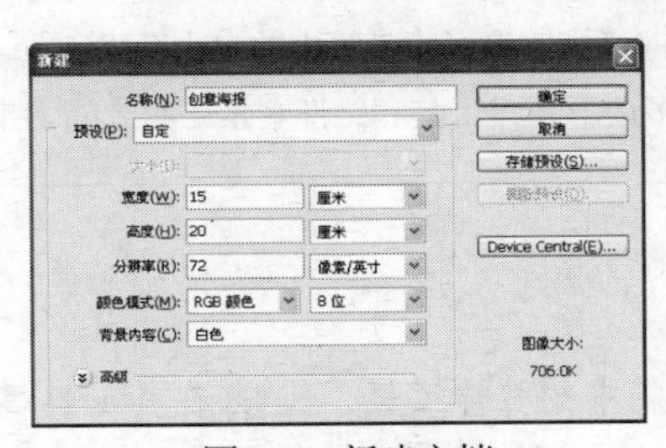

图 2-3　新建文档

图 2-4　选取图像

（3）选择【选择】→【修改】→【羽化】菜单命令，或按 Shift+F6 组合键，打开如图 2-5 所示的“羽化选区”对话框，在“羽化半径”文本框中输入“8”，如图 2-5 所示。单击“确定”按钮羽化选区，使选区边缘平滑。

（4）选择工具箱中的移动工具，将选取图像移动到新建的“创意海报”文件中生成图层 1，选择【编辑】→【变换】→【缩放】菜单命令，或按 Ctrl+T 组合键，将图像缩放到一定比例，再单击其工具属性栏中的按钮确认变换，效果如图 2-6 所示。

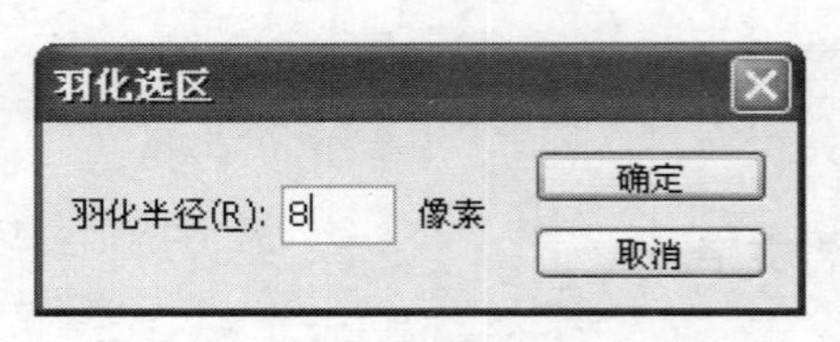

图 2-5　“羽化选区”对话框

图 2-6　移动和缩小图像

（5）选择背景图层，将前景色设置为 R:240,G:230,B:190，选择【编辑】→【填充】菜单命令，或按 Shift+F5 组合键，打开“填充”对话框，在“填充”栏的“使用”下拉列表框中选择“前景色”选项，如图 2-7 所示，单击“确定”按钮使用前景色填充背景。

（6）保持选择背景图层状态，在“图层”控制面板中单击“创建新图层”按钮，在背景图层上新建图层 2，然后选择工具箱中的矩形选框工具，在图像窗口中按住鼠标不放拖动即可绘制矩形选框，并用与步骤 5 相同的方法使用任意颜色填充选区，完成后按 Ctrl+D 组合键取消选区，如图 2-8 所示。

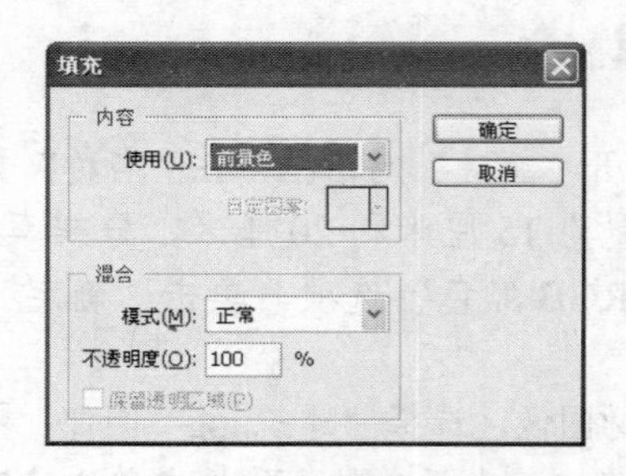

图 2-7　填充背景图层

图 2-8　绘制矩形选框并填充颜色

提示　按键盘上的 M 键可选择工具箱中的矩形选框工具，反复按 Shift+M 组合键可在矩形和椭圆选框工具之间切换；按 L 键可快速选择工具箱中的自由套索工具，反复按 Shift+L 组合键可在自由套索工具、多边形套索工具和磁性套索工具之间切换。

操作二　使用魔棒工具选取图像

（1）选择“剪影.jpg”素材图像，选择工具箱中的魔棒工具，并在其工具属性栏中设置容差为 50，单击选取图像中的黑色区域，按 Delete 键删除黑色背景图像，如图 2-9 所示。

（2）选择【选择】→【反向】菜单命令，或按 Shift+Ctrl+I 组合键将选区反选，完成后选择工具箱中的移动工具，利用鼠标将选择的图像拖动至“创意海报”图像中生成图层 3，按 Ctrl+T 组合键，缩放图像并移动到合适位置，完成后按 Enter 键确认变换，如图 2-10 所示。

图 2-9　选取图像

图 2-10　移动图像

操作三　用“色彩范围”命令选取图像

（1）选择“尖塔.jpg”素材图像，选择【选择】→【色彩范围】菜单命令，打开如图 2-11 所示的“色彩范围”对话框。

（2）这里需要选择图像中尖塔所在区域，将鼠标移至预览框中并在尖塔上的任意地方单击，此时预览框中呈白色显示的区域表示已绘制的选区范围，如图 2-12 所示。

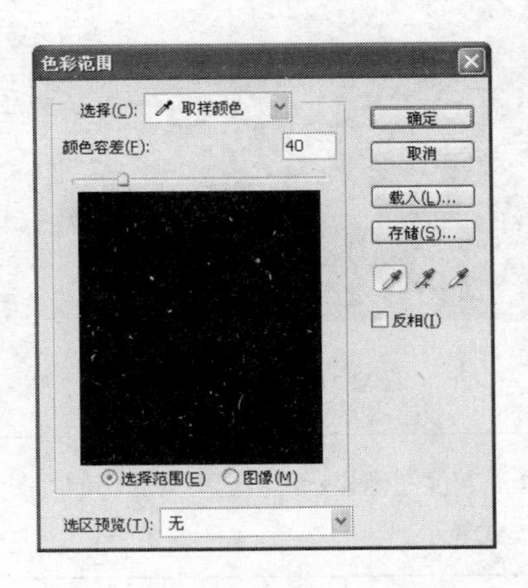

图 2-11　“色彩范围”对话框

图 2-12　单击进行颜色取样

（3）向右拖动对话框中“颜色容差”数值框底部的滑条来增加颜色容差值，扩大颜色选择的范围，直到预览框中的尖塔几乎都呈白色显示，如图 2-13 所示。

（4）此时白色区域中仍有部分黑色区域，需要将它们变成白色，单击“添加到取样”按钮，然后分别在白色中间的黑色区域上单击，以增加选择的范围，如图 2-14 所示。

图 2-13　增大容差值

图 2-14　增加颜色取样范围

（5）单击“确定”按钮关闭“色彩范围”对话框，完成对打开图像中建筑物的全部选择，如图 2-15 所示。

（6）选择工具箱中的移动工具，将选择的图像拖动至“创意海报”图像中生成图层 4，按 Ctrl+T 组合键，缩放图像大小并移动到合适位置，完成后按 Enter 键确认变换，效果如图 2-16 所示。

图 2-15　选取的图像

图 2-16　调整图像

提示　“色彩范围”对话框中的预览框中图像呈灰度图像显示，当选中其底部的“图像”单选项时，预览框中的图像即以 RGB 模式显示。

（7）此时还需调整图像中的图层位置及顺序，首先选择图层 4，按住鼠标拖动至图层 3 下面，当出现一条线条时释放鼠标完成拖动，如图 2-17 所示。

（8）分别选择需要调整位置的图层，将所有图层调整至合适位置，效果如图 2-18 所示。

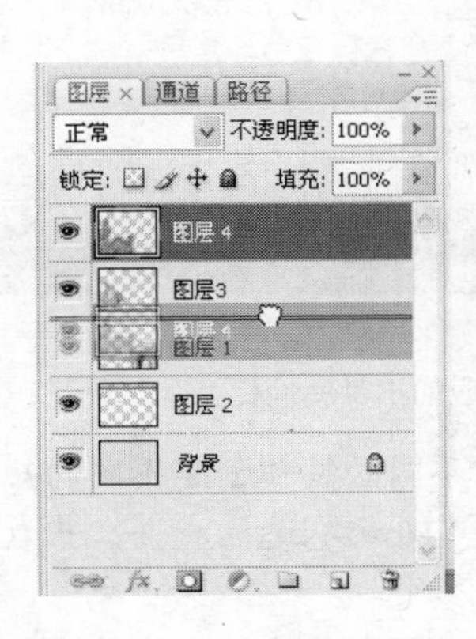

图 2-17　调整图层顺序

图 2-18　调整图层位置

操作四　添加海报文字

（1）选择工具箱中的横排文字工具[T]，单击定位文字插入点，在图像中输入相关文字，单击工具属性栏中的“显示/隐藏字符和段落调板”按钮，打开“字符”控制面板，设置字体为华文琥珀，字体大小为 24 点，颜色为黑色，如图 2-19 所示。设置完成后单击工具属性栏中的“提交”按钮✓。

（2）输入英文文字，设置字体为 Vivaldi，字体大小为 48 点，颜色为黑色，完成后选择工具箱中的移动工具，将所有文字移动到合适位置，最终效果如图 2-20 所示。

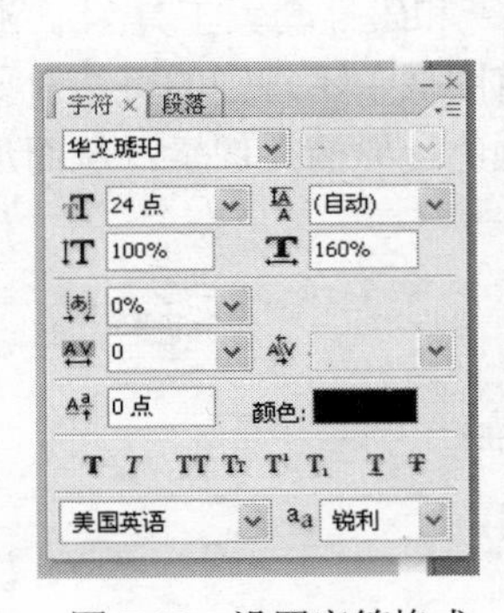

图 2-19　设置字符格式

图 2-20　最终效果

◆ 学习与探究

本任务练习了选区的相关操作，下面对创建选区的各工具组中包括的工具进行介绍。

（1）选框工具组中包括矩形选框工具、椭圆选框工具、单行选框工具和单列选框工具，如图 2-21 所示为选框工具组中各工具，其用法相同，按住 Shift 键的同时绘制选区可绘制正方形、正圆、横线和竖线的选区。如图 2-22 所示为矩形选框工具对应的工具属性栏。

图 2-21　选框工具组　　　　图 2-22　矩形选框工具对应的工具属性栏

- 按钮组：用于控制选区的创建方式，选择不同的按钮创建不同的矩形选区类型，表示创建新选区，表示添加到选区，表示从选区减去，表示与选区交叉。
- “羽化”文本框：指通过创建选区边框内外像素的过渡来使选区边缘柔化，羽化值越大；则选区的边缘越柔和。羽化的取值范围必须在 0~250 像素之间。
- “消除锯齿”复选框：用于消除选区锯齿边缘，该复选框只有在选择椭圆选框工具后才可用。
- “样式”下拉列表框：用于设置选区的形状。在其下拉列表框中有“正常”、“固定长宽比”和“固定大小”3 个选项。其中“正常”选项为系统默认设置，可创建不同大小和形状的选区，“固定长宽比”选项用于设置选区宽度和高度之间的比例，使创建后的选区长宽比与设置保持一致，“固定大小”选项用于锁定选区大小，可以在“宽度”和“高度”文本框中输入具体数值。
- “调整边缘”按钮：单击该按钮，可在打开的“调整边缘”对话框中定义边缘的半径、对比度和羽化程度等，可以对选区进行收缩和扩充，另外还有多种显示模式可选，如快速蒙版模式和蒙版模式等，这是 Photoshop CS3 的新增功能之一。

（2）套索工具组中包括套索工具、多边形套索工具和磁性套索工具。通过套索工具可任意绘制自由选区；使用多边形套索工具可以将图像中不规则的直边对象从复杂背景中选择出来；使用磁性套索工具可以在图像中沿颜色边界捕捉像素，从而形成选区。如图 2-23 所示为磁性套索工具对应的工具属性栏。

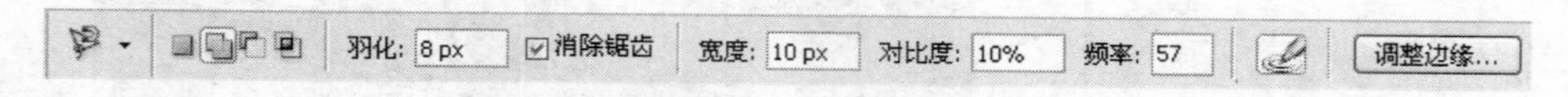

图 2-23　磁性套索工具对应的工具属性栏

- “宽度”文本框：用于设置捕捉图像中的像素范围。
- “对比度”文本框：用于设置捕捉的灵敏度。
- “频率”文本框：用于设置定位的创建频率。
- 按钮：使用绘图板压力以更改钢笔宽度。

（3）魔棒工具组中包括魔棒工具和快速选择工具，而快速选择工具适合在具有强烈颜色反差的图像中绘制选区。按 W 键可快速选择魔棒工具，按 Shift+W 组合键可在魔棒工具和快速选择工具间切换。

任务二　制作书签

◆ 任务目标

本任务的目标是运用选区的羽化和修改等知识制作书签，完成后的最终效果如图 2-24 所示。通过练习掌握选区的基本编辑方法，进一步掌握选区在绘制图像中的应用。

图 2-24　书签效果

素材位置：模块二\素材\荷花.jpg
效果图位置：模块二\源文件\书签.psd

本任务的具体目标要求如下：

（1）掌握选区的羽化和修改等操作。
（2）掌握选择与重新选择选区的方法。
（3）掌握存储与载入选区的方法。

◆ 专业背景

本任务要求制作一张书签，书签尺寸大小并没有一定的要求，一般都是根据实际需要来自行设定尺寸，不同的书签其尺寸大小也可能不同，现在有些书签会采用 12cm×6cm 的尺寸进行制作。

◆ 操作思路

本任务的操作思路如图 2-25 所示，涉及的知识点有羽化选区、修改选区、填充选区、选择选区、存储与载入选区和竖排文字工具等。具体思路及要求如下：

（1）利用选区工具创建书签边框选区。
（2）羽化和修改选区。
（3）添加荷花图片。
（4）添加书签文字。

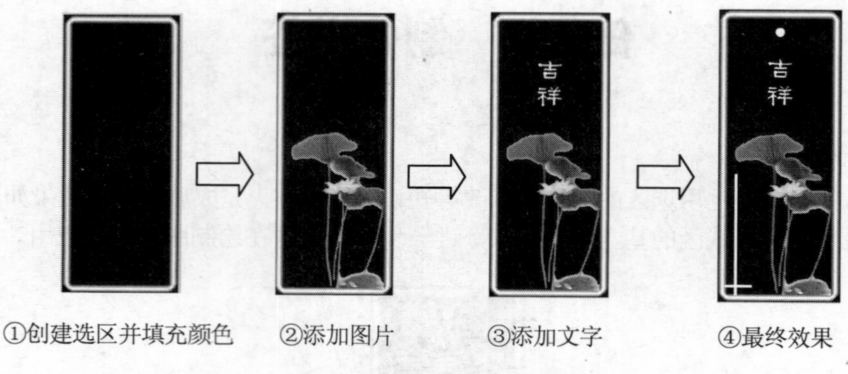

①创建选区并填充颜色　②添加图片　③添加文字　④最终效果

图 2-25　制作书签的操作思路

操作一　制作与处理书签背景

（1）新建一个“书签”图像文件，宽度设置为 8 厘米，高度设置为 15 厘米，颜色模式设置为 RGB 颜色，单击“确定”按钮，如图 2-26 所示。

（2）将前景色设置为黑色，选择工具箱中的油漆桶工具，单击填充背景图层，效果如图 2-27 所示。

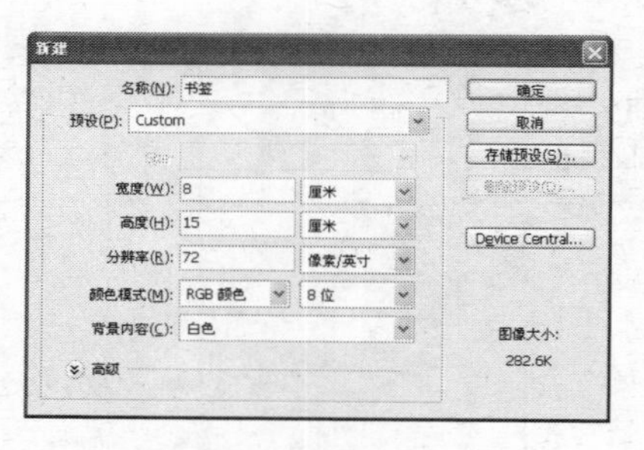

图 2-26　“新建”对话框

图 2-27　填充背景效果

（3）选择工具箱中的矩形选框工具，在其工具属性栏中的“羽化”文本框中输入 5px，然后在图像中绘制矩形选区，如图 2-28 所示。

（4）选择【选择】→【修改】→【边界】菜单命令，打开“边界选区”对话框，在其中设置宽度为 6 像素，单击“确定”按钮关闭对话框，效果如图 2-29 所示。

（5）将前景色设置为白色，选择【编辑】→【填充】菜单命令，在打开的“填充”对话框的“内容”栏下的“使用”下拉列表框中选择“前景色”选项，单击“确定”按钮填充选区，或直接选择工具箱中的油漆桶工具进行填充，按 Ctrl+D 组合键取消选区，效果如图 2-30 所示。

技巧　设置好前景色和背景色后，按 Alt+Delete 组合键可快速填充为前景色，按 Ctrl+Delete 组合键可快速填充为背景色。

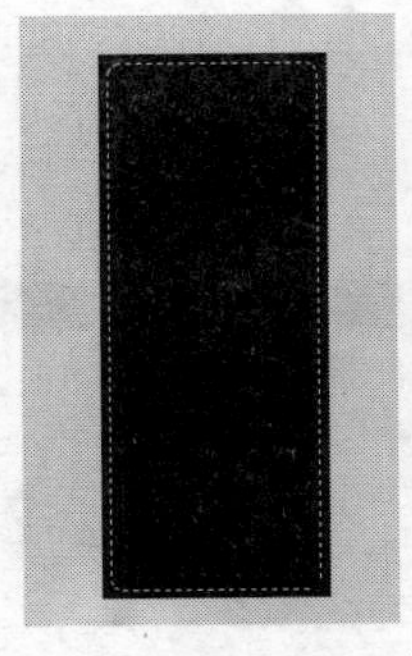

图 2-28　创建绘制矩形选区

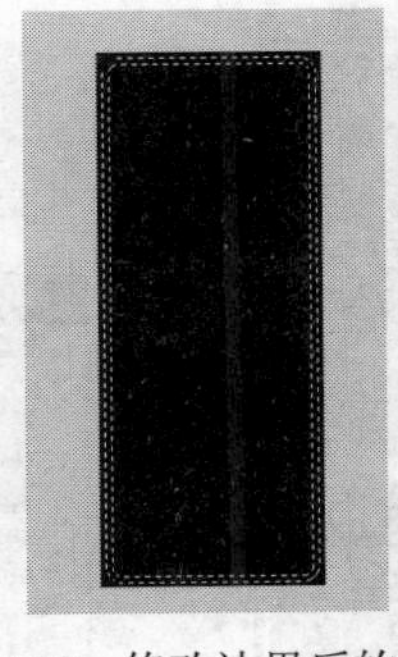

图 2-29　修改边界后的选区

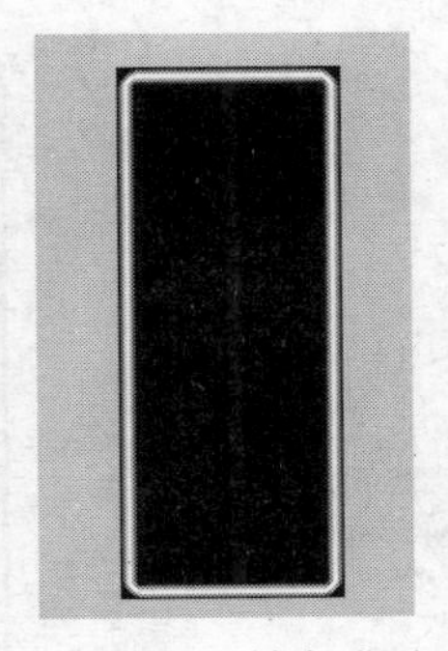

图 2-30　填充选区

操作二　选取并添加图片

（1）打开“荷花.jpg”素材图像，选择工具箱中的魔棒工具，在工具属性栏中单击“添加到选区”按钮并设置容差值为 30，在打开图像的白色区域上单击，选择所有的白色区域，如图 2-31 所示。

（2）选择【选择】→【修改】→【羽化】菜单命令，或按 Shift+F6 组合键，打开的“羽化选区”对话框，在“羽化半径”文本框中输入 5，单击“确定”按钮，将选区羽化 5 像素。

（3）按 Shift+Ctrl+I 组合键反选图像，将选中的荷花图像拖动至“书签”图像中，按 Ctrl+T 组合键缩放到一定比例，然后将其移动到合适位置，效果如图 2-32 所示。

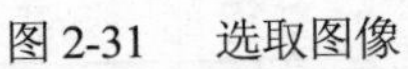

图 2-31　选取图像

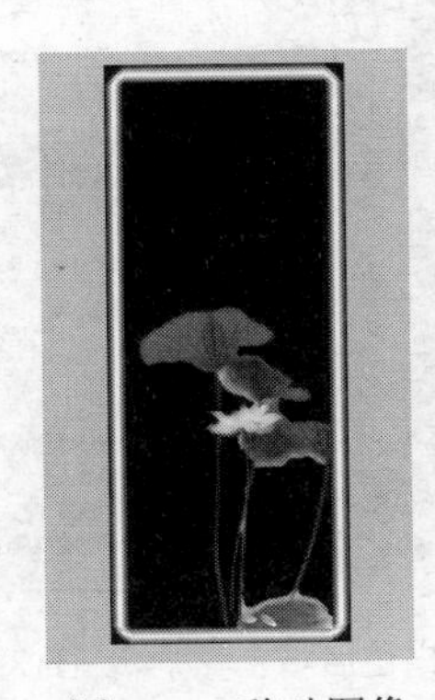

图 2-32　移动图像

（4）按住 Ctrl 键不放并单击“图层”控制面板中的“背景 副本”图层缩略图，将图像重新载入选区，如图 2-33 所示。

（5）选择【选择】→【存储选区】菜单命令，在打开的“存储选区”对话框中的“名称”文本框中输入选区名称“荷花”，然后单击“确定”按钮，如图 2-34 所示。

提示　在设置羽化选区时，可以先在选区工具对应的工具属性栏中设置，再绘制选区，也可以在创建选区过后再进行羽化设置，其效果相同。

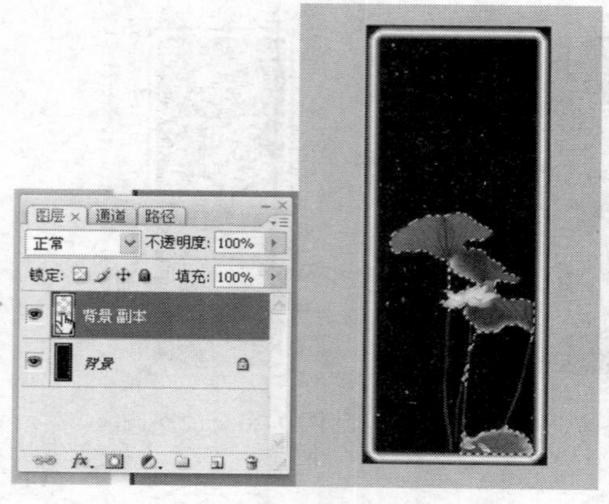

图 2-33　载入选区

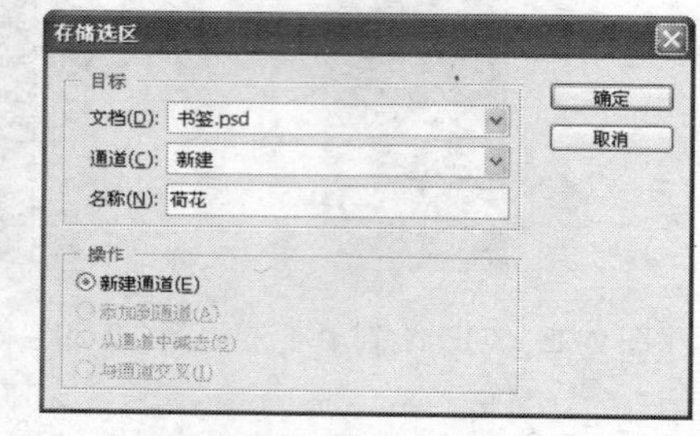

图 2-34　“存储选区”对话框

（6）按 Ctrl+D 组合键取消选区，选择背景图层，使用魔棒工具在白色边框图像区域上单击，以选择白色区域，如图 2-35 所示。

（7）选择【选择】→【载入选区】菜单命令，打开“载入选区”对话框，在“通道”下拉列表框中选择“荷花”选项，在“操作”栏中选中“添加选区”单选项，表示当前选区将添加载入后的选区，如图 2-36 所示，单击“确定”按钮，当前选区添加载入选区的效果如图 2-37 所示。

图 2-35　选取白色区域

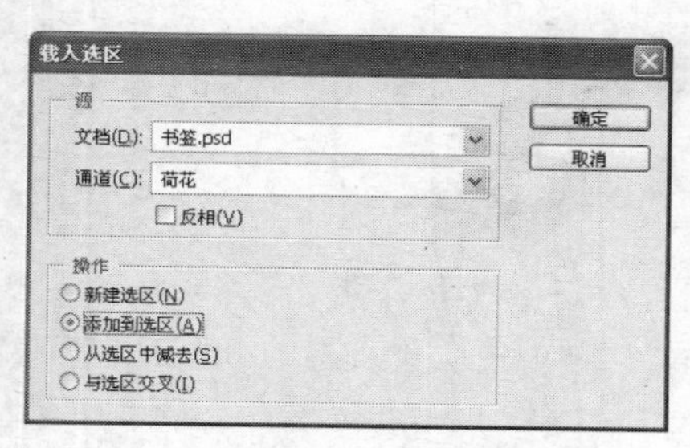

图 2-36　“载入选区”对话框

图 2-37　载入后的效果

提示　在“载入选区”对话框中的“操作”栏下的 4 个选项分别对应矩形选框、魔棒等选区工具属性栏中的按钮组，分别用于实现新建选区、合并选区、减去选区和交叉选区操作。

（8）将前景色设置为 R:250,G:215,B:52，然后使用油漆桶工具在荷花图像区域单击填充，填充荷花从而突出荷花边缘，效果如图 2-38 所示。

（9）按 Ctrl+D 组合键取消选区，最终效果如图 2-39 所示。

图 2-38　填充选区效果

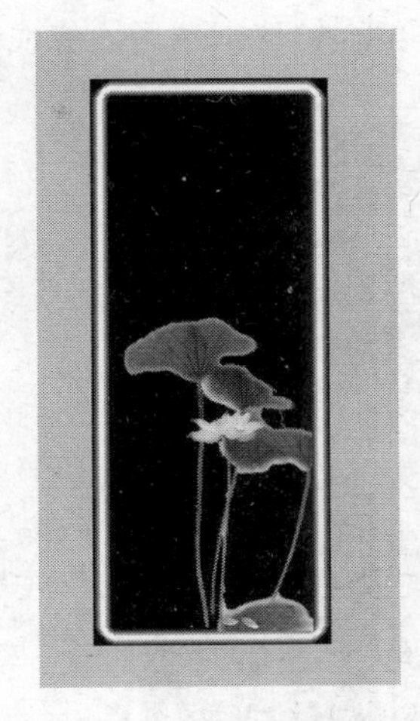

图 2-39　取消选区后最终效果

操作三　添加文字和装饰图形

（1）选择工具箱中的直排文字工具，在图像中单击定位文字插入点，输入文字“吉祥”，完成后单击工具属性栏中的“显示/隐藏字符和段落调板”按钮，打开“字符”控制面板，设置字体为方正古隶简体，字体大小为 40 点，颜色为白色，如图 2-40 所示。设置完成后按 Enter 键确认。

（2）完成文字的输入后，选择工具箱中的移动工具，将其移动到合适位置，效果如图 2-41 所示。

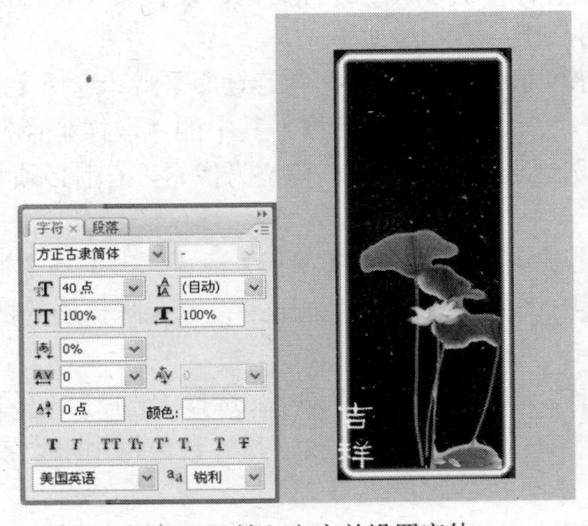

图 2-40　输入文字并设置字体

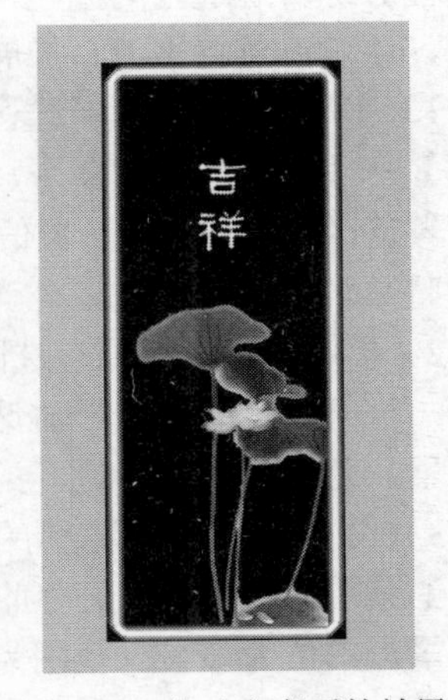

图 2-41　移动文字后的效果

（3）选择工具箱中的椭圆选框工具，按住 Shift 键不放在文字上方绘制正圆选区并填充为白色，然后按 Ctrl+D 组合键取消选区，如图 2-42 所示。

（4）选择工具箱中的矩形选框工具，在图像左下角绘制两个矩形选框并填充为白色，按 Ctrl+D 组合键取消选区，完成本任务的制作，最终效果如图 2-43 所示。

图 2-42　绘制正圆

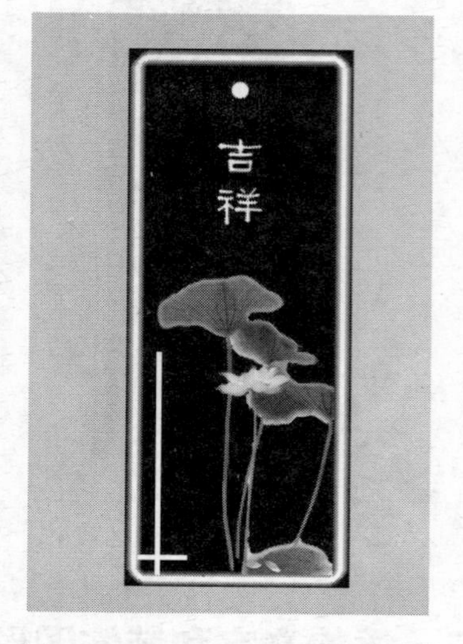

图 2-43　绘制矩形后的最终效果

提示　在进行选区绘制时，经常会用到移动选区操作，选择选区工具绘制完选区后，将鼠标移动到选区上，当鼠标光标变为 形状时，即可移动选区。

◆ 学习与探究

本任务练习了选区的创建与编辑。除了可以对选区进行羽化、设置边界、存储和载入选区外，还可以进行平滑、扩展和收缩操作，其方法如下：

（1）平滑选区用于消除选区边缘的锯齿，使选区边界显得连续而平滑。选择【选择】→【修改】→【平滑】菜单命令，将打开“平滑选区”对话框，其中的“取样半径”数值框用来设置选区平滑的程度，数值越大，选区边界就越平滑，单位为像素，范围必须为 1~100 之间的整数。

（2）扩展选区是在原有选区基础上扩大选区。选择【选择】→【修改】→【扩展】菜单命令，打开“扩展选区”对话框，其中“扩展量”数值框用来设置选区扩展的数量，单位为像素，范围为 1~100 之间的整数。

（3）收缩选区是扩展选区的逆向操作，即选区向内进行缩小。选择【选择】→【修改】→【收缩】菜单命令，将打开“收缩选区”对话框，其中“收缩量”数值框用来设置选区收缩的数量，单位为像素，范围为 1~100 之间的整数。

另外，选择工具箱中任意一个选区工具进行绘制时，它们对应的工具属性栏中都会出现一个“调整边缘”按钮，通过该按钮可以对已存在的选区进行收缩、扩展、平滑和羽化等微调操作。单击“调整边缘”按钮，打开如图 2-44 所示的“调整边缘”对话框，移动鼠标到相应位置，对话框下方会出现相应的说明。

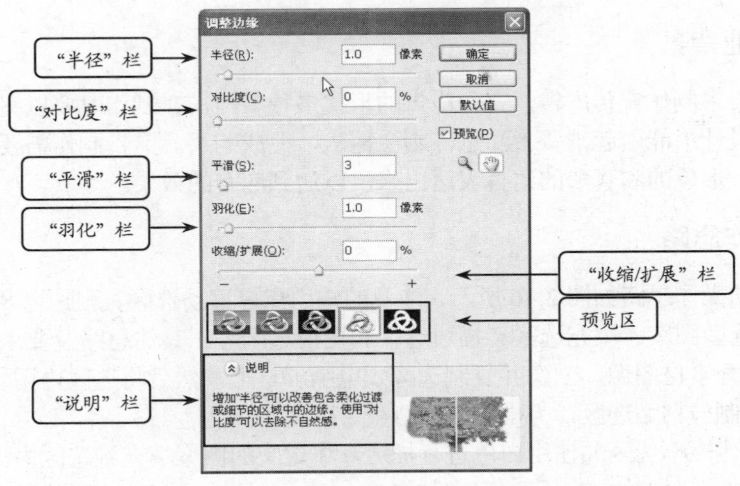

图 2-44　“调整边缘”对话框

任务三　制作笔记本电脑宣传广告

◆ 任务目标

本任务的目标是利用选区的变换、填充和描边知识制作笔记本电脑的宣传广告，完成后的效果如图 2-45 所示。通过练习掌握删除选区、复制粘贴选区、描边选区、变换选区和定义选区图案等操作。具体目标要求如下：

（1）掌握删除、复制和粘贴选区的方法。

（2）掌握描边选区和变换选区的方法。

（3）掌握定义选区图案的操作方法。

图 2-45　笔记本电脑宣传广告

素材位置： 模块二\素材\电脑.jpg、海洋.jpg、海水.jpg、鱼.jpg、鱼 2.jpg

效果图位置： 模块二\源文件\笔记本电脑宣传广告.psd

◆ 专业背景

本任务要求制作宣传广告，宣传广告的形式多种多样，在制作时要以突出产品主题为主，在语言设计上能引起消费者注意，刺激需求，促成购买。广告制作需要设计者以艺术的、直观的、形象的和真挚的语言表达出来，以达到应有的效果。

◆ 操作思路

本任务的操作思路如图 2-46 所示，涉及的知识点有移动选区、删除选区、复制和粘贴选区、定义选区图案、填充选区、描边选区和变换选区等。具体思路及要求如下：

（1）打开素材图像，创建并复制选区到电脑屏幕上，然后将选区内图像进行变形。

（2）复制与粘贴选区，为电脑添加背景。

（3）创建矩形选区并使用白色进行描边，将定义的图案填充到选区内。

（4）变换选区并添加文字，完成制作。

①打开素材　②复制与粘贴选区　③描边与填充选区　④完成制作

图 2-46　制作笔记本电脑宣传广告的操作思路

操作一　选取和变换图像

（1）打开“海洋.jpg”素材图像，选择工具箱中的矩形选框工具⬚，在图像窗口中绘制一个矩形选框，按 Ctrl+C 组合键复制选区，如图 2-47 所示。

（2）打开“电脑.jpg”素材图像，按 Ctrl+V 组合键粘贴选区内容生成图层 1，选择【选择】→【缩放】菜单命令，将图层 1 缩放到合适比例并移动到电脑显示屏幕位置，如图 2-48 所示。

图 2-47　创建并复制选区

图 2-48　缩放图像

（3）选择【编辑】→【变换】→【变形】菜单命令，此时，选区内会出现垂直相交的网格线，如图 2-49 所示，单击并拖动网格线两端的黑色实心点，此时，实心点处会出现一个调整手柄，调整手柄即可实现选区的精确变形，如图 2-50 所示。

提示 当选区处于变换状态下，按住 Alt 键拖动变换框可实现等比例放大选区，按住 Ctrl 键不放拖动变换框可实现选区的扭曲变换。

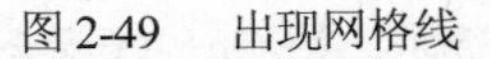

图 2-49　出现网格线

图 2-50　调整图像实现变形

（4）若变形后的图像未得到理想效果，可选择【选择】→【变换】菜单命令，在弹出的子菜单中选择相应命令进行操作，或按 Ctrl+T 组合键，在图像上右击，在弹出的快捷菜单中也可选择相应命令。

（5）选择【图层】→【合并可见图层】菜单命令，或按 Shift+Ctrl+E 组合键合并所有图层。

操作二　填充与描边图像选区

（1）使用魔棒工具单击选择图像中的白色背景，并设置羽化为 10 像素，选择【选择】→【反相】菜单命令，或按 Ctrl+Shift+I 组合键，执行反选操作以选中电脑图像，按 Ctrl+C 组合键复制选区，如图 2-51 所示。

（2）打开“海水.jpg”素材图像，按 Ctrl+V 组合键粘贴选区，生成图层 1，选择【选择】→【变换选区】菜单命令，将图像放大到合适比例后使用移动工具将其移动到合适位置，效果如图 2-52 所示。

图 2-51　选取选区

图 2-52　变换选区

（3）在“图层”控制面板中单击“创建新图层”按钮，新建图层 2，然后选择工具箱中的矩形选框工具，在图像窗口中绘制矩形选区，当鼠标光标变为形状时，移动选区到合适位置，如图 2-53 所示。

（4）选择【编辑】→【描边】菜单命令，打开“描边”对话框，在其中设置描边的宽度为 10px，颜色为白色，并选中“位置”栏中的“居中”单选项，如图 2-54 所示。

图 2-53　绘制选区并移动位置

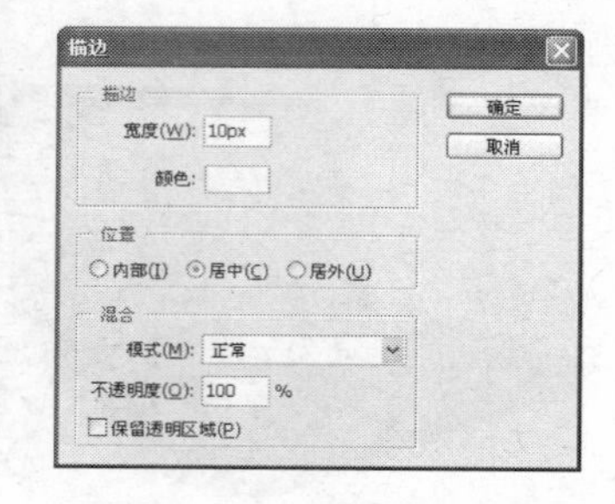

图 2-54　“描边”对话框

（5）单击“确定”按钮完成设置，效果如图 2-55 所示，按 Ctrl+D 组合键取消选区，选择【编辑】→【变换】→【旋转】菜单命令，将矩形旋转到一定角度，如图 2-56 所示。

图 2-55　描边选区

图 2-56　旋转选区

（6）打开“鱼.jpg”素材图像，选择【编辑】→【定义图案】菜单命令，打开如图 2-57 所示的“图案名称”对话框，保持默认的名称，单击“确定”按钮将该图像定义为图案。

（7）返回到“海水”图像中，选择图层 2，使用魔棒工具单击将白色矩形的中间区域载入选区，如图 2-58 所示。

图 2-57　“图案名称”对话框

图 2-58　载入选区

（8）选择【编辑】→【填充】菜单命令，或按 Shift+F5 组合键，打开“填充”对话框，在其中的“使用”下拉列表框中选择“图案”选项，在自定图案下拉列表中选择刚刚自定义的图案，如图 2-59 所示，单击“确定”按钮完成选区的填充，效果如图 2-60 所示。

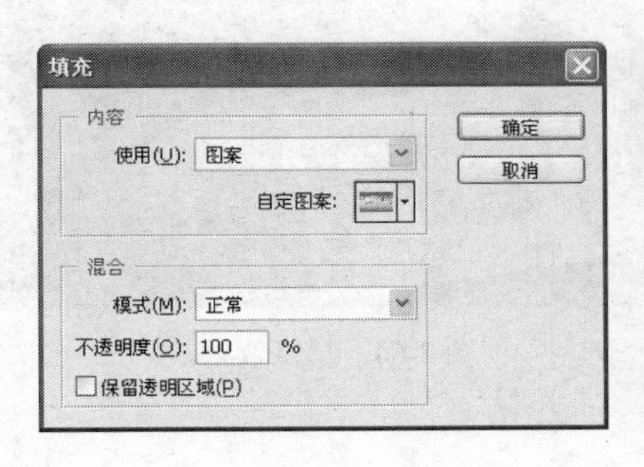

图 2-59　“填充”对话框

图 2-60　填充选区

（9）取消选区，然后选择电脑图像中的图层 1，选择【图层】→【复制图层】菜单命令，打开“复制图层”对话框，保持默认单击“确定”按钮。

（10）将图层 1 副本移动到图层 2 的上面，如图 2-61 所示，选择移动工具将其移动到填充的图像上，再选择【编辑】→【变换】→【水平翻转】菜单命令，翻转图像，并按 Ctrl+T 组合键缩放和旋转图像，完成后的效果如图 2-62 所示。

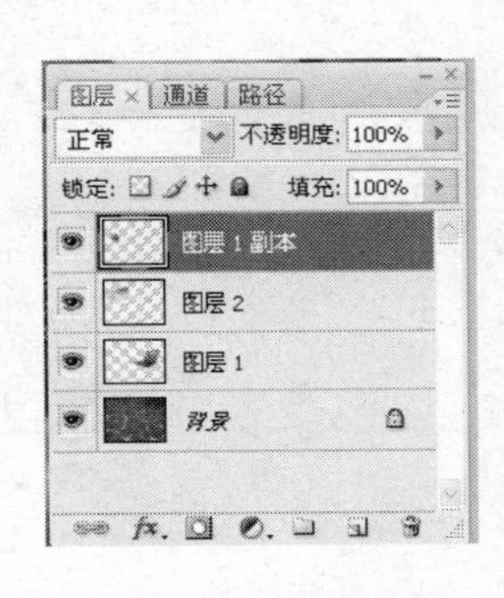

图 2-61　移动图层顺序

图 2-62　变换完成后的效果

（11）打开“鱼 2.jpg”素材图像，并将其定义为图案，用步骤 4 到步骤 10 的方法再绘制一个矩形选区，描边后填充新定义的图案，效果如图 2-63 所示。

（12）选择工具箱中的直排文字工具，添加宣传文字，设置字体为汉仪丫丫体简，字体大小为 60 点，颜色为白色，最终效果如图 2-64 所示。

提示

当完成选区的变换后，单击工具属性栏中的✓按钮或按 Enter 键确认变换，单击⊘按钮或按 Esc 键，则表示放弃此次变换操作。当按 Ctrl+T 组合键后，将鼠标指针移到变换框或变换点附近，当鼠标指针变成↗、↘、↔、↕或↷形状时按住鼠标左键并拖动，即可实现选区的放大、缩小和旋转变换等。

图 2-63　绘制另外的矩形选区

图 2-64　最终效果

◆ 学习与探究

本任务练习了选区的基本操作，在变换选区时主要使用了“变形”命令，变换选区时，在变换框中可通过右击，在弹出的快捷菜单中选择对应的变换命令来进行变换。如图 2-65 所示，也可通过选择菜单栏中的变换命令来实现变换。

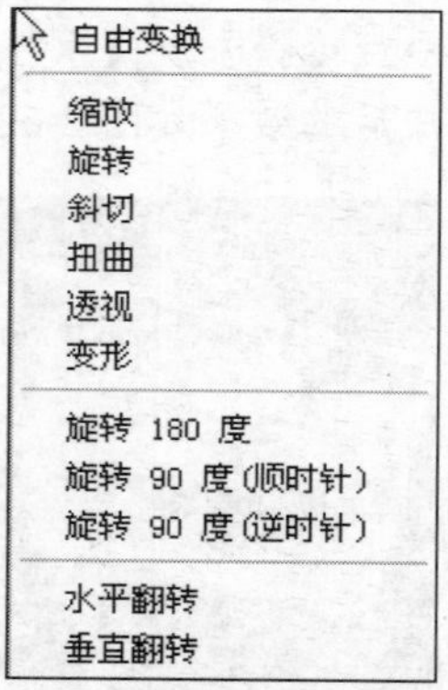

自由变换
缩放
旋转
斜切
扭曲
透视
变形
旋转 180 度
旋转 90 度(顺时针)
旋转 90 度(逆时针)
水平翻转
垂直翻转

图 2-65　变换右键菜单

下面讲述本任务中未用到的变换操作，并介绍其使用方法。

1．缩放变换

选择“缩放”命令后，将鼠标指针移动到变换框或任意控制点上，鼠标指针变成、、或形状时按住左键并拖动，即可实现选区的缩放变换。

2．旋转变换

选择“旋转”命令后，将鼠标指针移至变换框旁，当鼠标指针变为形状时，按住左键不放拖动，可使选区按顺时针或逆时针方向绕变换中心点进行旋转，如图 2-66 所示。

3．斜切变换

斜切变换是指选区以自身的一边作为基线进行变换。选择“斜切”命令后，将鼠标指针移动至控制点处，当鼠标指针变为或形状时，按住左键不放拖动可实现选区的斜切变换，如图 2-67 所示。

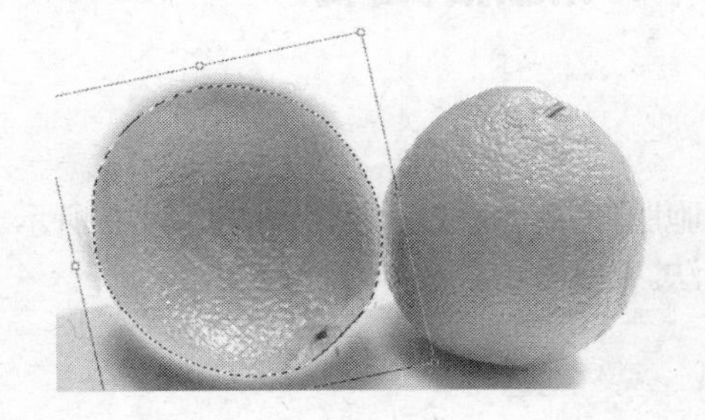

图 2-66　旋转变换

图 2-67　斜切变换

4．扭曲变换

扭曲变换是指选区各个控制点产生任意位移，从而带动选区的变换。选择“扭曲”命令后，将鼠标指针移至任意控制点上并按住左键拖动，即可实现选区的扭曲变换，如图 2-68 所示。

5．透视变换

透视变换是指使选区从不同的角度观察都具有一定的透视关系，常用来调整选区与周围环境间的平衡关系。选择“透视”命令后，将鼠标指针移至变换框的任意控制点上并按下鼠标左键水平或垂直拖动，即可实现选区的透视变换，如图 2-69 所示。

图 2-68　扭曲变换

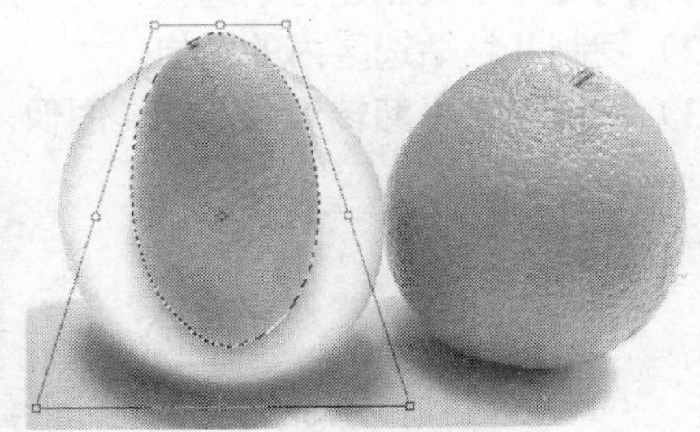

图 2-69　透视变换

需要注意的是，如果只对选区而不对选区中的图像进行变换时，选择【选择】→【变换选区】菜单命令后，再选择【编辑】→【变换】菜单命令，是针对选区进行变换。若要删除创建的选区，选择【选择】→【取消选择】菜单命令或按 Ctrl+D 组合键即可取消选区。

在选区变换时，如果要实现选区 90 度或 180 度的旋转，可根据实际情况直接选择【编辑】→【变换】菜单命令，在弹出的子菜单中选择“旋转 180 度”命令、“旋转 90 度（顺时针）”命令、“旋转 90 度（逆时针）”命令、“水平翻转”命令或“垂直翻转”命令。

实训一　制作双胞胎图像

◆ 实训目标

本实训要求运用选区的相关知识制作双胞胎图像，完成后的效果如图 2-70 所示。通过本实训掌握变换选区、复制和粘贴选区的方法。

图 2-70　双胞胎图像完成后的效果

素材位置：模块二\素材\女孩.jpg

效果图位置：模块二\源文件\双胞胎.psd

◆ 实训分析

本实训的制作思路如图 2-71 所示，具体分析及思路如下：

（1）用魔棒工具创建背景选区并羽化选区，然后执行反选以选择人物。

（2）复制并粘贴选区内的图像。

（3）使用“水平翻转”命令翻转图像，并将其移动到合适位置。

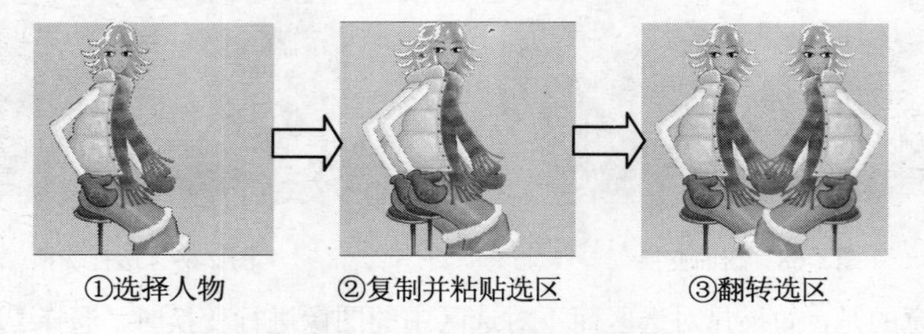

图 2-71　制作双胞胎图像的操作思路

实训二　制作音乐 CD 封面

◆ 实训目标

本实训要求运用变换选区、羽化选区和描边选区等知识制作如图 2-72 所示的音乐 CD 封面。

图 2-72　音乐 CD 封面

素材位置：模块二\素材\人物.gif
效果图位置：模块二\源文件\音乐 CD 封面.psd

◆ 实训分析

本实训的制作思路如图 2-73 所示，具体分析及思路如下：

（1）新建一个宽度和高度都为 15 厘米的空白文档，并填充背景颜色。

（2）打开“人物.gif”素材图像，创建选区并设置羽化为 3 像素，复制选区到新建的文档中，按 Ctrl+T 组合键将其缩小并移动到文档中的合适位置。

（3）创建矩形选区并描边选区，完成后选择椭圆选框工具绘制椭圆选区并填充选区。

（4）创建矩形选区并对选区执行透视变换，完成后填充选区。

（5）用相同的方法绘制其他圆形并填充选区，最后添加文字完成制作。

图 2-73　音乐 CD 封面的制作思路

实训三　制作立体盒子效果

◆ 实训目标

本实训要求运用选区的变换等相关知识，根据提供的素材制作立体盒子效果，最终效果如图 2-74 所示。

图 2-74　盒子效果

素材位置：模块二\素材\云.jpg、花.jpg、草.jpg、木桌.jpg
效果图位置：模块二\源文件\盒子 .psd

◆ 实训分析

本实训的制作思路如图 2-75 所示，具体分析及思路如下：

（1）打开“木桌.jpg”素材图像，作为背景图像。

（2）打开其他素材，选取图像后复制粘贴选区。

（3）显示网格，以便精确操作。

（4）通过透视变换选区调整图像的位置完成后取消网格。

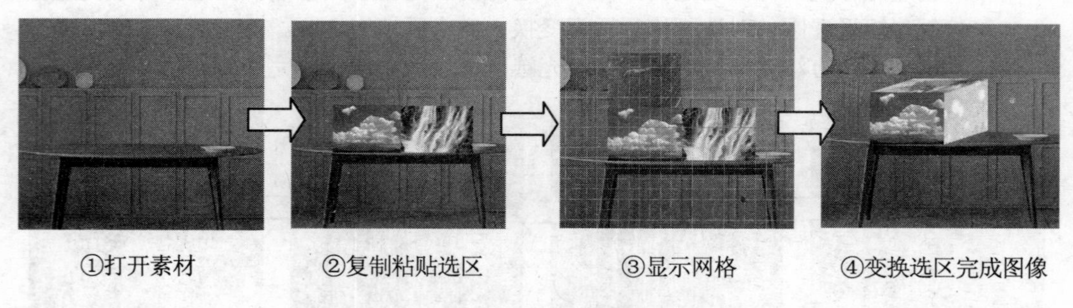

①打开素材　②复制粘贴选区　③显示网格　④变换选区完成图像

图 2-75　制作立体盒子的操作思路

实践与提高

根据本模块所学内容，完成以下实践内容。

练习 1　为图像添加气泡

本练习将使用椭圆选框工具来制作气泡图像，主要是通过对选区的编辑和填充来完成，具体将运用到填充选区、复制与粘贴选区、修改选区等知识来制作，最终效果如图 2-76 所示。

素材位置： 模块二\素材\沙滩.jpg
效果图位置： 模块二\源文件\气泡.psd

图 2-76　气泡效果

练习 2　制作艺术相框

运用羽化选区、填充选区和变换选区等相关知识制作艺术相框，最终效果如图 2-77 所示。

素材位置： 模块二\素材\花朵.jpg
效果图位置： 模块二\源文件\相框.psd

图 2-77　艺术相框效果

练习 3　更换人物衣服颜色

运用选区工具、填充选区和调整图层的不透明度等更换人物的衣服颜色，处理前和处理后的对比效果如图 2-78 所示。

素材位置： 模块二\素材\人物.jpg
效果图位置： 模块二\源文件\更换衣服颜色.psd

图 2-78　更换人物衣服颜色

练习 4　提高复杂抠图的应用技能

要对选区的创建更加得心应手，除了学习本模块的内容外，可以找一些复杂图像素材进一步练习复杂选区的创建，并可从网上阅读专业介绍 Photoshop 选区的相关教程进行提高，下面补充以下几点关于选区创建的技巧，供大家参考和探索：

- 用多边形套索工具抠图：在用多边形套索工具创建选区时，首先在图像中单击创建选区的起始点，然后拖动鼠标并单击定位选区，以创建选区中的其他点，最后将鼠标移动到起始点处，当鼠标指针变成形状时单击，即可生成最终的选区。
- 用磁性套索工具抠图：在用套索工具创建选区时，在移动鼠标过程中，若遇到拐角比较大或者颜色对比不是很大时，可单击手动增加定位点，以便更加精确地选取图像区域。
- 用魔棒工具抠图：在用魔棒工具创建选区时，在其工具属性栏中的“容差”数值框可用来设置颜色取样的范围，该值越大，被选择的颜色范围越大。
- 综合使用各选取工具抠图：在选取图像前应先观察要选取图像的轮廓和色彩等，再考虑使用哪个或哪几个工具来抠图，有时可以综合使用多个选区工具进行创建，如先使用魔棒工具选取大部分图像再用套索工具增加或减少选区等。

模块三

绘制与修饰图像

在平面设计和创作的过程中，经常需要手制图像，然后再对图像进行修饰，从而得到理想的艺术效果。在 Photoshop CS3 中提供了很多的绘图工具，如画笔工具、铅笔工具和自定义形状工具等，利用这些绘图工具不仅可以创建图像，还可以利用自定义的画笔样式和铅笔样式创建各种图像特效，因此，掌握一些手绘艺术技巧是非常必要的。完成图像的手绘后还必须对其进行修饰，而修饰图像的工具包括仿制图章工具和修复工具组等。本模块将以 3 个操作实例介绍图像的绘制与修饰。

学习目标

- 掌握画笔工具和铅笔工具的应用
- 熟练掌握图像的绘制
- 熟练掌握裁剪修正照片的方法
- 掌握图像修复的操作方法
- 熟练掌握图像修饰工具的应用

任务一　绘制水墨梅花

◆ 任务目标

本任务的目标是运用画笔和铅笔工具的相关知识绘制一幅具有国画风格的水墨梅花，完成后的最终效果如图 3-1 所示。通过练习掌握画笔工具和铅笔工具的基本操作，包括画笔设置和使用铅笔工具绘制边框等操作。

图 3-1　梅花效果

效果图位置：模块三\源文件\梅花.psd

本任务的具体目标要求如下：

（1）掌握画笔的相应设置。

（2）掌握使用画笔绘制图形的方法。

（3）了解铅笔工具的作用。

◆ 专业背景

本任务要求制作一幅水墨画的效果，首先需要了解水墨画的相关特点。水墨画是国画的一种，经常会使用虚笔来描绘难以表达的意境，因此，在制作水墨画时需注意其简洁明快，神韵自然的特点。

◆ 操作思路

本任务的操作思路如图 3-2 所示，涉及的知识点有使用画笔工具、画笔的设置和铅笔工具等。具体思路及要求如下：

（1）新建文档并填充背景颜色。使用画笔工具绘制出梅花枝干。

（2）实出明暗关系。

（3）绘制花瓣。

（4）使用铅笔工具绘制边框。在图像中添加相应文字，完成梅花的制作。

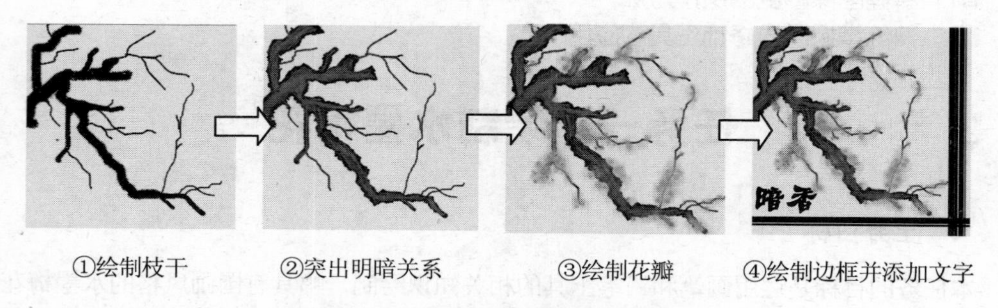

①绘制枝干　②突出明暗关系　③绘制花瓣　④绘制边框并添加文字

图 3-2　绘制水墨梅花的操作思路

操作一　使用画笔工具绘图

（1）按 Ctrl+N 组合键打开“新建”对话框，在“名称”文本框中输入“梅花”文本，将宽度和高度都设置为 5 厘米，分辨率为 300 像素/英寸，在“颜色模式”下拉列表框中选择“RGB 颜色”选项，单击“确定”按钮，如图 3-3 所示。

（2）将前景色设置为 R:229,G:232,B:223，然后按 Alt+Delete 组合键使用前景色填充图像，如图 3-4 所示。

技巧　通过在“新建”对话框中设置各项参数后，单击“存储预设”按钮，可将当前的设置存储为预设，在以后操作时可通过在“预设”下拉列表中选择相应的选项快速应用同样的设置。

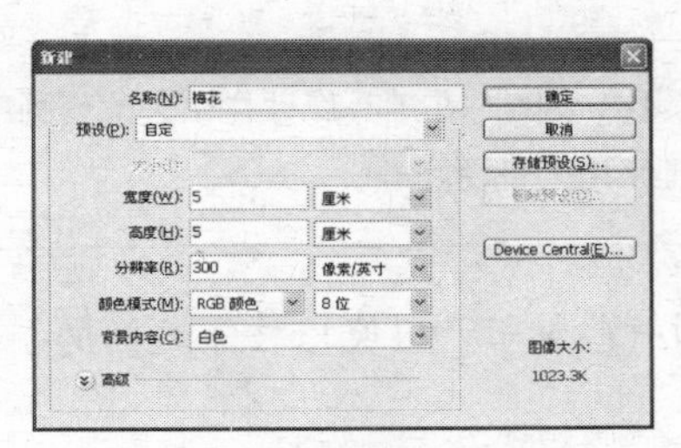

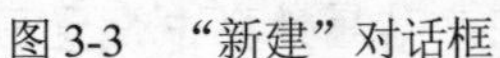

图 3-3　“新建”对话框

图 3-4　填充背景

（3）设置前景色为黑色，选择工具箱中的画笔工具，选择【窗口】→【画笔】菜单命令或按 F5 键打开“画笔”控制面板。

（4）单击“画笔”控制面板右上角的按钮，在弹出的快捷菜单底部选择“湿介质画笔”命令，然后在弹出的提示对话框中单击“追加”按钮，即可添加部分画笔样式到当前控制面板中，添加的画笔默认显示在画笔笔尖的最后，如图 3-5 所示。

（5）再次单击“画笔”控制板右上角的按钮，在弹出的快捷菜单中选择“大列表”命令，将画笔样式的显示状态设置为以大列表显示，如图 3-6 所示。

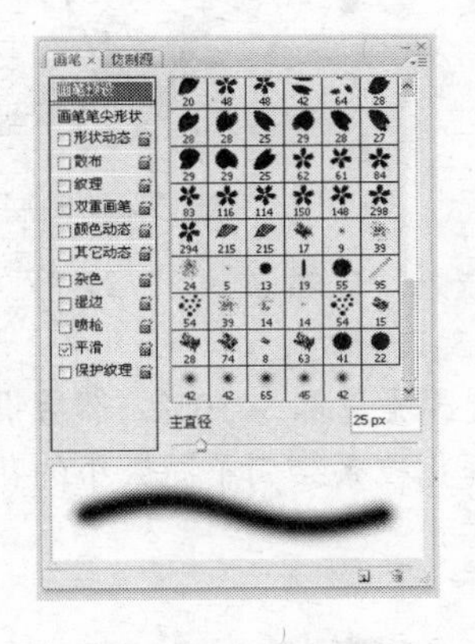

图 3-5　载入新画笔样式

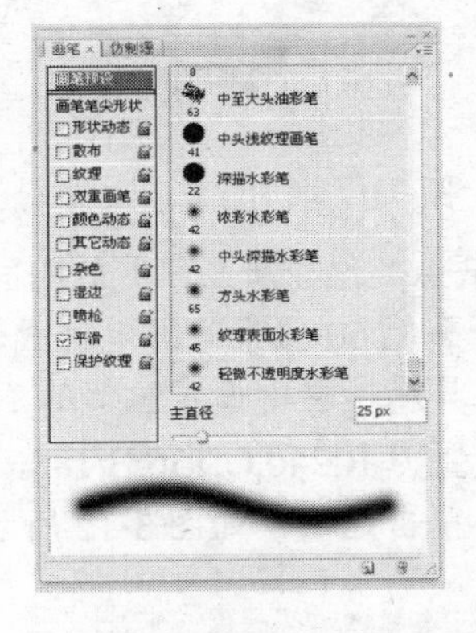

图 3-6　改变画笔样式显示状态

（6）在“画笔”控制面板中选择“深描水彩笔”样式，如图 3-7 所示，然后设置不同的画笔大小在图像中绘制出梅花的枝条雏形，如图 3-8 所示。

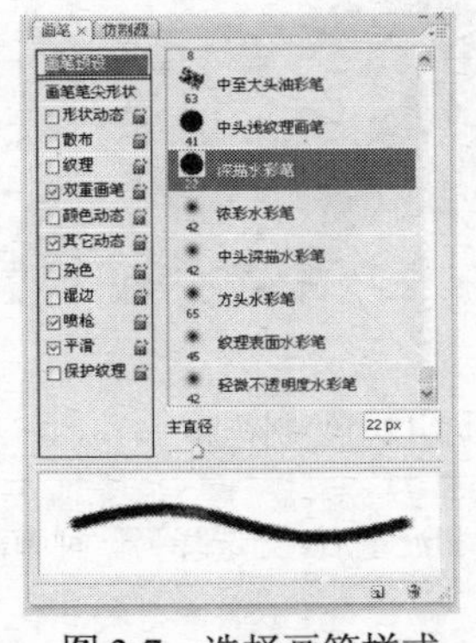

图 3-7　选择画笔样式

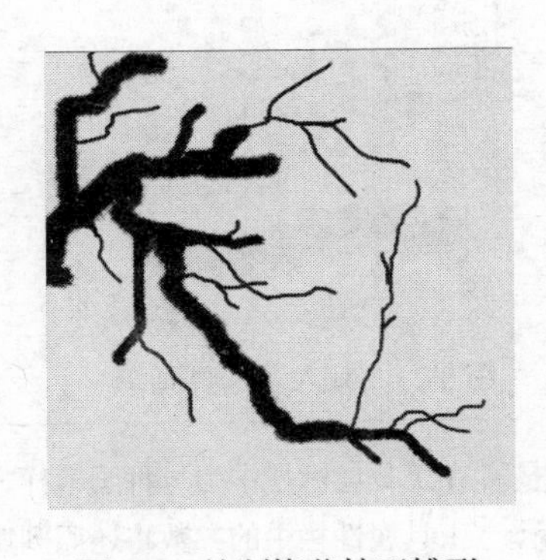

图 3-8　绘制梅花枝干雏形

提示 在使用画笔工具进行绘制的过程中，不需要随时在工具属性栏中去改变画笔直径大小，可直接按 [键来减小直径，按] 键来增大直径。

（7）继续使用当前的画笔沿枝条边缘绘制一些细节，以突出枝条之间的层次感，如图 3-9 所示。

（8）将前景色设置为灰色 R:105,G:108,B:102，在工具属性栏中设置画笔不透明度为 30%，然后使用不同的画笔在细小的枝条上进行涂抹，以突出枝条明暗层次，如图 3-10 所示。

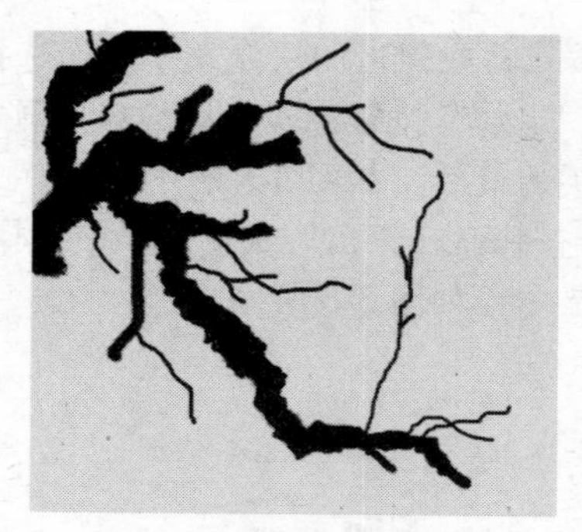

图 3-9　增加枝条层次感

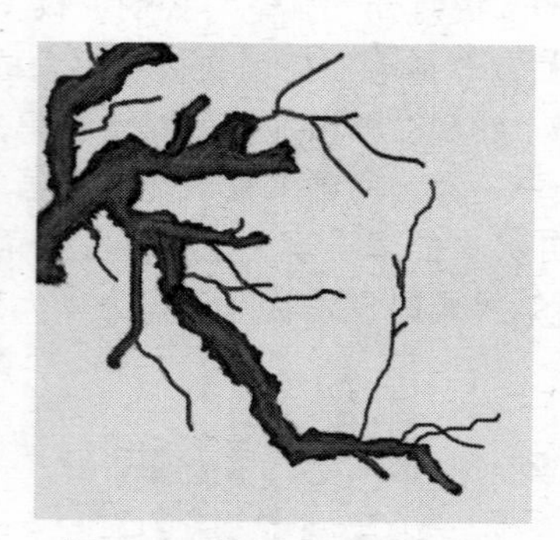

图 3-10　突出枝条明暗层次

（9）按照载入“湿介质画笔”的相同方法载入“自然画笔 2”到“画笔”控制面板中，然后选择“旋绕画笔 60 像素”画笔样式，如图 3-11 所示。

（10）在工具属性栏中设置画笔的不透明度和流量都为 50%，然后设置不同直径的画笔，将前景色设置为 R:240,G:136,B:188，单击梅花枝条绘制不同大小的花瓣，在花瓣颜色较深的地方可多单击几次，如图 3-12 所示。

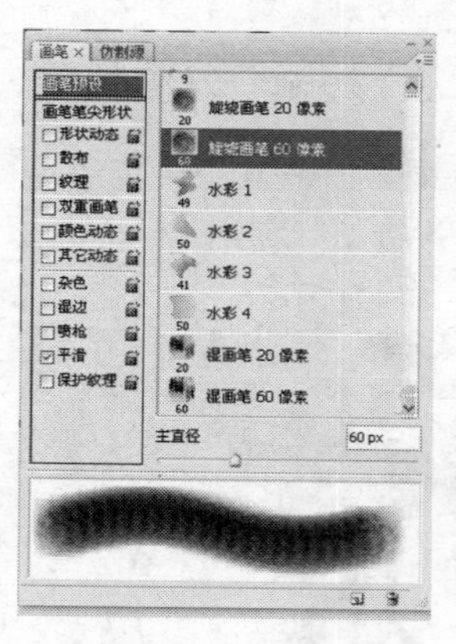

图 3-11　载入并选择画笔

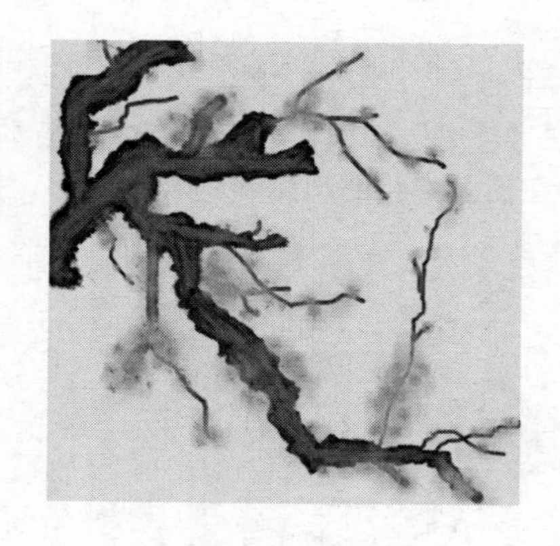

图 3-12　绘制花瓣

提示 在工具属性栏中为一种画笔样式设置不透明度和流量后，当选择另一种画笔样式后，工具属性栏中的参数将还原到默认状态。

（11）在“画笔”控制面板中选择“柔角 35 像素”画笔样式，并设置其主直径为 3px，如图 3-13 所示。

（12）选中“形状动态”复选框，在“控制”下拉列表框中选择“渐隐”选项，将画笔设置为渐隐模式，设置渐隐范围为 30 步，如图 3-14 所示。

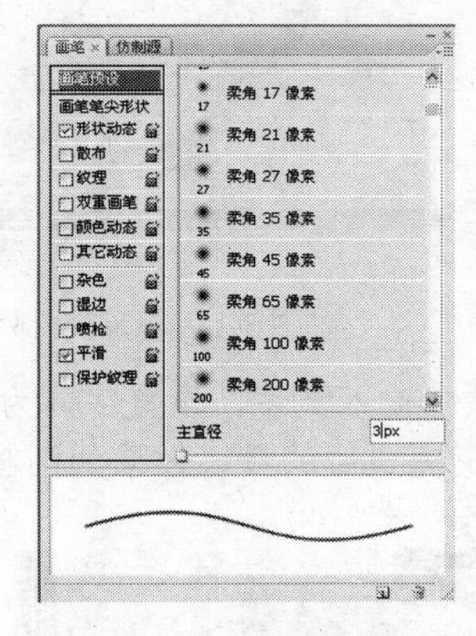

图 3-13　选择画笔

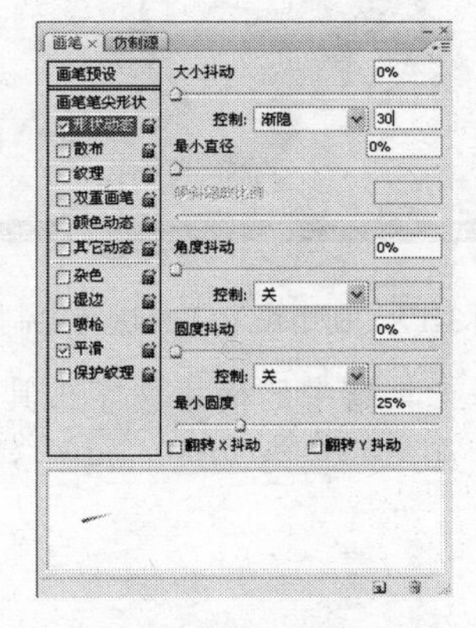

图 3-14　设置画笔动态效果

（13）在工具属性栏中设置画笔的不透明度为 80%，放大显示某个花瓣，然后拖动绘制 4 条渐隐线条，以得到花蕊效果，如图 3-15 所示。

（14）继续在其他花瓣处拖动绘制花蕊，绘制完成后的效果如图 3-16 所示。

图 3-15　绘制花蕊

图 3-16　绘制其他花蕊及完成效果

操作二　使用铅笔工具绘图

（1）设置前景色为黑色，选择工具箱中的铅笔工具，选择【窗口】→【画笔】菜单命令或按 F5 键打开“画笔”控制面板，在其中选择“粉笔—亮 50”画笔样式，按住 Shift 键在图像下方进行涂抹，得到图 3-17 所示效果。

（2）使用相同的方法在图像右边同样绘制相同的线条，得到如图 3-18 所示效果完成绘制。

提示　在使用铅笔工具绘制图像时，其使用方法与画笔完全一样，只是在绘制图像时所有的画笔样式都是硬边的。

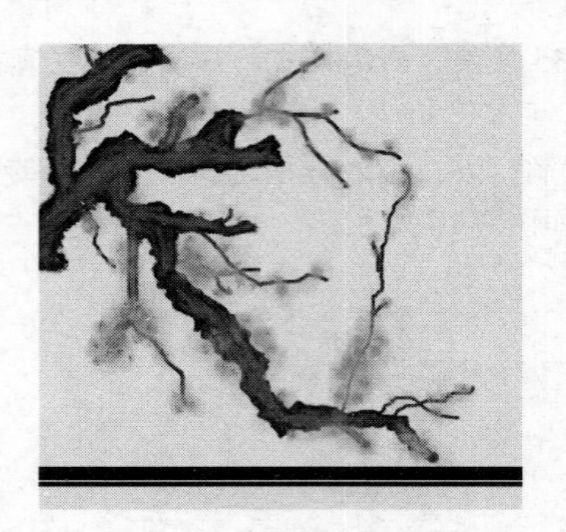

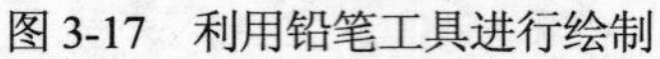

图 3-17 利用铅笔工具进行绘制

图 3-18 完成绘制

（3）选择工具箱中的横排文字工具，在图像中输入文字，设置字体为汉仪雁翎体简，字体大小为 20 点，颜色为黑色，如图 3-19 所示。完成后的最终效果如图 3-20 所示，

图 3-19 设置文字格式

图 3-20 添加文字及最终效果

◆ 学习与探究

本任务练习了画笔工具和铅笔工具的使用，画笔工具不仅可用来绘制边缘较柔和的线条，还可以根据系统提供的不同画笔样式绘制不同的图像效果。在系统默认情况下只能绘制较简单的线条，这时可以在其对应的工具属性栏中设置参数来改变绘制的效果，如图 3-21 所示。

图 3-21 画笔工具属性栏

（1）“画笔”选项：用来设置画笔笔头的大小和使用样式，单击“画笔”右侧的▾按钮，打开如图 3-22 所示的画笔设置面板。

- 主直径：用来设置画笔笔头的大小，可在其右侧的文本框中输入数字或拖动其底部滑杆上的滑块来设置画笔的大小。
- “硬度”选项：用来设置画笔边缘的晕化程度，值越小晕化越明显，就像毛笔在宣纸上绘制后产生的湿边效果一样。
- “画笔样式”列表框：用于选择所需的画笔笔头样式，系统默认当前选择的样式为实心线条，也可在此选择带有图案的样式，如图 3-23 所示。

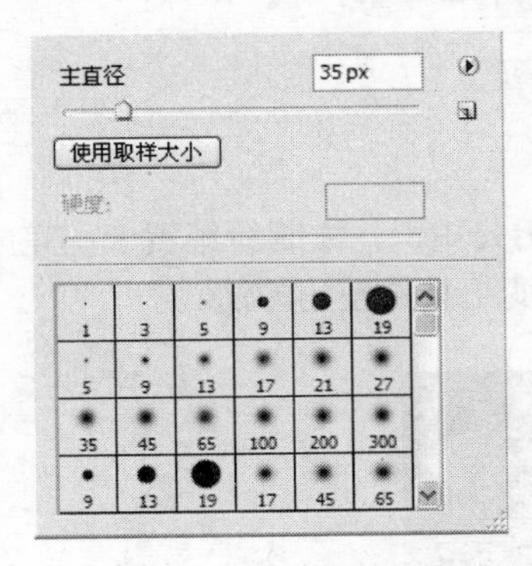

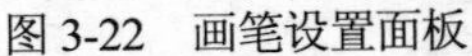
图 3-22 画笔设置面板

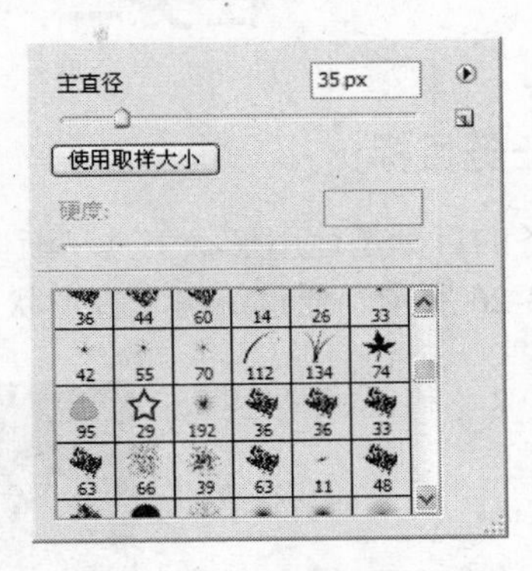

图 3-23 选择其他样式

（2）“模式”下拉列表框：主要用于设置画笔的模式，不同模式下使用画笔绘制的效果不同。

（3）“不透明度”下拉列表框：用于设置在使用画笔绘制图像时的透明效果。

（4）“流量”下拉列表框：用于自定义使用画笔工具绘图时笔墨的扩散速度，参数越大，绘制出的笔触越深。

（5）按钮：指通过相应设置启用喷枪功能，从而使用喷枪模拟绘画。当鼠标指针移动到某个区域上方时，若按住左键，颜料量将会增加。画笔硬度、不透明度和流量选项可以控制应用颜料的速度和数量。单击此按钮可打开或关闭喷枪功能。

单击工具属性栏右侧的“切换画笔调板”按钮，将打开如图 3-24 所示的“画笔”控制面板，在其中可对画笔的相关属性进行设置，包括形状动态、散布、颜色动态和半径等，还可对这些属性进行更改或添加新的属性，如图 3-25 所示。

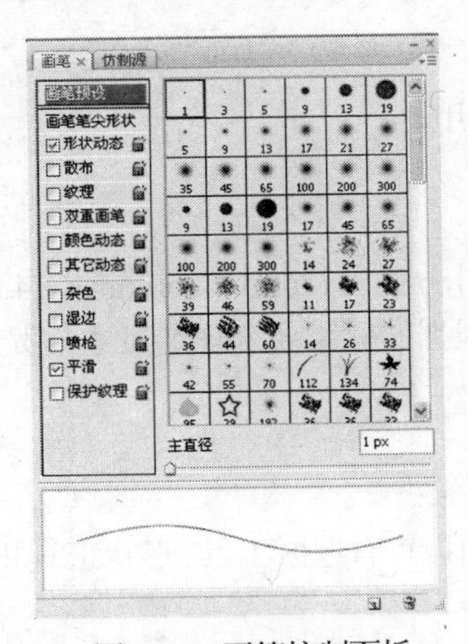

图 3-24 画笔控制面板

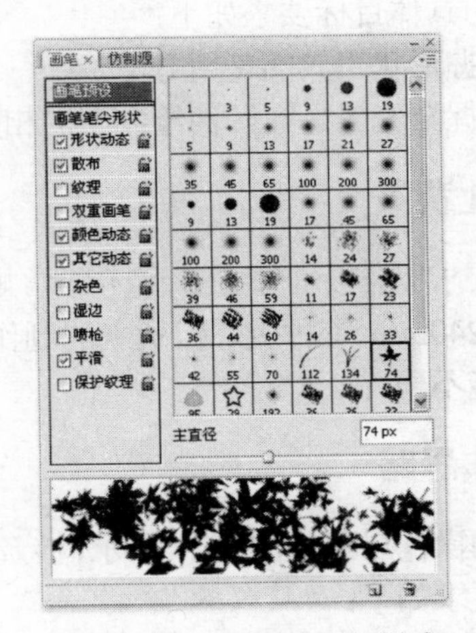

图 3-25 更改后的画笔样式

另外，单击“画笔”控制面板右上角的按钮，可在弹出的快捷菜单中选择需要的画笔显示状态的命令。

任务二　制作新年贺卡

◆ 任务目标

本任务的目标是运用形状工具和渐变工具的相关知识，绘制新年贺卡，完成后的最终效果如图 3-26 所示。通过练习掌握形状工具和渐变工具的使用方法。

图 3-26　新年贺卡效果

素材位置：模块三\素材\牡丹.jpg、鲤鱼.jpg、剪纸兔.jpg、中国结.jpg
效果图位置：模块三\源文件\新年贺卡.psd

本任务的具体目标要求如下：

（1）掌握形状工具的使用方法。

（2）掌握渐变工具在图像绘制中的相关运用。

◆ 专业背景

本任务要求制作一张贺卡，贺卡的常规尺寸分为 112mm×350mm、143mm×210mm 和 168mm×240mm 等种类，但贺卡的制作会根据实际需要来规定尺寸，贺卡类型不同，其尺寸也可能不同。

◆ 操作思路

本任务的操作思路如图 3-27 所示，涉及的知识点有选区工具、形状工具和渐变工具等。具体思路及要求如下：

（1）新建图像文件并填充颜色，利用选区工具选取素材图像；羽化选区，并变换图像大小。

（2）使用形状工具绘制形状并填充颜色。

（3）使用渐变工具填充选择的选区图像。

（4）添加贺卡文字和底纹，完成制作。

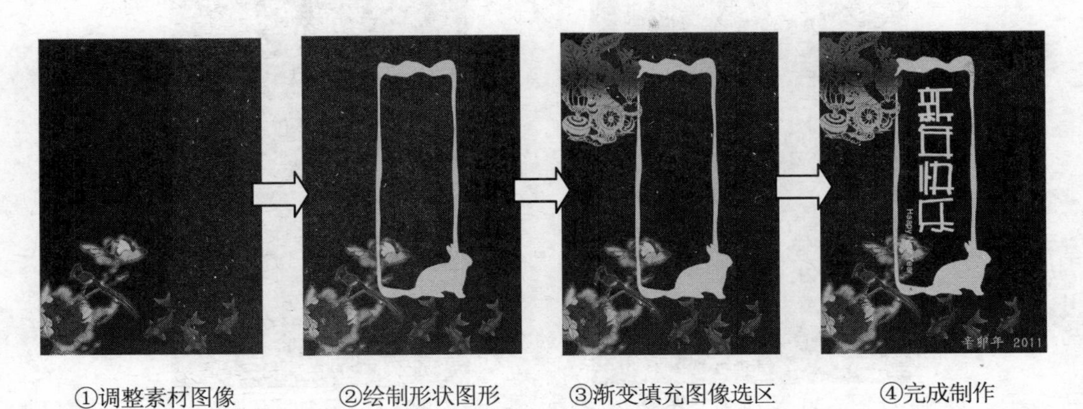

①调整素材图像　②绘制形状图形　③渐变填充图像选区　④完成制作

图 3-27　制作新年贺卡的操作思路

操作一　绘制贺卡背景

（1）新建一个“新年贺卡”的图像文件，设置宽度为 17 厘米，高度为 25 厘米，模式为 RGB 颜色，背景色为白色。

（2）将前景色设置为 R:112,G:0,B:0，然后填充图像文件，如图 3-28 所示。

（3）打开“牡丹.jpg”素材图像，使用魔棒工具选取白色背景图像，然后执行反选将牡丹图像选中并设置羽化值为 5 像素，如图 3-29 所示。

图 3-28　填充背景

图 3-29　选取图像

（4）将选中的图像拖动至“新年贺卡”图像中，并进行缩放旋转变换操作，然后移动到合适位置，在“图层”控制面板中设置不透明度为 80%，效果如图 3-30 所示。

（5）打开“鲤鱼.jpg”素材图像，用相同的方法将其添加到“新年贺卡”图像中，然后在“图层”控制面板中设置不透明度为 50%，效果如图 3-31 所示。

图 3-30　添加牡丹图像

图 3-31　添加鲤鱼图像

操作二　绘制形状图形

（1）单击“图层”控制面板中的“创建新图层”按钮，新建图层 3，选择工具箱中的自定义形状工具，然后单击其工具属性栏中的“形状”下拉按钮，在弹出的列表框中选择“画框 7”选项，效果如图 3-32 所示。

（2）在“新年贺卡”图像中用鼠标拖动绘制画框形状，打开“路径”控制面板，在“工作路径”上右击，在弹出的快捷菜单中选择“建立选区”命令，如图 3-33 所示。

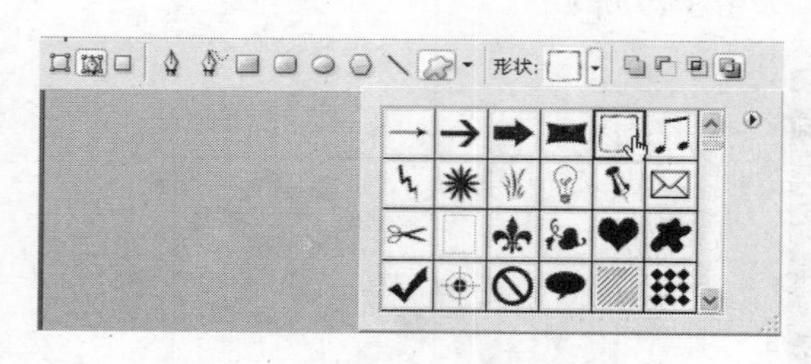

图 3-32　选择自定义形状

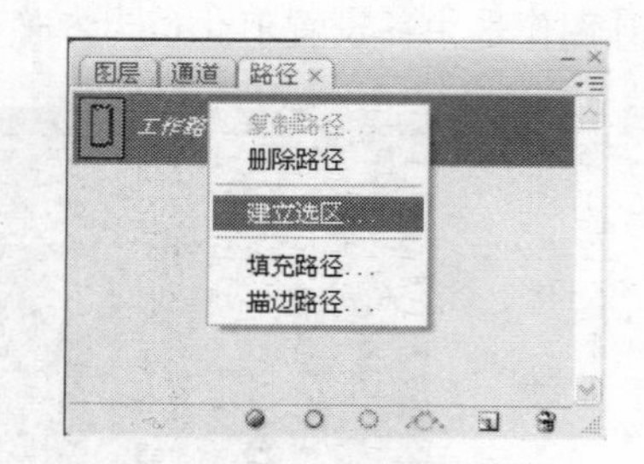

图 3-33　“路径”控制面板

（3）在打开的“建立选区”对话框中单击“确定”按钮将形状载入选区，然后将其以 R:255,G:210,B:38 颜色填充，完成后按 Ctrl+D 组合键取消选区，如图 3-34 所示。

（4）用相同的方法继续绘制“兔”形状并填充相同的颜色，完成后的效果如图 3-35 所示。

提示

在形状工具组中包括矩形工具、圆角矩形工具、椭圆工具、多边形工具、直线工具和自定义形状工具 6 种形状绘制工具。按 U 键可快速选择矩形形状工具，按 Shift+U 组合键可在形状工具组内的 6 个形状工具之间进行切换。

图 3-34　填充路径

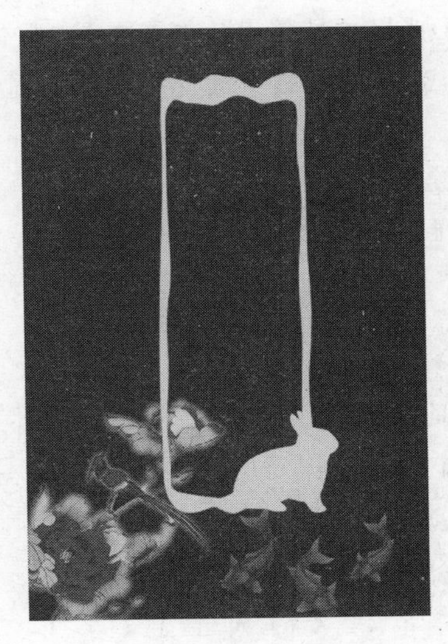

图 3-35　完成形状绘制

操作三　绘制渐变图形

（1）打开“剪纸兔.jpg”素材图像，利用魔棒工具选取图像中的红色区域，如图 3-36 所示。

（2）按住左键不放将其拖动至“新年贺卡”图像文件中生成图层 5，按 Ctrl+T 组合键缩放图像，然后选择【编辑】→【变换】→【水平翻转】菜单命令，翻转图像，效果如图 3-37 所示。

图 3-36　选取图像

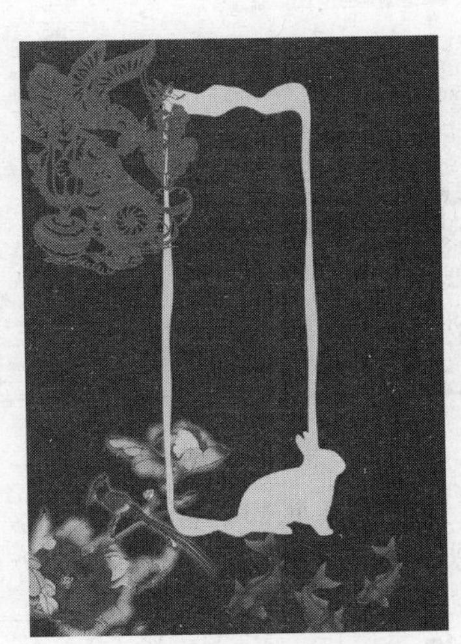

图 3-37　变换翻转图像

（3）按住 Ctrl 键并单击“图层”控制面板中图层 5 的图层缩略图，如图 3-38 所示，将图像载入选区。

（4）选择工具箱中的渐变工具，单击对应工具属性栏中的渐变样本显示框，打开如图 3-39 所示的“渐变编辑器”对话框。

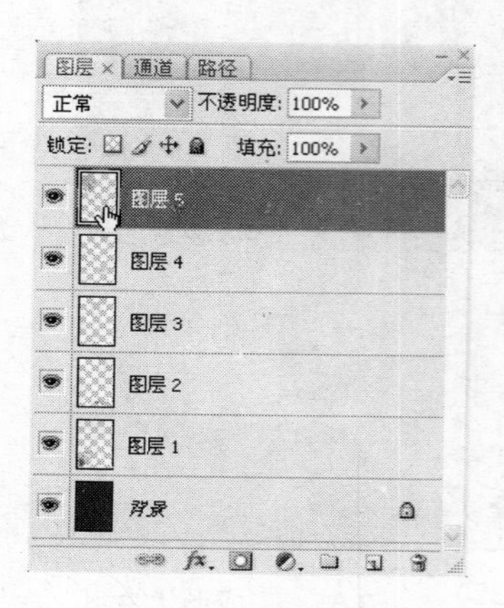

图 3-38　单击图层缩略图

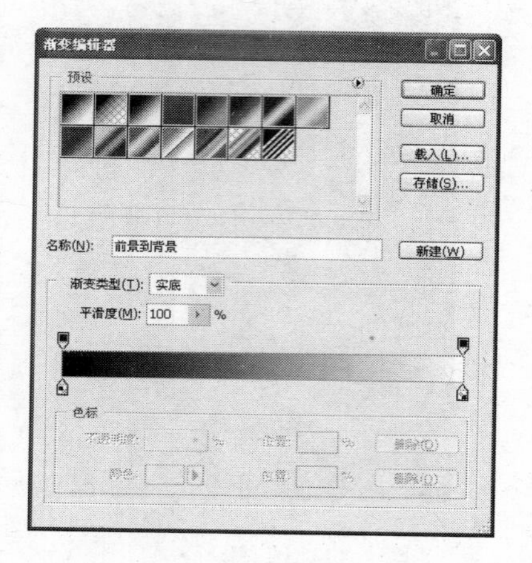

图 3-39　“渐变编辑器”对话框

（5）在“渐变类型”栏下单击预览条底部的要改变颜色的滑块，此时“色标”栏下部分参数设置变为可用，如图 3-40 所示。

（6）单击“色标”栏下的颜色块，然后在打开“拾色器”对话框中选择一种颜色，此时该滑块处的颜色就会发生相应的变化，如图 3-41 所示。

图 3-40　单击选择要编辑的滑块

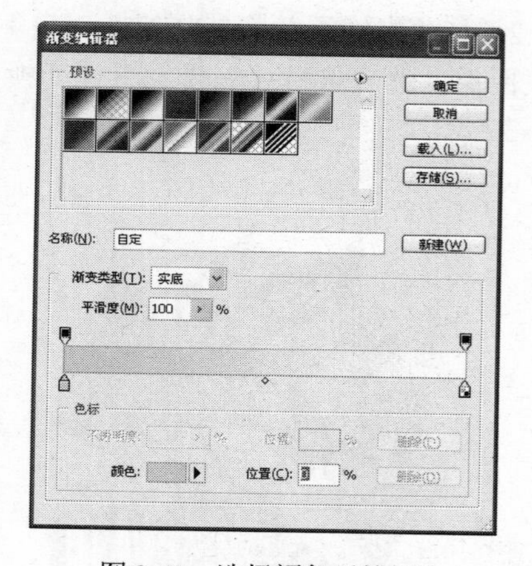

图 3-41　选择颜色后的滑块

（7）在预览条底部单击增加滑块，如图 3-42 所示，用相同的方法增加更多的颜色过渡，然后为该滑块设置一种颜色，如图 3-43 所示。

提示　滑块在预览条上的位置是以百分数来确定的，最左侧为 0%，最右侧为 100%，也可直拖动滑块来调整其位置。

图 3-42　单击增加滑块

图 3-43　设置滑块颜色

（8）设置完成后单击“确定”按钮关闭对话框，在其工具属性栏中单击“线性渐变”按钮，然后在图像上按住左键不放进行上下拖动，将图像渐变填充，如图 3-44 所示。

（9）按 Ctrl+D 组合键取消选区，若觉得图像的显示过大，可再将其进行缩放并移动调整到合适位置，如图 3-45 所示。

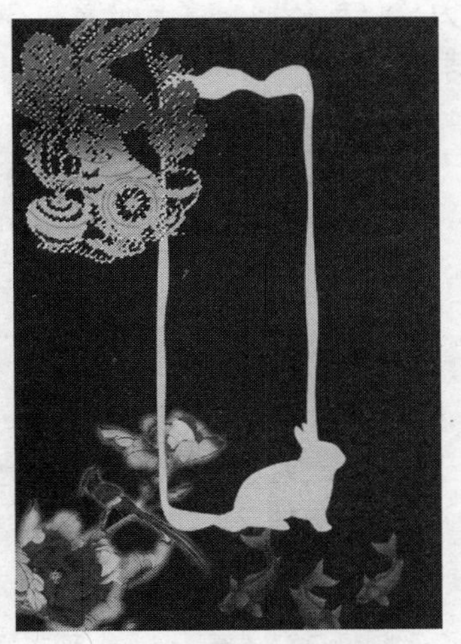

图 3-44　渐变填充图像

图 3-45　调整图像

操作四　处理贺卡细节

（1）选择工具箱中的直排文字工具，在图像中添加文字，如图 3-46 所示。

（2）单击其对应工具属性栏中的按钮，打开“字符”控制面板，将文字选中，在其中设置中文字体为汉仪漫步体简，字号为 80 点，英文字体为 Arial，字体大小为 18 点，颜色都为 R:250,G:247,B:20，如图 3-47 所示。

提示　在进行渐变填充时，按住 Shift 键的目的是为了使绘制的渐变线呈水平或垂直走向。

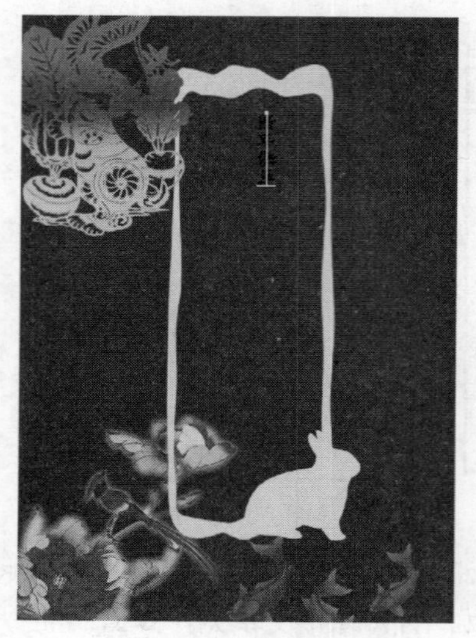

图 3-46　添加文字

图 3-47　设置文字格式

（3）选择工具箱中的横排文字工具 T，在图像中添加年份文字，如图 3-48 所示。

（4）使用与步骤 2 相同的方法，将字体设置为汉仪楷体简，字号设置为 30 点，颜色设置为 R:255,G:108,B:0，得到如图 3-49 所示的效果。

图 3-48　添加年份文字

图 3-49　设置文字格式

（5）打开“中国结.jpg”素材图像，使用“色彩范围”命令选取图像中的红色中国结，将其移动至“新年贺卡”图像中生成图层 6，并变换到合适大小，如图 3-50 所示。

（6）在“图层”控制面板中单击图层 6 的图层缩略图，将其转换为选区，复制并粘贴选区生成图层 7，缩放图像调整到合适位置，最后调整图层 6 和图层 7 的图层不透明度都为 50%，最终效果如图 3-51 所示。

图 3-50　选取变换图像

图 3-51　最终效果

◆ 学习与探究

本任务练习了形状工具和渐变工具的相关操作，在使用形状工具绘制图形时，除了可以使用自定义形状工具绘制图形外，还可使用其他的形状工具进行绘制，下面将分别进行工具使用的介绍。

1．矩形工具

使用矩形工具可以绘制任意方形或具有固定长宽的矩形形状，并且可以为绘制后的形状添加特殊样式，其对应的工具属性栏如图 3-52 所示。

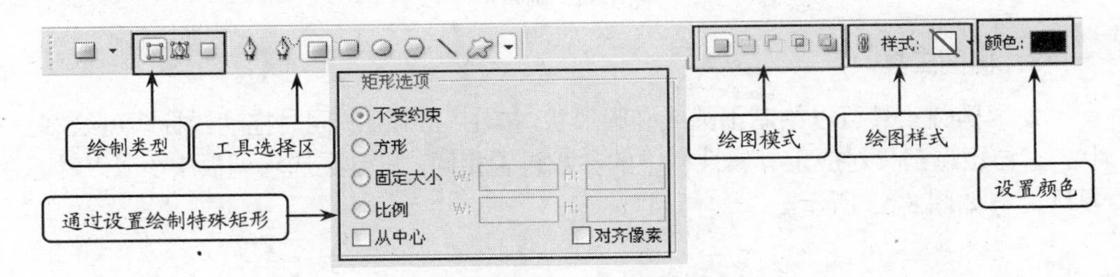

图 3-52　矩形工具对应工具属性栏

- 绘制类型：选择“形状图层”按钮时，可以在绘制图形的同时创建一个形状图层，形状图层包括图层缩略图和矢量蒙版两部分，如图 3-53 所示；单击“路径”按钮时可以直接绘制路径；单击“填充像素”按钮时，在图像中绘制图像就如同使用画笔工具在图像中填充颜色一样。
- 工具选择区：在此列出了所有可以绘制形状、路径和图像的工具，只需在此单击即可进行工具切换。
- 工具选项按钮 ▾：单击工具选择区右侧的 ▾ 按钮，可弹出当前工具的选项调板，在调板中可以设置绘制具有固定大小和比例的矩形，如同使用矩形选框工具绘制具有固定大小和比例的矩形选区一样。

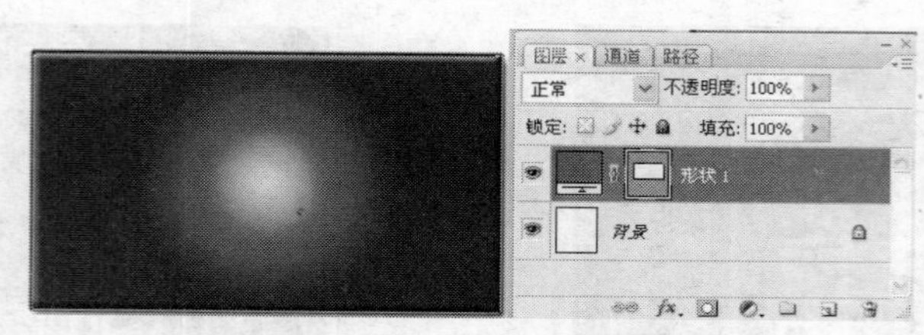

图 3-53　带有样式的形状图层

- 绘图模式区：该区中的各个按钮与选区工具对应工具属性栏中的各个按钮含义相同，可以实现形状的合并、相减或交叉等运算。
- 绘图样式：用来为绘制的形状选择一种特殊样式，单击右侧的▾按钮，在弹出的样式调板中选择一种样式即可。
- 设置颜色：单击颜色色板，可打开“拾取着色”对话框设置需要的颜色，在绘制矩形形状时会自动填充设置的颜色。

2．圆角矩形工具

使用圆角矩形工具可以绘制具有圆角半径的矩形形状，其工具属性栏与矩形工具相似，只是增加了一个“半径”文本框，用于设置圆角矩形的圆角半径大小，如图 3-54 所示。

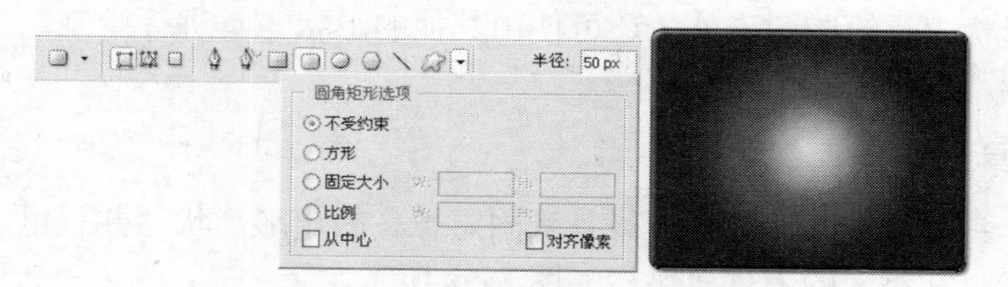

图 3-54　圆角矩形形状

3．椭圆工具

使用椭圆工具可以绘制正圆或椭圆形状，按住 Shift 键的同时拖动鼠标即可绘制正圆形状，它与矩形工具对应工具属性栏中的参数设置相同，只是在选项调板中少了“对齐像素”复选框，如图 3-55 所示。

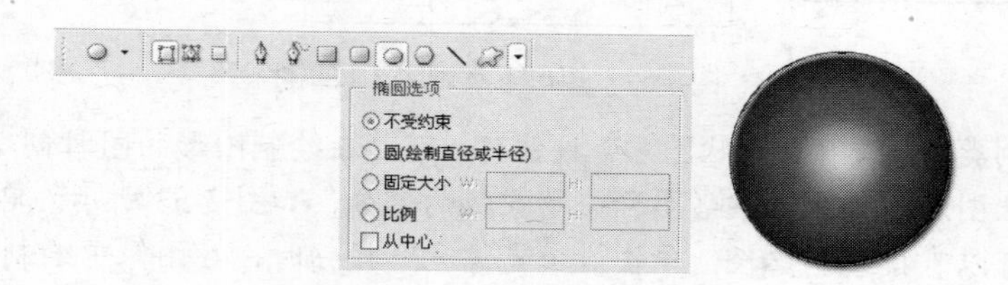

图 3-55　椭圆形状

4．多边形工具

使用多边形工具可以绘制具有不同边数的多边形形状，其工具属性栏如图 3-56 所示。

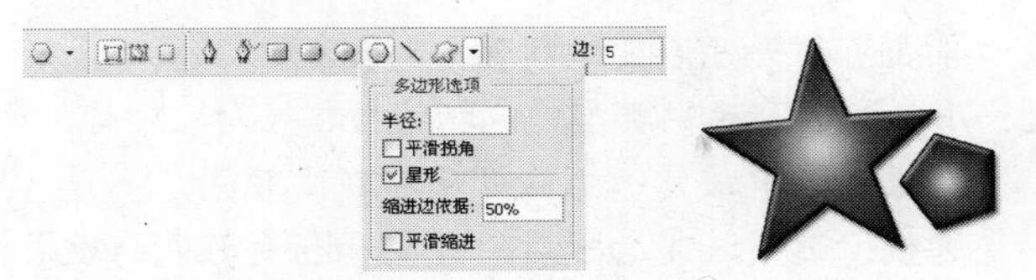

图 3-56 多边形形状

- 边：输入数值，可以确定多边形的边数或星形的顶角数。
- 半径：用来定义星形或多边形的半径。
- 平滑拐角：选中该复选框后，所绘制的星形或多边形具有圆滑型拐角。
- 星形：选中该复选框后，即可绘制星形形状。
- 缩进边依据：用来定义星形的缩进量。
- 平滑缩进：选择该复选框后，所绘制的星形将尽量保持平滑。

5．直线工具

使用直线工具可以绘制具有不同精细的直线形状，还可以根据需要为直线增加单向或双向箭头，其工具属性栏如图 3-57 所示。

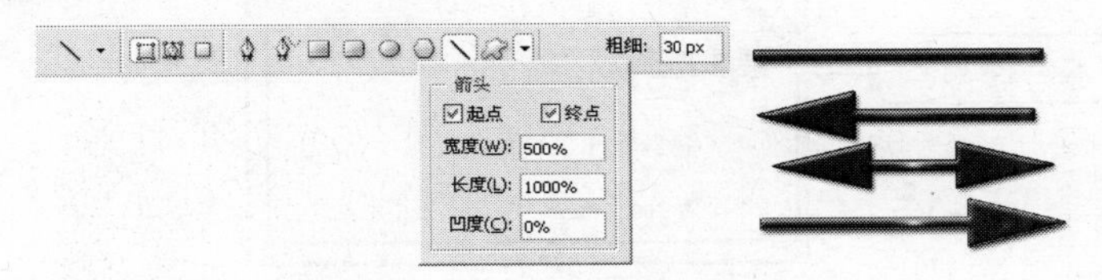

图 3-57 绘制直线形状

- 起点/终点：若需绘制带箭头的直线形状，则应选中对应的复选框。选中“起点”复选框，表示箭头产生在直线起点，选中“终点”复选框，则表示箭头产生在直线末端。
- 宽度/长度：用来设置箭头的比例。
- 凹度：用来定义箭头的尖锐程度。

另外，在 Photoshop CS3 中包括了线性、径向、对称、角度对称和菱形 5 种渐变方式，对应的效果如图 3-58 所示。

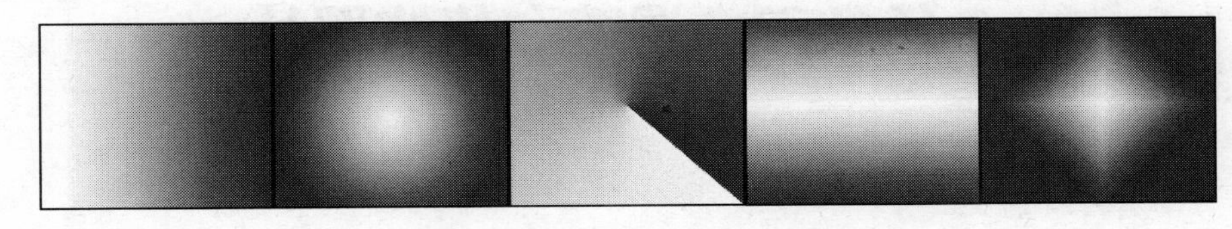

图 3-58 线性、径向、对称、角度和菱形渐变

下面对渐变工具对应的工具属性栏做具体介绍，如图 3-59 所示。

图 3-59 渐变工具工具属性栏

- 渐变预设：单击可打开“渐变编辑器”对话框。
- 渐变类型：用来定义渐变的类型，包括线性、径向、对称、角度对称和菱形渐变。
- “反向”复选框：选中该复选框，可反转渐变颜色。
- “仿色”复选框：选中该复选框后，可柔和渐变颜色的效果。
- “透明区域”复选框：选中该复选框后，可对渐变填充使用透明蒙版。

在 Photoshop CS3 中若需要编辑样本则只能在渐变编辑器中进行，单击渐变工具属性栏中的渐变样本显示框，打开如图 3-60 所示的“渐变编辑器”对话框。通过渐变编辑器，不仅可以方便的载入系统自带的其他渐变样式，还可以加工处理已存在的渐变样本，从而得到新的渐变样式。

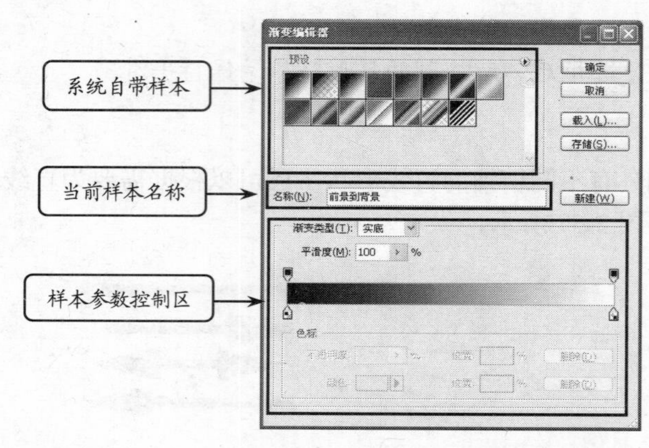

图 3-60　“渐变编辑器”对话框

（1）载入样式：单击“载入”按钮，在弹出的“载入”对话框中选择需要载入的渐变名称，单击“载入”按钮关闭“载入”对话框，选中的渐变样本将添加到“预设”栏中。

（2）编辑样式：编辑样式是对当前选择的样本进行再编辑，主要包括颜色和透明度的设置，通过预览条上的颜色和透明度滑块来实现。

对于如何编辑渐变样式，读者可根据前面例子中讲解到的知识再结合实际进行操作，完成后单击对话框中的“存储”按钮即可保存编辑后的渐变样式。

任务三　调整和修饰照片

◆ 任务目标

本任务的目标是运用裁剪工具、修复工具组和模糊工具组以及减淡工具组的相关知识调整和修饰图像，完成后的效果如图 3-61 所示。通过练习掌握裁剪工具、修复工具和模糊工具的相应操作。具体目标要求如下：

（1）熟练掌握裁剪工具的运用。

（2）掌握仿制图章工具组、修复工具组、模糊工具组和减淡工具组中各个工具的使用方法。

图 3-61 调整和修饰照片后的效果

素材位置：模块三\素材\古镇.jpg
效果图位置：模块三\源文件\调整和修饰照片.psd

◆ 操作思路

本任务的操作思路如图 3-62 所示，涉及的知识点有裁剪工具、修复工具组、模糊工具组和减淡工具组。具体思路及要求如下：

（1）使用裁剪工具修正照片。

（2）使用污点修复画笔工具和仿制图章工具将照片中不需要的树叶和人物图像去除。

（3）使用锐化工具在照片图像中进行涂抹，使照片中的图像更加清晰。

（4）使用减淡工具和海绵工具进一步修饰照片图像，使照片颜色更加明亮鲜艳。

图 3-62 调整和修饰照片的操作思路

操作一 裁剪修正照片图像

（1）按 Ctrl+O 组合键打开“古镇.jpg”素材图像，发现照片中的图像具有错误的透视关系，如图 3-63 所示。

（2）选择工具箱中的裁剪工具，在图像中使用鼠标拖动绘制出初步裁剪矩形区域，如图 3-64 所示。

图 3-63　错误透视图像

图 3-64　绘制裁剪区域

（3）将鼠标置于裁剪矩形框外围边缘，当其变为形状时顺着照片倾斜的方向进行旋转，直到得到如图 3-65 所示的效果。

（4）按 Enter 键，或单击对应工具属性栏中的“确认”按钮✓，修正后的照片如图 3-66 所示。

图 3-65　旋转裁剪框

图 3-66　修正后的照片

技巧　在进行裁剪照片图像时，按 C 键可快速选择裁切工具，按 Esc 键则可放弃当前裁切操作。

操作二　去除照片污点和多余图像

（1）按 Ctrl++组合键放大区域图像，选择工具箱中修复工具组中的污点修复工具，在工具属性栏中设置画笔主直径为 40 像素，然后将鼠标移动到树叶上，如图 3-67 所示。

（2）单击，系统会自动在单击处取样图像，并将取样后的图像进行平均处理填充到单击处，去除树叶图像，如图 3-68 所示。

图 3-67　移动鼠标到修复区域

图 3-68　修复图像

（3）根据步骤（1）和步骤（2）的操作方法，继续修复另外的树叶图像，效果如图 3-69 所示。

（4）选择工具箱中的仿制图章工具，并在其对应的工具属性栏中设置画笔大小为 15px，不透明度为 100%，然后按住 Alt 键的同时在石板图像中单击取样，如图 3-70 所示。

图 3-69　去除树叶图像

图 3-70　单击取样

（5）将照片中人物的黑色区域载入选区，然后在选区内进行涂抹，以得到类似如图 3-71 所示的效果。

（6）涂抹完成后按 Ctrl+D 组合键取消选区，然后按照步骤（4）和步骤（5）的操作方法继续取样涂抹其他位置，以去除人物图像，直至得到满意的效果为止，效果如图 3-72 所示。

（7）按照步骤（4）到步骤（6）的方法将照片上方不需要的人物图像去除，效果如图 3-73 所示。

图 3-71　绘制选区

图 3-72　去除人物图像

图 3-73　去除不需要的图像

提示 在使用仿制图章工具仿制图像时，要不断进行新的取样和调整画笔的直径大小，才能更精确地仿制图像。

操作三　使照片背景颜色更鲜艳

（1）选择工具箱中的锐化工具，并在其工具属性栏中设置涂抹时的强度为 50%，在屋檐及树叶图像上进行涂抹，直至图像变得清晰为止，如图 3-74 所示。

（2）继续在图像中的其他部分进行锐化，得到如图 3-75 所示的效果。

图 3-74　锐化区域图像

图 3-75　锐化其他图像

（3）选择工具箱中的减淡工具，并在其对应工具属性栏中在“范围”下拉列表框中选择“中间调”选项，设置曝光度为40%，然后在图像中进行涂抹，直到满意为止，如图3-76所示。

（4）选择工具箱中的海绵工具，并在其对应工具属性栏中的“模式”下拉列表框中选择“加色”选项，将鼠标移动到照片中需要加深颜色的区域进行涂抹，如将灯笼的颜色加深，直至得到如图3-77所示效果。

图3-76　增加照片亮度

图3-77　加深照片颜色

◆ 学习与探究

本任务练习了裁剪工具、污点修复工具、仿制图章工具、锐化工具、减淡工具和海绵工具的使用。下面对各工具中的其他工具用法进行讲解。

1．修复工具组

修复工具组包括污点修复工具、修复画笔工具、修补工具和红眼工具，使用这些工具可以将取样点的像素信息非常自然地复制到图像其他区域，并保持图像的色相、饱和度和和纹理等属性，是一组快捷高效的图像修饰工具。按J键可以选择污点修复工具，按Shift+J组合键可以在修复画笔工具组中的4个工具之间进行切换。下面介绍其他修复工具的使用方法。

（1）使用修复画笔工具可以用图像中与被修复区域相似的颜色去修复破损的图像，其使用方法与仿制图章工具完全相同，如图3-78所示。

图3-78　使用修复画笔工具修复图像效果

（2）修补工具的工作原理与修复工具一样，首先需要像套索工具一样绘制一个自由选区，然后通过将该区域内的图像拖动到目标位置，从而完成对目标处图像的修复。在利用修补工具绘制选区时，与自由套索工具绘制的方法一样，为了绘制精确选区，可以使用选区工具来绘制，然后切换到修补工具进行修补，如图 3-79 所示。

图 3-79　使用修补工具修复图像效果

（3）利用红眼工具可以快速去除照片中人物眼睛中由于闪光灯引发的红色、白色或绿色反光斑点。将鼠标移动到人物眼睛中的红斑处单击去除红眼。

2．图章工具组

图章工具组由仿制图章工具和图案图章工具组成，可以使用颜色或图案填充图像或选区，以得到图像的复制或替换。按 S 键可以快速选择仿制图章工具，按 Shift+S 组合键可在仿制图章工具和图案图章工具间进行切换。

（1）用图案图章工具可以将 Photoshop CS3 自带的图案或自定义的图案填充到图像中，就如使用画笔工具绘制图案一样。

（2）使用仿制图章工具可以将图像复制到其他位置或是不同的图像中。

3．模糊工具组

模糊工具组由模糊工具、锐化工具和涂抹工具组成，用于降低或增强图像的对比度和饱和度，使图像变得模糊或更清晰，甚至还可以生成色彩流动的效果。按 R 键可以快速选择模糊工具，按 Shift+R 组合键可以在模糊工具、锐化工具和涂抹工具之间进行切换。

（1）使用模糊工具通过降低图像中相邻像素之间的对比度，使图像产生模糊效果。

（2）锐化工具的作用与模糊工具恰好相反，它能使模糊的图像变得清晰，常用于增加图像的细节表现。

（3）使用涂抹工具可以模拟手指绘图在图像中产生颜色流动的效果，常在效果图后期中用来绘制毛料制品。

4．减淡工具组

减淡工具组由减淡工具、加深工具和海绵工具组成，用于调整图像的亮度和饱和度。按 O 键可以快速选择减淡工具，按 Shift+O 组合键可以在减淡工具、加深工具和海绵工具之间进行切换。

（1）使用减淡工具可以快速增加图像中特定区域的亮度。

（2）使用加深工具可以改变图像特定区域的曝光度，使图像变暗。

（3）海绵工具用于加深或降低图像的饱和度，产生像海绵吸水一样的效果，从而为图像增加或减少光泽感。

上述工具组中的工具在图像处理中的效果，可通过练习掌握这些工具的使用方法和效果。

实训一 制作化妆品广告

◆ 实训目标

本实训要求运用形状工具、渐变工具和画笔工具的相关知识制作化妆品广告，效果如图 3-80 所示。通过本实训掌握利用形状工具组绘制图形和渐变填充图形的操作方法。

图 3-80 化妆品广告效果

效果图位置：模块三\源文件\化妆品.psd

◆ 实训分析

本实训的操作思路如图 3-81 所示，具体分析及思路如下：

（1）新建一个“化妆品”图像文件，利用“渐变编辑器”对话框中“色标”栏下的颜色块进行径向渐变填充。

（2）新建图层使用矩形工具和圆角矩形工具绘制瓶身，然后改变颜色块进行线性渐变填充图形，并使用画笔描边选区。最后使用画笔工具绘制瓶子暗部区域。

（3）新建图层并绘制正圆选区，使用径向渐变填充，然后使用减淡工具和加深工具突出图像的亮部，并设置图层的不透明度为 80%，绘制泡泡。

（4）复制粘贴选区，按 Ctrl+T 组合键缩放选区并移动到合适位置，并设置不透明度为 80%。添加文字，并设置文字格式。

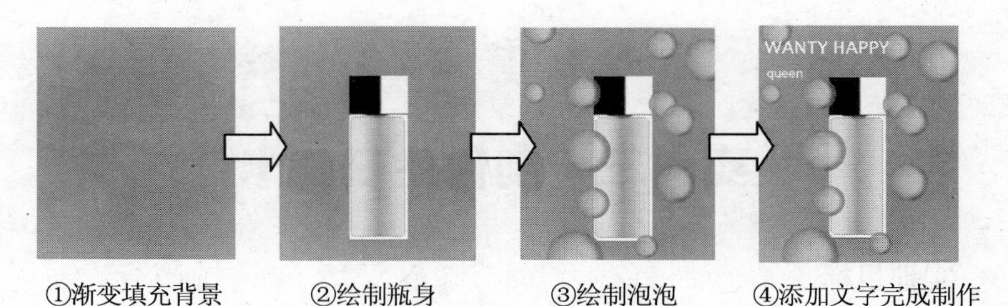

①渐变填充背景 ②绘制瓶身 ③绘制泡泡 ④添加文字完成制作

图 3-81 制作化妆品广告的操作思路

实训二　替换窗外风景

◆ 实训目标

本实训要求运用画笔工具和图案图章工具替换窗外风景，最终效果如图 3-82 所示。

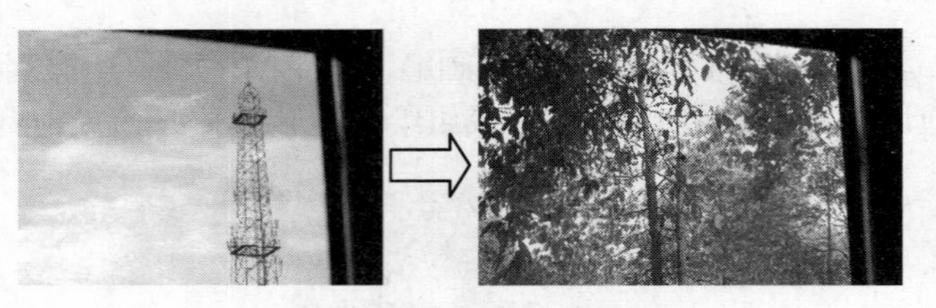

图 3-82　替换窗外风景效果

素材位置：模块三\素材\窗外.jpg、树.jpg
效果图位置：模块三\源文件\替换窗外风景.psd

◆ 实训分析

本实训的操作思路如图 3-83 所示，具体分析及思路如下：

（1）打开“窗外.jpg”素材图像。

（2）复制背景图层，将画笔的模式设置为“清除”。

（3）使用鼠标在图像上进行涂抹擦出窗外的风景。

（4）打开“树.jpg”素材图像，将其自定义为图案，将画笔模式设置为“背后”，然后选择图案图章工具，在透明区域仿制出刚刚定义的图案。

（5）完成处理。

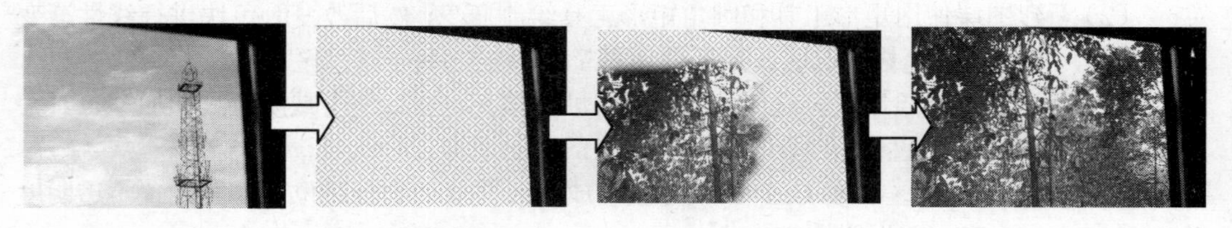

①打开素材图像　②清除背景　③仿制图像　④完成处理

图 3-83　替换窗外风景的操作思路

实训三　制作生日贺卡

◆ 实训目标

本实训要求渐变填充和使用自定义形状工具的相关知识，根据提供的素材，制作生日贺卡，最终效果如图 3-84 所示。

图 3-84　生日贺卡最终效果

素材位置： 模块三\素材\蛋糕.jpg、小熊.jpg
效果图位置： 模块三\源文件\生日贺卡.psd

◆ 实训分析

本实训的操作思路如图 3-85 所示，具体分析及思路如下：

（1）新建“生日贺卡”图像文件，并进行线性渐变填充。然后使用画笔工具涂抹绘制贺卡的边缘。打开素材图像，将其移到“生日贺卡”图像中，并调整位置。

（2）添加相应的文字，并设置格式。

（3）使用自定义形状工具绘制边框并填充颜色，完成制作。

图 3-85　制作生日贺卡的操作思路

实践与提高

根据本模块所学内容，完成以下实践内容。

练习 1　制作相框

练习将使用形状工具和填充选区等知识来制作相框效果，完成后的最终效果如图 3-86 所示。

素材位置： 模块三\素材\枫叶.jpg、路.jpg
效果图位置： 模块三\源文件\相框.psd

练习 2　制作糖果盒子

运用“定义图案”命令和图案图章工具等知识制作糖果盒子效果，如图 3-87 所示。

素材位置：模块三\素材\糖果.jpg、盒子.jpg
效果图位置：模块三\源文件\糖果盒子.psd

图 3-86　相框效果

图 3-87　糖果盒子效果

练习 3　制作绘画效果

打开提供的图像素材，运用涂抹工具在图像上进行涂抹，使涂抹后的图像具有绘画笔触的效果，完成后的最终效果如图 3-88 所示。

素材位置：模块三\素材\背景.jpg、
效果图位置：模块三\源文件\绘画效果.psd

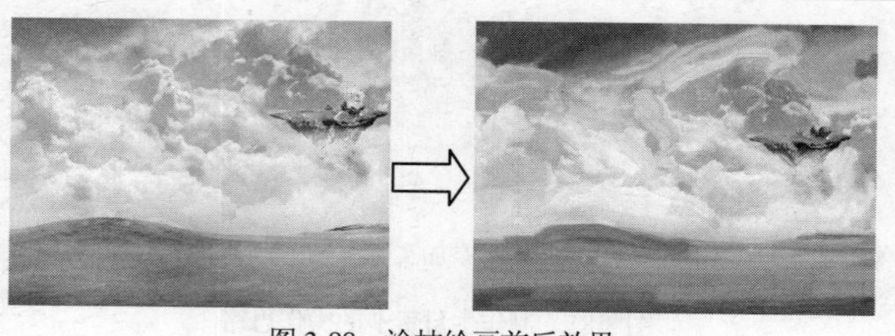

图 3-88　涂抹绘画前后效果

练习 4　提高手绘能力

要灵活使用画笔工具和铅笔工具进行绘图，除了运用软件自带的画笔进行绘制外，想要绘制出更漂亮、更丰富的图像效果，课后还必须提高手绘能力，主要包括两个方面：

- 提高绘画能力：在 Photoshop 中要手绘出漂亮的图形，可以先找一些优秀的 Photoshop 绘画作品，然后在素描纸上将其临摹下来，这主要是为了学习造型技巧和色彩的运用能力，在素描纸上进行绘画比在电脑上直接绘图更加容易培养绘图的手感，从而提高手绘能力与技巧。
- 使用电脑输入设备：数位板就如画家的画板和画笔，结合 Photoshop 的使用可以绘制出各种风格的手绘作品，如油画、水彩画和素描等。WACOM 公司便是世界上最大的数位板生产厂商。

模块四

管理与应用图层

在 Photoshop CS3 中处理图像时，离不开图层的使用，图层是图像的载体，同时也是 Photoshop 的核心功能之一，有了图层才能随意地对图像进行编辑和修饰操作。通常，一幅较为复杂的图像都是由若干个图层组合而成。因此，掌握图层的管理和基本应用是处理图像的关键。本模块将以 3 个操作实例介绍图层应用的相关知识。

学习目标

- 了解图层的作用
- 掌握图层的基本操作方法
- 掌握图层组的应用
- 掌握调整图层顺序的使用方法
- 掌握添加图层样式的操作
- 掌握查看、编辑和复制图层样式的方法
- 掌握各种图层混合模式的设置方法

任务一　建筑效果图后期处理

◆ 任务目标

本任务的目标是运用图层的相关知识为建筑效果图进行后期处理，完成后的最终效果如图 4-1 所示。通过练习掌握图层的基本操作，包括新建图层、新建组、调整图层顺序、重命名图层名称和显示与隐藏图层等操作。

图 4-1　建筑效果图后期处理效果

素材位置：模块四\素材\天空.jpg、别墅.tif、树木.tif、人物.tif、草地.tif、远景.tif、近景.tif、中景.tif

效果图位置：模块四\源文件\建筑效果图后期处理.psd

本任务的具体目标要求如下：

（1）掌握重命名图层和组的方法。

（2）掌握调整图层顺序、隐藏与显示图层的操作方法。

（3）了解图层的作用。

◆ 专业背景

本任务要求对 3D 效果图进行后期处理，在后期处理的过程中，需要注意景物的远近效果，房屋的光照阴影和投影以及人物的投影等，在细节处理上必须遵循实际，以得到更加真实的表现效果。

◆ 操作思路

本任务的操作思路如图 4-2 所示，涉及的知识点有调整图层顺序、显示与隐藏图层和重命名图层等。具体思路及要求如下：

（1）选取别墅图像，删除白色背景图像。复制并隐藏背景图层，将复制后的图层重命名为“别墅”。

（2）将素材图像拖动至别墅所在的图像窗口中，并调整图层的顺序。

（3）新建组并重命名组的名称，然后调整图像的色彩，完成后期图像处理。

①删除白色背景图像　②调整图层顺序　③完成后期处理

图 4-2　建筑效果图后期处理的操作思路

操作一　建筑效果图后期处理

（1）打开“别墅.tif”素材图像，选择【图层】→【复制图层】菜单命令，或按 Ctrl+J 组合键打开如图 4-3 所示的“复制图层”对话框，保持默认设置，单击“确定”按钮复制背景图层，生成“背景 副本”图层，如图 4-4 所示。

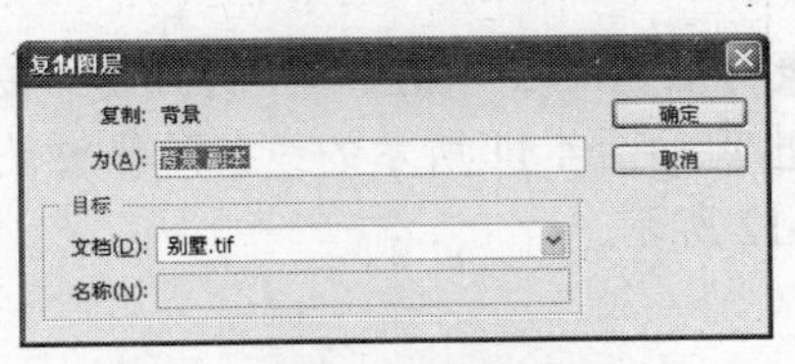

图 4-3 “复制图层”对话框

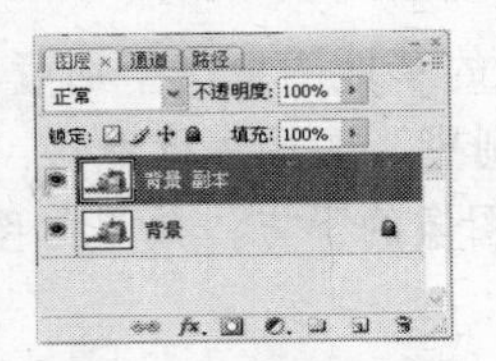

图 4-4 复制背景图层

（2）单击“背景 副本”图层左侧的图标，将隐藏该图层，再双击“图层”控制面板中的“背景 副本”图层的名称部分，当其呈反白显示时输入“别墅”文本对该图层进行重命名操作，如图 4-5 所示。

（3）利用工具箱中的多边形套索工具，选取别墅图像，如图 4-6 所示。

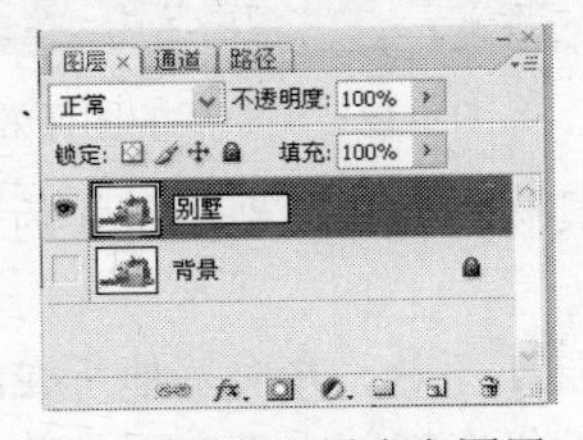

图 4-5 隐藏和重命名图层

图 4-6 创建别墅选区

（4）按 Shift+Ctrl+I 组合键反选选区，再按 Delete 键将选区内的图像删除，如图 4-7 所示。

（5）按 Ctrl+D 组合键取消选区，然后再按 Ctrl+T 组合键缩小别墅，完成后将其移动到合适位置，如图 4-8 所示。

图 4-7 删除背景

图 4-8 缩放并移动图像

（6）按 Ctrl+O 组合键打开“草地.tif”素材图像，将其拖动至别墅所在的图像窗口中，生成图层 1，然后双击图层 1 名称，将其重命名为“草地”，如图 4-9 所示为“图层”控制面板。完成后的效果如图 4-10 所示。

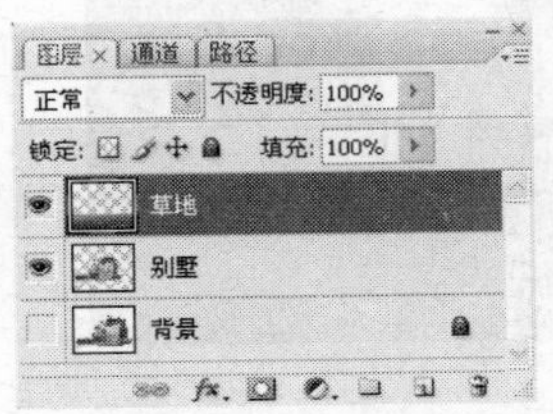

图 4-9 “图层”控制面板

图 4-10 完成后的效果

（7）此时的草地图像位于别墅图像的上方，在“图层”控制面板中按住“草地”图层不放，并向“别墅”图层进行拖动，当出现如图 4-11 所示的线条时释放鼠标，即可将草地图像移到别墅图像的下方，效果如图 4-12 所示。

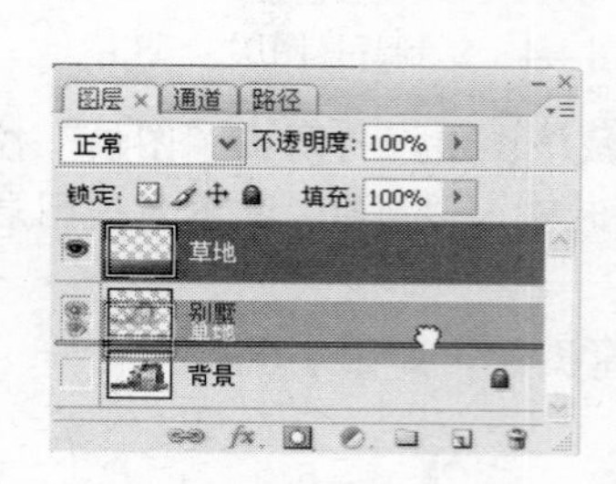

图 4-11　调整图层顺序

图 4-12　调整后的图像效果

（8）打开“天空.jpg”素材图像，使用移动工具将其拖动至别墅所在的图像窗口中，生成图层 1 并位于别墅图层的上方，如图 4-13 所示。

（9）在“图层”控制面板中按住天空所在的图层 1 不放，并向草地所在的图层进行拖动，将天空图像移到草地图像的下方，然后按 Ctrl+T 组合键放大天空图像并移动到合适位置，如图 4-14 所示。

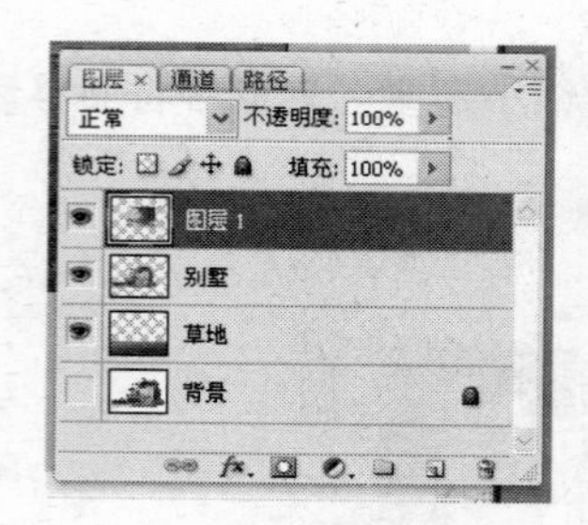

图 4-13　移动图像

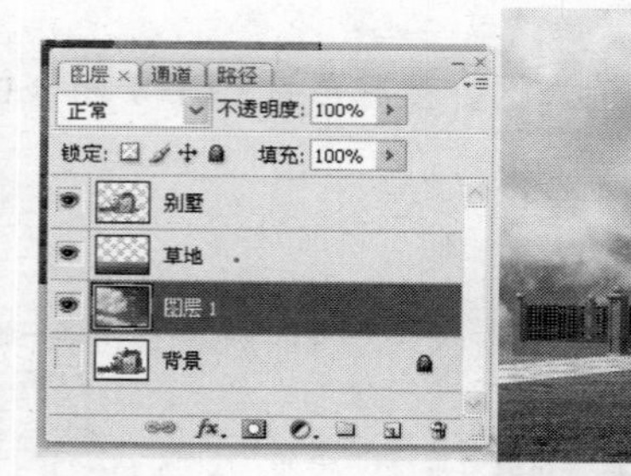

图 4-14　调整图层顺序

（10）打开“树木.tif”素材图像，使用移动工具将其拖动到别墅图像所在的窗口中，选择【图层】→【排列】→【后移一层】菜单命令，将树林图像移到别墅图像的下方，效果如图 4-15 所示。

图 4-15　后移一层

（11）打开“远景.tif”素材图像，使用移动工具将其拖动到别墅图像所在的窗口中，生成图层 2，按照步骤（10）的方法将远景图像移到树木图像的下方，效果如图 4-16 所示。

图 4-16　调整图层顺序

（12）打开“近景.tif”素材图像，将其移动到别墅图像所在的窗口中，生成图层 3，并选择【图层】→【排列】→【置为顶层】菜单命令，将近景图像放到所有图层的最上方，如图 4-17 所示。

图 4-17　将图层置为顶层显示

（13）按照步骤（12）的方法，将“人物.tif”素材图像拖动至别墅所在的图像窗口中，最终效果如图 4-18 所示，最后再单击“图层”控制面板中背景图层左侧的▢图标，使其变为👁图标，将背景图层显示出来，如图 4-19 所示。

图 4-18　完成图层的调整

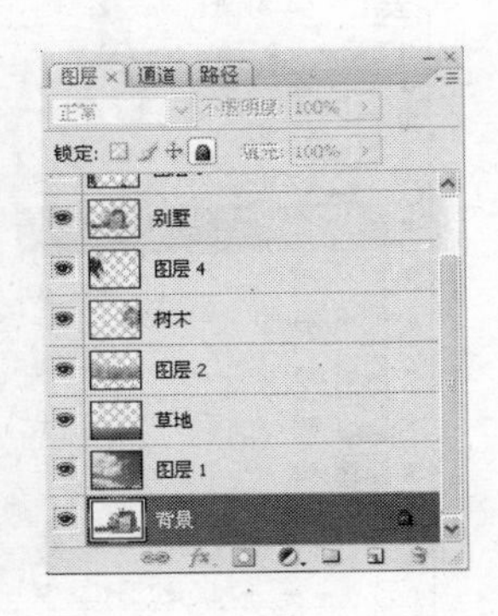

图 4-19　显示图层

按 Shift+ Ctrl+]组合键可快速将当前图层置为最顶层，按 Ctrl+]组合键可快速将当前图层向上移动一个位置，按 Ctrl+[组合键则快速将当前图层向下移动一个位置，按 Shift+ Ctrl+[组合键可快速将当前图层置为最低层。

操作二　编辑和排列景观素材

（1）在“图层”控制面板中将未进行重命名的图层重命名，如将图层 1 重命名为“天空”，将图层 2 重命名为“远景”等，完成后的效果如图 4-20 所示。

（2）在“图层”控制面板中单击“创建新组”按钮，新建组 1，然后按住鼠标左键将“近景”图层拖动到组 1 上，当出现如图 4-21 所示的矩形框时释放鼠标，完成后的效果如图 4-22 所示。

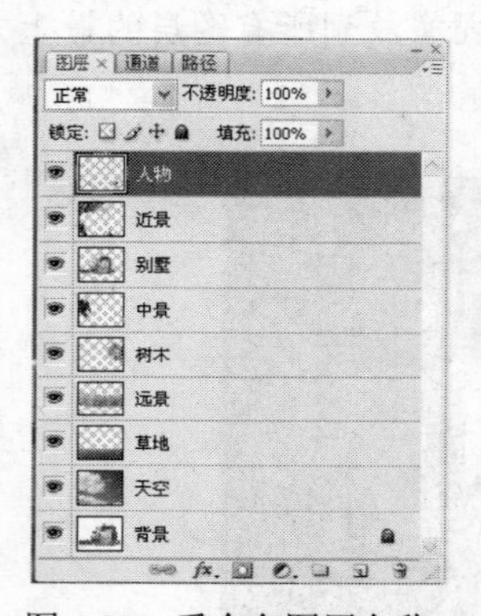

图 4-20　重命名图层名称

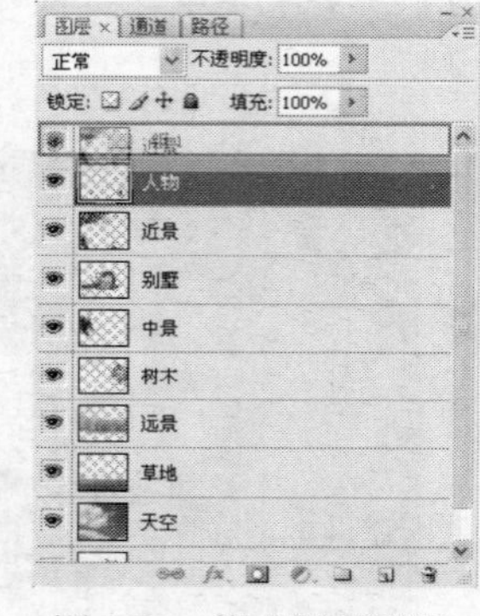

图 4-21　拖动图层到组 1

图 4-22　完成拖动

（3）按照步骤（2）的方法将置于上面的图层移动到组 1 中，如图 4-23 所示，选择【图层】→【新建】→【组】菜单命令新建组 2，将其他置于下方的图层移动到组 2 中，如图 4-24 所示。使用重命名图层的方法将组 1 重命名为“上方图层”，组 2 重命名为“下方图层”，如图 4-25 所示。

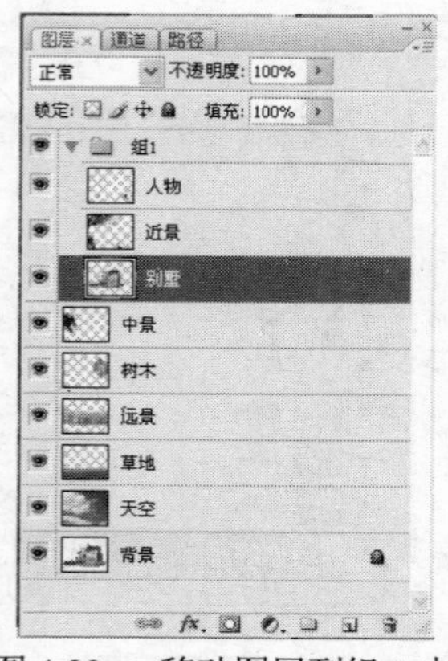

图 4-23　移动图层到组 1 中

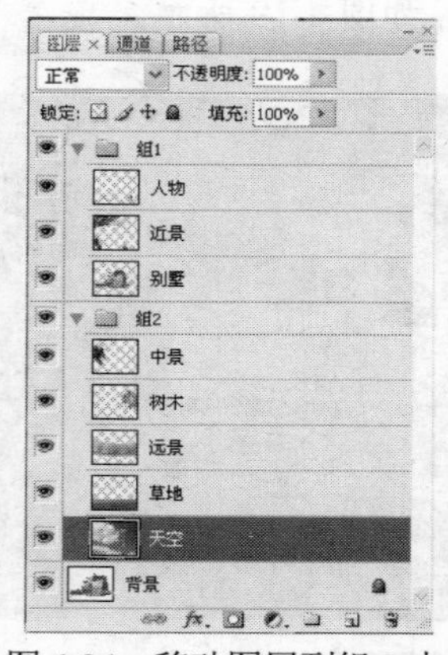

图 4-24　移动图层到组 2 中

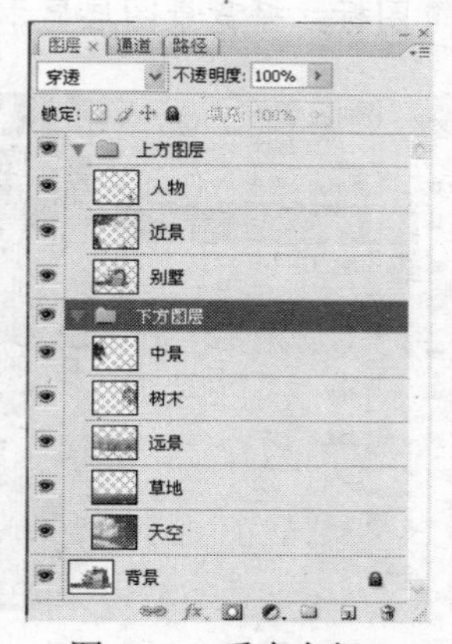

图 4-25　重命名组

操作三　处理建筑效果图整体颜色

（1）单击选择“中景”图层，在“图层”控制面板中左上方的下拉列表框中选择“正片叠底”选项，设置“中景”图层的图层混合模式，效果如图 4-26 所示。

（2）选择“别墅”图层，选择【图像】→【调整】→【色彩平衡】菜单命令，或按 Ctrl+B 组合键打开“色彩平衡”对话框，在其中的“色阶”文本框中分别输入为 15、0 和 −30。单击“确定”按钮，效果如图 4-27 所示。

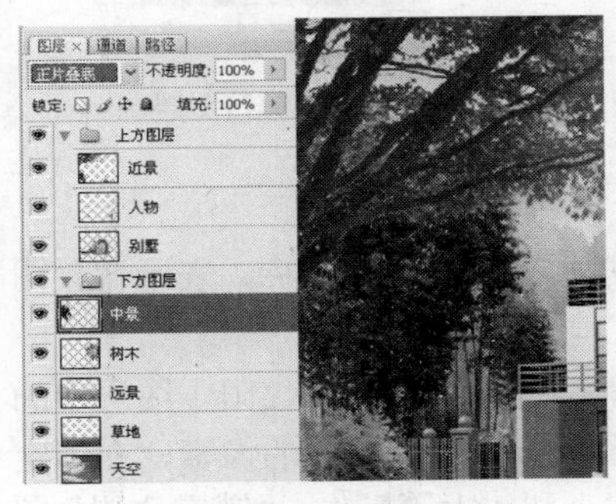

图 4-26　设置图层混合模式

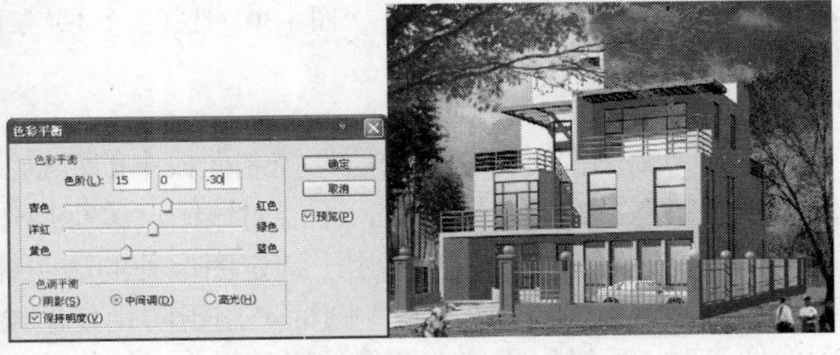

图 4-27　设置别墅图像的色彩

（3）选择“远景”图层，按 Ctrl+B 组合键打开“色彩平衡”对话框，在其中设置色阶分别为 10、50 和 0。单击“确定”按钮，效果如图 4-28 所示。

图 4-28　最终效果

◆ 学习与探究

本任务练习了图层的基本运用，包括调整图层顺序、重命名图层和组，以及显示与隐藏图层等，下面对选择图层、链接图层和锁定图层进行讲解。

1．选择图层

在“图层”控制面板中单击需要选择的图层即可选择当前图层，选择后的图层将呈蓝色显示。按住 Shift 键不放可选择首尾两个图层之间的所有图层，如图 4-29 所示；按住 Ctrl 键不放单击要选择的图层，可选择多个不连续的图层，如图 4-30 所示。

2．链接图层

当需要对多个图层进行移动时，首先选择要移动的图层，然后单击“图层”控制面板下方的“链接图层”按钮将所选的图层链接，可在不合并图层的情况下直接调整移动所选的多个图层，如图 4-31 所示。要取消链接，只需选中链接的图层后，再次单击“链接图层”按钮即可。

图 4-29　选择连续图层

图 4-30　选择多个不连续图层

图 4-31　链接图层

3．锁定图层

打开一幅图像时，在“图层”控制面板中的背景图层右侧有一个图标，表示背景图层为锁定状态，在锁定图层后，不能对该图层进行操作。

“锁定透明像素”图标用于锁定图像外的透明像素，即图像的操作仅限于图层中的不透明区域。“锁定图像像素”图标用于防止使用绘图工具修改图层中的像素，在锁定图像像素时，可进行不修改图像像素的操作，如移动、缩小和放大等操作。“锁定位置”图标用于锁定图像的移动位置，但不锁定图像像素，锁定图像位置时，可进行修改图像颜色等操作。

任务二　制作电影海报

◆ 任务目标

本任务的目标是运用图层的基本操作和图层混合模式的相关知识，制作一张电影海报，完成后的最终效果如图 4-32 所示。通过练习掌握用复制图层、运用图层蒙版和设置图层混合模式等操作，进一步掌握图层在制作特效图像中的应用。

图 4-32　电影海报效果

素材位置：模块四\素材\夜空.jpg、云.jpg、鹿.jpg
效果图位置：模块四\源文件\电影海报.psd

本任务的具体目标要求如下：

（1）掌握图层的基本操作，如新建图层、复制图层和删除图层等。

（2）掌握图层混合模式的运用。

（3）掌握图层蒙版的使用方法。

（4）了解图层混合模式的作用。

◆ 专业背景

本任务中要求制作电影海报，电影海报从版本上可分为两大类：第一类是原版电影海报，标准尺寸在99cm×69cm左右；第二类是原版授权的电影海报，一般尺寸为88cm×59cm和42cm×30cm，但主流为88×59cm尺寸。由于授权版的海报价格较为低廉，发行量远远大于原版海报，因此市场上较为多见的海报为原版授权的电影海报。

◆ 操作思路

本任务的操作思路如图4-33所示，涉及的知识点有新建图层、复制图层、设置图层混合模式、添加图层蒙版等。具体思路及要求如下：

（1）打开素材图像，新建图层1并填充为黑色。

（2）设置图层的混合模式，然后添加图层蒙版。

（3）添加相关文字，完成海报的制作。

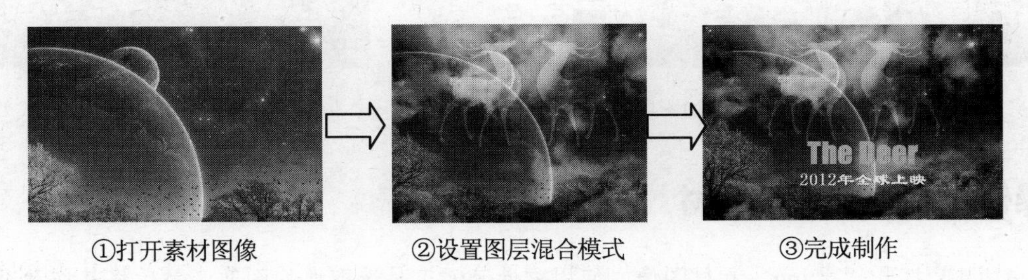

①打开素材图像　②设置图层混合模式　③完成制作

图4-33　制作电影海报的操作思路

操作一　编辑海报背景

（1）打开“夜空.jpg”素材图像，在“图层”控制面板中单击“创建新图层”按钮，新建图层1，将其填充为黑色，并在“图层”控制面板左上角的下拉列表框中选择“柔光”选项，即将图层1的图层混合模式设置为“柔光”模式，如图4-34所示。

（2）打开“云.jpg”素材图像，将其拖动到要编辑的图像窗口中，生成图层2，如图4-35所示。

（3）选择【窗口】→【通道】菜单命令，打开“通道”控制面板，按住Ctrl键单击“红”通道缩略图，将其载入选区，如图4-36所示。

图 4-34 “柔光”模式

图 4-35 生成的图层 2

图 4-36 载入通道选区

（4）返回到“图层”控制面板中，单击其底端的“添加图层蒙版”按钮，为图层 2 添加图层蒙版，如图 4-37 所示。

（5）完成后将图层 2 的图层混合模式设置为“强光”模式，效果如图 4-38 所示。

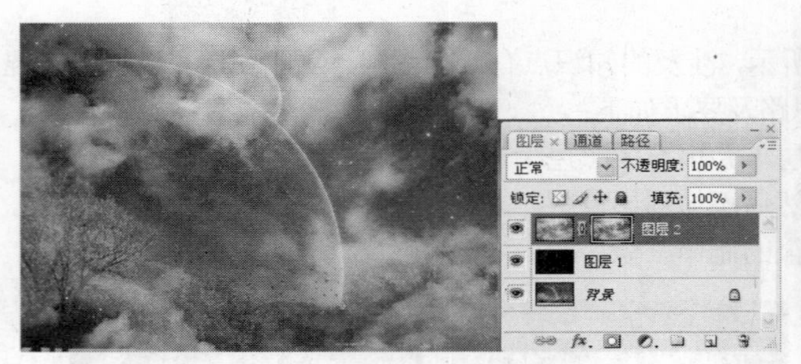

图 4-37 添加图层蒙版

图 4-38 设置图层混合模式

操作二 处理图像素材

（1）打开“鹿.jpg”素材图像，使用磁性套索工具选取鹿的图像，然后将其拖动至要编辑的图像窗口中，生成图层 3。

（2）将前景色设置为白色，按住 Ctrl 键并单击图层 3 缩略图将其载入选区，并填充为白色，如图 4-39 所示。

（3）取消选区，然后将图层 3 的图层混合模式设置为“柔光”模式，如图 4-40 所示。

图 4-39 填充图像

图 4-40 设置图层混合模式

（4）将图层 3 移动到“创建新图层”按钮上，如图 4-41 所示，复制图层 3，生成图层 3 副本。

（5）选择【编辑】→【变换】→【水平翻转】菜单命令，将图层 3 副本中的图像进行水平翻转，然后移动图层 3 和图层 3 副本的位置，效果如图 4-42 所示。

技巧　在复制图层时，选择【图层】→【复制图层】菜单命令可复制所选择的图层；还可在“图层”控制面板中右击所选的图层，在弹出的快捷菜单中选择“复制图层”命令；按 Ctrl+J 组合键也可复制图层。

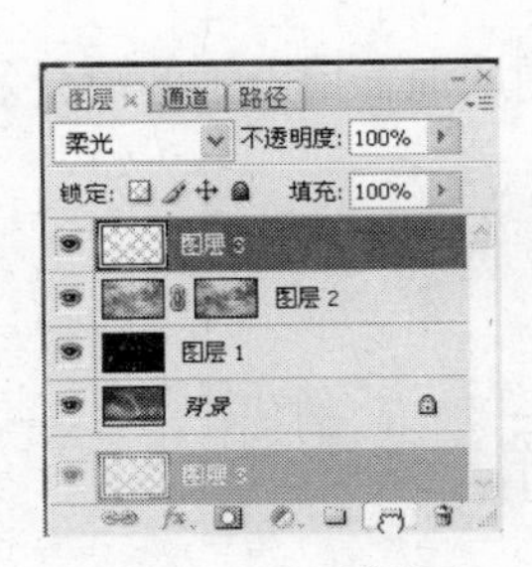

图 4-41　复制图层

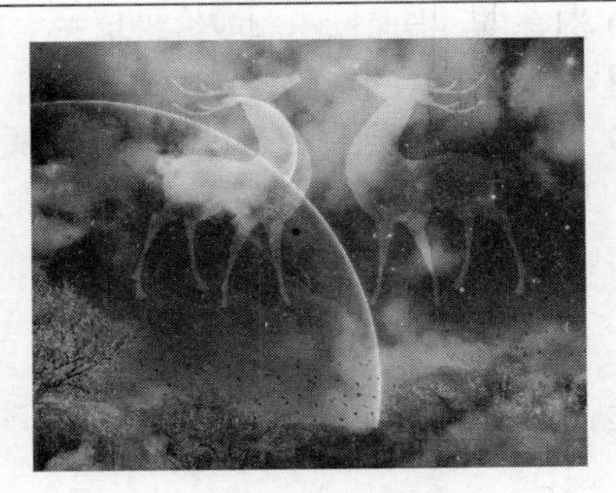

图 4-42　变换图像

操作三　添加宣传文字

（1）选择工具箱中的横排文字工具，在图像窗口中单击定位输入点，输入电影的名称，单击其对应工具属性栏中的▤按钮，打开“字符”控制面板，在其中设置字体为 Impact，字体大小为 100 点，颜色为 R:169,B188,G:234，如图 4-43 所示。

（2）继续输入与电影相关的文字，设置字体为隶书，字体大小为 60 点，颜色为白色，完成制作，如图 4-44 所示。

图 4-43　输入文字

图 4-44　完成制作

◆ 学习与探究

本任务练习了图层的相关操作。包括新建图层、复制图层、添加图层蒙版和设置图层混合模式等。其中在新建图层时，除了单击“图层”控制面板中的“创建新图层”按钮外，还可通过选择【图层】→【新建】→【新建图层】菜单命令，或按 Ctrl+Shift+N 组合键来创建新的图层，另外，通过移动工具拖动一个图像窗口中的图层到另一个图像窗口中后释放鼠标也可创建图层。

通过设置图层的混合模式，可以制作出特殊的图像效果。首先需要了解基色、混合色和结果色。

（1）基色：指图像中的原稿颜色，即在图层混合时位于下层的图层颜色，如图 4-45 所示。

（2）混合色：指通过绘制或编辑填充工具应用的颜色，即在图层混合时位于上层的图层，如图 4-46 所示。

（3）结果色：指通过混合过后得到的颜色，即两个图层混合后产生的混合效果。

图 4-45　基色

图 4-46　混合色

在 Photoshop CS3 中包括 25 种图层的混合模式，下面分别介绍。

（1）正常：该模式是系统默认图层混合模式，各图层间没有任何影响。

（2）溶解：该模式用于产生溶解效果，可配合不透明度来使用，不透明度越低，溶解越明显。

（3）变暗：该模式将查看图像中每个通道的颜色信息，并将当前图层中较暗的色彩调整得更暗，较亮的色彩呈透明显示。

（4）正片叠底：指将当前图层中的图像颜色与其下面图层中图像的颜色进行混合相乘，从而得到比原来的两种颜色更深的第 3 种颜色。

（5）颜色加深：该模式将增强当前图层与下面图层之间的对比度，从而得到加深颜色的图像效果。

（6）线性加深：该模式将查看图像中每个通道的颜色信息，并通过减小亮度使基色变暗以反映混合色，与白色混合后不会发生任何变化。

（7）深色：主要以混合色为主，指将混合色中渐暗的颜色与基色进行混合。当基色与白色混合过后，结果色保持基色不变。

（8）变亮：该模式与变暗模式的效果相反，并选择基色或混合色中较亮的颜色作为结果色，比混合色暗的像素将被替换，比混合色亮的像素保持不变。

（9）滤色：该模式将混合色的互补色与基色进行混合，得到较亮的颜色。用黑色过滤时颜色保持不变，用白色过滤时将产生白色。

（10）颜色减淡：该模式主要通过减小对比度来提高混合后的图像亮度。

（11）线性减淡（添加）：该模式将通过增加亮度来提高混合后的图像亮度。

（12）浅色：该模式是指将混合色中颜色较亮的图像像素与基色进行混合。当混合色为白色时，混合后结果色不会产生混合；当混合色为黑色时，结果色将产生混合效果。

（13）叠加：该模式是根据下面图层的颜色，将当前图层的像素进行相乘或覆盖，从而产生变亮或变暗的效果。

（14）柔光：该模式将产生一种柔和光线照射的效果，亮度区域更亮，暗调区域更暗，从而使反差增大。

（15）强光：该模式会产生一种强烈光线照射的效果。

（16）亮光：该模式将通过增大或减小对比度来加深或减淡图像颜色，具体取决于混合色。如果混合色（光源）比 50%灰色亮，则通过减小对比度使图像变亮。如果混合色比 50%灰色暗，则通过增大对比度使图像变暗。

（17）线性光：该模式将通过减小或增加亮度来加深或减淡颜色，具体取决于混合色。如果混合色（光源）比 50%灰色亮，则通过增加亮度使图像变亮；如果混合色比 50%灰色暗，则通过减小亮度使图像变暗。

（18）点光：该模式是指根据当前图层与下面图层的混合色来替换部分较暗或较亮像素的颜色区域。

（19）实色混合：该模式将根据当前图层与下面图层的混合色产生减淡或加深的效果。

（20）差值：该模式将根据图层颜色的亮度对比来进行相加或相减，与白色混合将进行颜色反相，与黑色混合则不产生任何变化。

（21）排除：该模式将创建一种与差值模式相似但对比度更低的效果。

（22）色相：该模式将使用当前图层的亮度和饱和度与下面图层的色相进行混合。

（23）饱和度：该模式将使用当前图层的亮度和色相与下面图层的饱和度进行混合。

（24）颜色：该模式将使用当前图层的亮度与下面图层的色相和饱和度进行混合。

（25）亮度：该模式将使用当前图层的色相和饱和度与下面图层的亮度进行混合。

任务三　制作个性壁纸

◆ 任务目标

本任务的目标是运用图层样式的相关知识制作个性壁纸，完成后的效果如图 4-47 所示。通过练习掌握图层样式的设置和运用。具体目标要求如下：

（1）掌握图层样式的设置方法。

（2）掌握图层样式中各选项的作用。

图 4-47　个性壁纸效果

素材位置： 模块四\素材\蝴蝶.jpg、纸飞机.jpg
效果图位置： 模块四\源文件\个性壁纸.psd

◆ 操作思路

本任务的操作思路如图 4-48 所示，涉及的知识点有为图层添加图层样式和图层样式的具体设置方法。具体思路及要求如下：

（1）使用椭圆工具绘制球体，然后进行径向渐变填充。使用画笔工具绘制球体的亮部区域，并设置球体的图层样式。

（2）打开素材图像，将其拖至编辑的图像窗口中后设置图层样式。

（3）添加文字，对其添加图层样式后合并所有图层完成制作。

①绘制球体及图层样式 ②设置素材图像图层样式 ③合并图层

图 4-48 制作个性壁纸的操作思路

操作一 绘制壁纸图像

（1）按 Ctrl+N 组合键新建“个性壁纸”图像文件，设置宽度为 15 厘米，高度为 12 厘米，模式为 RGB 模式。

（2）设置前景色为白色，背景色设置为 R:160,B:156,G:156，然后选择工具箱中的渐变工具，设置渐变类型为径向渐变，按住 Shift 键从上往下进行拖动绘制，填充背景，如图 4-49 所示。

（3）选择工具箱中的椭圆工具，按住 Shift 键在图像中拖动绘制正圆，然后右击，在弹出的快捷菜单中选择“建立选区”命令将路径载入选区。

（4）新建图层 1，选择工具箱中的渐变工具，打开“渐变编辑器”对话框，在样本参数控制区中分别设置颜色为 R:239,B:132,G:246 和 R:210,B:27,G:249，设置渐变类型为径向渐变，在图像中进行拖动填充选区，如图 4-50 所示。

图 4-49 填充背景

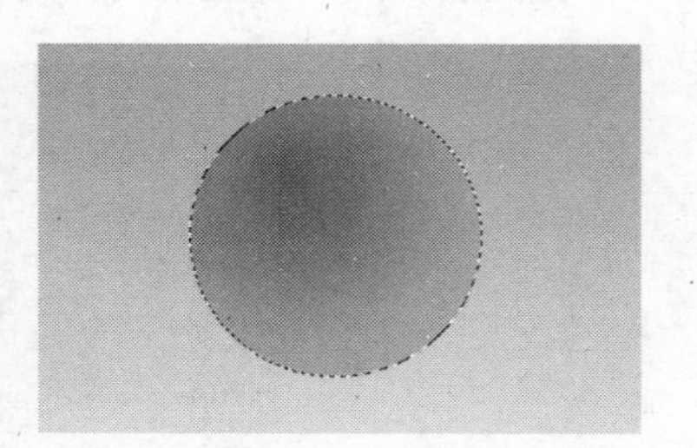

图 4-50 填充选区

（5）取消选区，选择【图层】→【图层样式】→【内阴影】菜单命令，打开“图层样式”对话框，在其中设置不透明度为40%，角度为-50度，距离为20像素，大小为70像素，如图4-51所示。

（6）设置完成后单击“确定”按钮关闭对话框，新建图层2，然后选择工具箱中的画笔工具，设置画笔直径为150px，不透明度为60%，在图像的合适位置单击以突出球体的亮度区域，如图4-52所示。

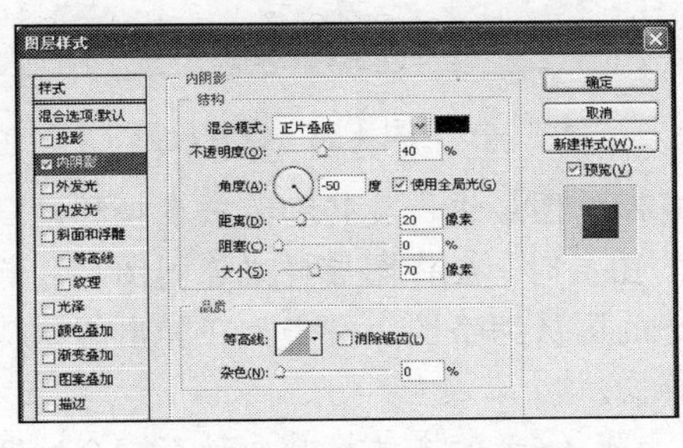

图4-51　“图层样式”对话框

图4-52　突显亮度

（7）新建图层3，选择工具箱中的椭圆选框工具在图像中绘制正圆选区，并填充为白色，设置收缩选区为4像素，单击“确定”按钮。

（8）按Shift+F6组合键设置羽化半径为6像素，并按Delete键删除选区内的图像区域，然后取消选区，使用画笔工具在图像上绘制出亮光区域，如图4-53所示。

（9）按Ctrl+J组合键快速复制图层3，复制的图层为图层3 副本到图层3 副本15，然后将所复制的图层进行旋转和缩放变换并移动到合适位置，如图4-54所示。

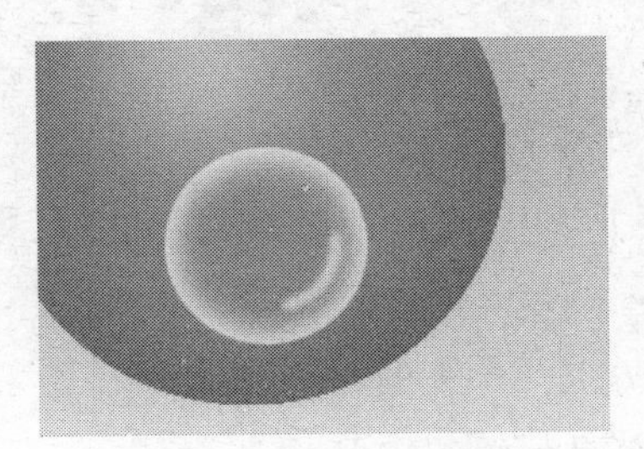

图4-53　绘制亮光区域

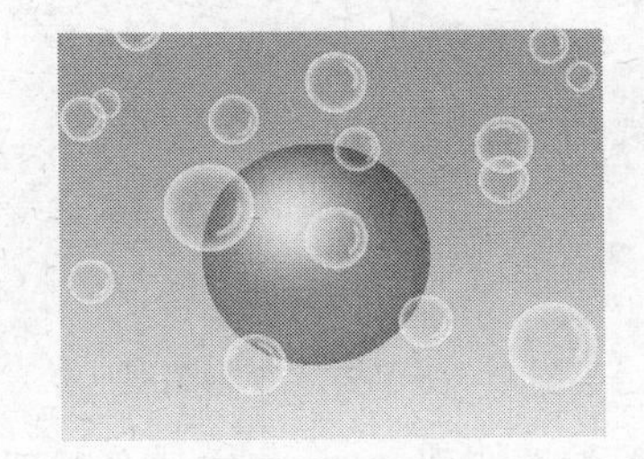

图4-54　复制图层

（10）打开“纸飞机.jpg”素材图像，使用多边形套索工具选区图像，将其拖动至“个性壁纸”图像窗口中，生成图层4，并变换移动图像到合适位置。

（11）在“图层”控制面板中双击图层4的图层缩略图，打开“图层样式”对话框，选中“颜色叠加”复选框，在“混合模式”下拉列表框中选择“强光”选项，颜色设置为R:230,B:20,G:140，不透明度为30%，如图4-55所示。

（12）完成后继续选中“投影”复选框，设置角度为25度，距离为5像素，大小为10像素，单击“确定”按钮，如图4-56所示。

提示　在Photoshop CS3中提供的图层样式包括投影、内阴影、外发光、内发光、斜面和浮光泽、颜色叠加、渐变叠加、图案叠加和描边等10种。

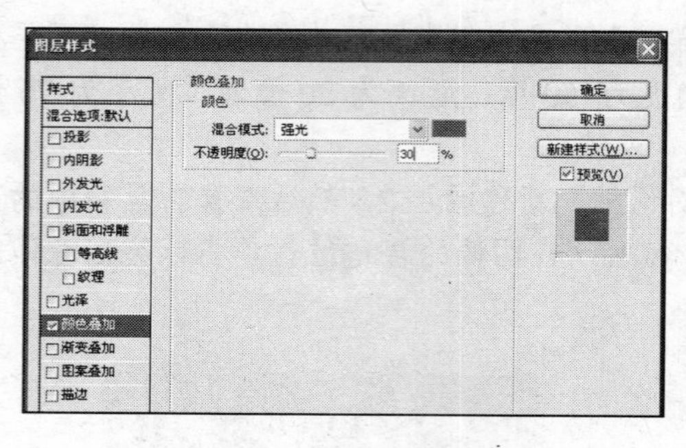

图 4-55　设置颜色叠加

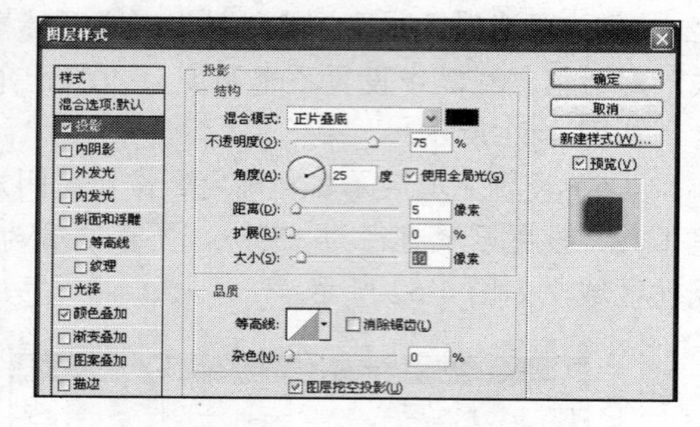

图 4-56　设置投影

（13）复制图层 4 生成图层 4 副本，将复制的图层进行旋转和缩放变换移动到合适位置，如图 4-57 所示。在复制添加了图层样式的图层时，会将图层样式连同图层一起进行复制，若要重新设置其他的图层样式；可在所选的图层缩略图上右击，在弹出的快捷菜单中选择"清除图层样式"命令删除当前的图层样式。

（14）打开"蝴蝶.jpg"素材图像，按照步骤（6）的方法将其拖动至"个性壁纸"图像文件中，生成图层 5。

（15）在图层 4 的图层缩略图上右击，在弹出的快捷菜单中选择"拷贝图层样式"命令，然后回到图层 5 上右击，在弹出的快捷菜单中选择"粘贴图层样式"命令，则图层 5 中的图像也将运用与图层 4 相同的图层样式，如图 4-58 所示。

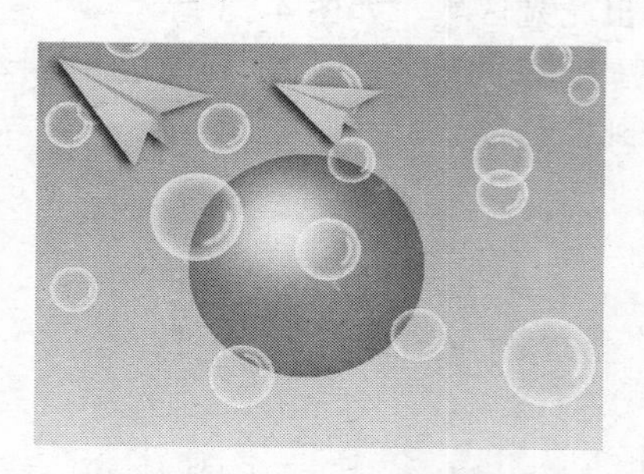

图 4-57　复制图层

图 4-58　粘贴图层样式

（16）按照步骤（9）的方法复制图层 5，效果如图 4-59 所示。

（17）新建图层 6，选择工具箱中的椭圆选框工具，在球体的下方绘制选区，设置羽化为 35 像素，然后填充颜色为 R:226,B:91,G:249，如图 4-60 所示。

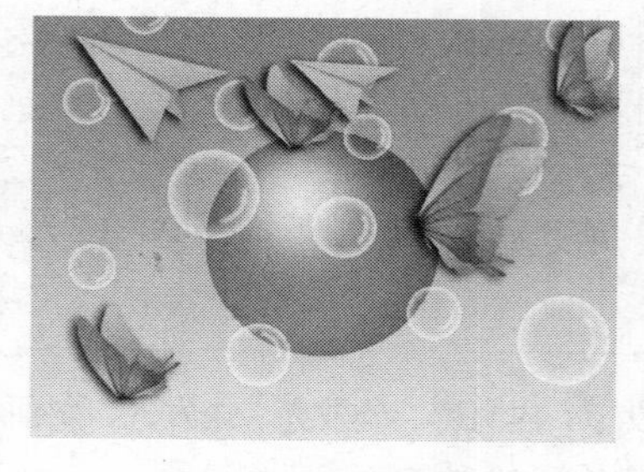

图 4-59　复制图层

图 4-60　绘制选区

操作二 添加文字并合成图像

（1）选择工具箱中的横排文字工具，在图像下方单击输入相关文字，并设置字体为 Bauhaus 93，字体大小为 48 点。

（2）双击文字所在的图层，打开“图层样式”对话框，选中“投影”复选框，在右侧设置不透明度为 45%，角度为 120 度，距离和大小分别为 5 像素和 8 像素，如图 4-61 所示。

（3）继续选中“斜面和浮雕”复选框，在右侧的“阴影”栏下设置角度为 40 度，高度为 50 度，阴影颜色为 R:223,B:103,G:238，角度为 120 度，距离和大小分别为 5 像素和 8 像素，如图 4-62 所示。

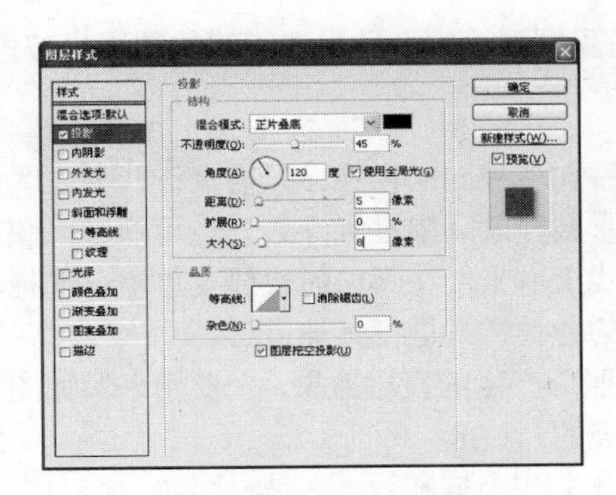

图 4-61 设置投影

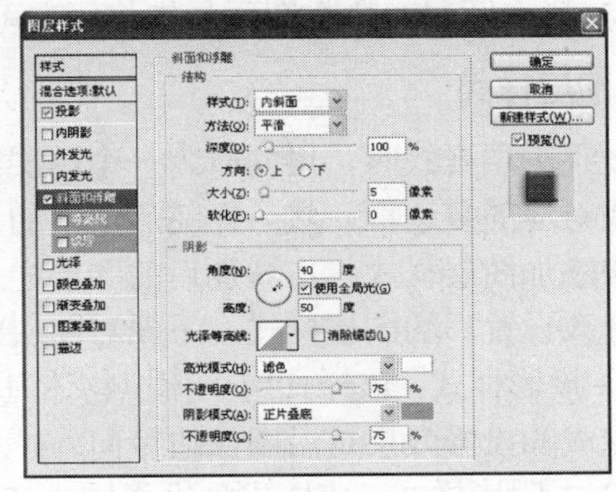

图 4-62 设置斜面和浮雕

（4）继续选中“渐变叠加”复选框，在右侧设置渐变颜色为 R:226,B:103,G:245 和 R:246,B:151,G:172，如图 4-63 所示，完成后单击“确定”按钮。最终效果如图 4-64 所示。

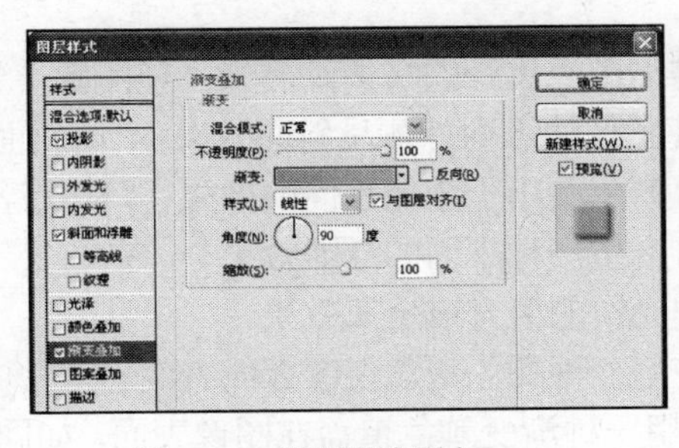

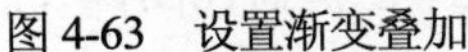

图 4-63 设置渐变叠加

图 4-64 最终效果

（5）选择“图层”控制面板中右上侧的 按钮，在弹出的下拉菜单中选择“拼合图像”命令，将所有图层合并在一起。

提示 图层合并前一定要慎重考虑，最好确定最终效果不需要再编辑时才进行合并图层，否则合并后的图像在重新打开时将不能再还原。

◆ 学习与探究

本任务练习了图层样式的使用和合并图层的操作。下面对合并图层、图层的样式、删除图层和对齐与分布图层进行讲解。

1．合并图层

在合并图层时除了本任务操作中的方法外，还可在普通图层上右击，在弹出的快捷菜单中选择相应的命令；选择“图层”菜单命令也可合并图层；按 Ctrl+E 组合键可快速向下合并图层，按 Shift+Ctrl+E 组合键可快速合并可见图层，在 Photoshop 中包含的图层合并有以下 3 种方式。

（1）向下合并：向下合并图层是指将当前图层与它下方的第一个图层进行合并。

（2）合并可见图层：合并可见图层是指将当所有的可见图层合并成一个图层，隐藏图层将不会被合并。

（3）拼合图层：拼合图层是指将所有可见图层进行合并，而隐藏的图层将被丢弃。

2．图层样式

在设置图层样式时，可同时为一个图层添加多种图层样式，只需在样式列表区中选中不同样式对应的复选框，然后在随后出现的参数控制区中设置参数。也可通过“图层”控制面板来添加图层样式，在添加后的图层样式上右击，在弹出的快捷菜单中可选择相应的命令来修改设置后的图层样式，下面对图层的各种样式进行具体讲解。

（1）投影样式：该样式用于模拟物体光照后产生的投影效果，主要用来增加图像的层次感，生成的投影效果是沿图像边缘向外扩展的。

（2）内阴影样式：该样式与投影样式产生效果方向相反，它是沿图像边缘向内产生投影效果。

（3）外发光样式：该样式是沿图像边缘向外生成类似图像发光的效果。

（4）内发光样式：该样式与外发光样式产生效果方向相反，它是沿图像边缘向内产生发光效果。

（5）斜面和浮雕样式：该样式用于增加图像边缘的暗调及高光，使图像产生立体感。选择“样式”下拉列表中的“外斜面”可使图像边缘向外侧呈斜面效果；“内斜面”可使图像边缘向内侧呈斜面效果；“浮雕效果”可产生凸出于图像平面的效果；“枕状浮雕”可产生凹陷于图像内部的效果；“描边浮雕”可产生一种平面的浮雕效果。

（6）光泽样式：该样式主要用于制作光滑的磨光或金属效果。

（7）颜色叠加样式：该样式就是指使用一种颜色覆盖在图像的表面。

（8）渐变叠加样式：该样式就是指使用一种渐变颜色覆盖在图像表面，如同使用渐变工具填充图像或选区一样。

（9）图层叠加样式：该样式就是指使用一种图案覆盖在图像表面，如同使用图案填充图像或选区一样。

（10）描边样式：该样式可以沿图像边缘填充一种颜色，如同使用“描边”命令描边图像边缘或选区边缘一样。

3．删除图层

在应用图层的过程中，常会需要删除图层，在“图层”控制面板中选择要删除的图层。可选择“图层/删除/图层”命令删除选择的图层；还可通过“图层”控制面板删除图层，首先选择要删除的图层，单击“图层”控制面板底部的“删除图层”按钮或直接将图层拖至“删除图层”按钮上都可删除所选的图层；在“图层”控制面板中选择要删除的图层，按 Delete 键也可快速删除图层。

4．对齐与分布图层

Photoshop CS3 允许用户同时对选择的图层进行对齐和分布，从而实现图像间的精确移动。移动工具对应的工具属性栏中的按钮组，从左至右分别为对齐顶边、垂直居中、对齐底边、对齐左边、水平居中和对齐右边。按钮组从左至右分别为顶边分布、垂直居中分布、底边分布、左边分布、水平居中分布和右边分布，单击相应的按钮即可进行对齐与分布图层操作。

5．创建调整或填充图层

单击“图层”控制面板下的“创建新的填充或调整图层”按钮，可创建填充和调整图层。填充和调整图层是作为一个独立的图层，在影响下方图层的同时又不改变图像的像素，可用来调整照片的色彩等。

实训一　制作水珠效果

◆ 实训目标

本实训要求运用图层的相关知识制作水珠效果，完成后的效果如图 4-65 所示。通过本实训掌握利用通道和快速蒙版抠取图像背景的方法。

效果图位置：模块四\源文件\水珠.psd

图 4-65　水珠效果

◆ 实训分析

本实训的操作思路如图 4-66 所示，具体分析及思路如下：

（1）新建图像文件并填充背景，用椭圆选框工具绘制选区并填充颜色。

（2）使用画笔工具绘制水珠的亮光区域。

（3）使用渐变叠加图层样式制作出水珠的投影效果。

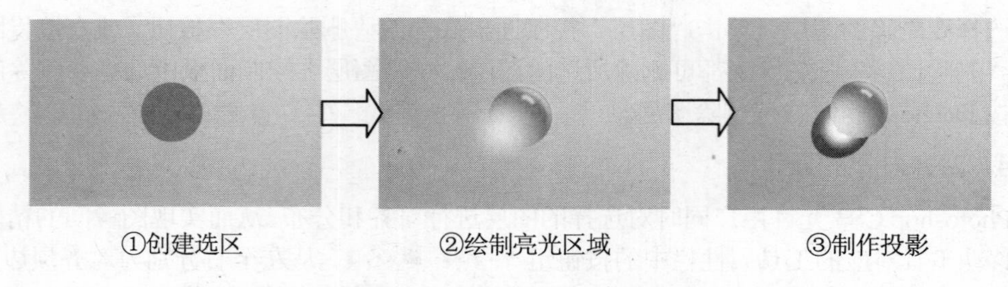
①创建选区　②绘制亮光区域　③制作投影

图 4-66　制作水珠的操作思路

实训二　制作网页按钮

◆ 实训目标

本实训要求运用图层样式的相关知识制作如图 4-67 所示的网页按钮图标。

图 4-67　网页按钮

效果图位置：模块四\源文件\网页按钮.psd

◆ 实训分析

本实训的操作思路如图 4-68 所示，具体分析及思路如下。

（1）新建白色背景图像文件，使用矩形工具绘制矩形按钮。

（2）打开“图层样式“对话框，在其中对内发光、渐变叠加和描边样式进行相应设置，完成制作。

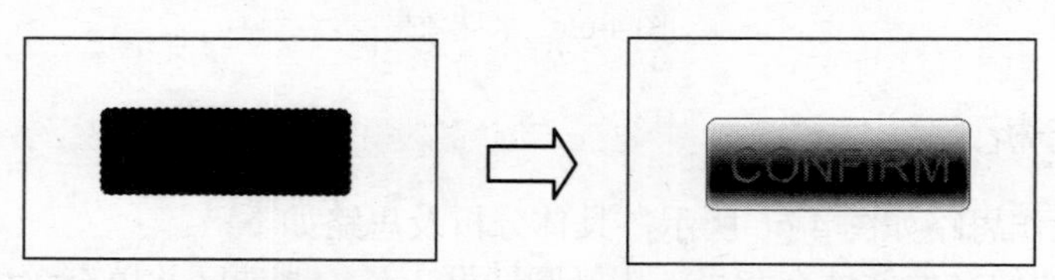

①绘制矩形并填充颜色　②添加图层样式完成制作

图 4-68　制作网页按钮的操作思路

实训三　制作公益宣传画

◆ 实训目标

本实训要求运用图层混合模式的相关知识，根据提供的素材，制作一幅保护自然环境的公益宣传画，最终效果如图 4-69 所示。

图 4-69　公益宣传画效果

素材位置：模块四\素材\绿芽.jpg、大树.jpg

效果图位置：模块四\源文件\公益宣传画.psd

◆ 实训分析

本实训的操作思路如图 4-70 所示，具体分析及思路如下：

（1）新建一个图像文件并填充为绿色。

（2）利用魔棒工具选区素材中的图像将其拖至要编辑的图像窗口中，设置树图像所在图层的图层模式为正片叠底。

新建图层 3，径向渐变填充图层，设置该图层的混合模式为叠加，不透明度为 70%。

（3）添加文字，设置字体为华文隶书，字体大小为 48 点，颜色为 R:45,G:73,B:3。

图 4-70　制作公益宣传画的操作思路

实践与提高

根据本模块所学内容，完成以下实践内容。

练习 1　制作会员卡

本练习将运用圆角矩形工具、添加图层样式、设置图层的不透明度和调整图层顺序制作 VIP 会员卡，最终效果如图 4-71 所示。会员卡的规格为长：88.5mm，宽：54.5mm，厚：0.76mm，大小厚度与银行卡一样。

素材位置：模块四\素材\花纹.jpg
效果图位置：模块四\源文件\会员卡.psd

图 4-71　会员卡效果

练习 2　制作合成广告效果

本练习将运用图层混合模式和图层样式的特殊效果作用，制作一幅合成广告效果，最终效果如图 4-72 所示。

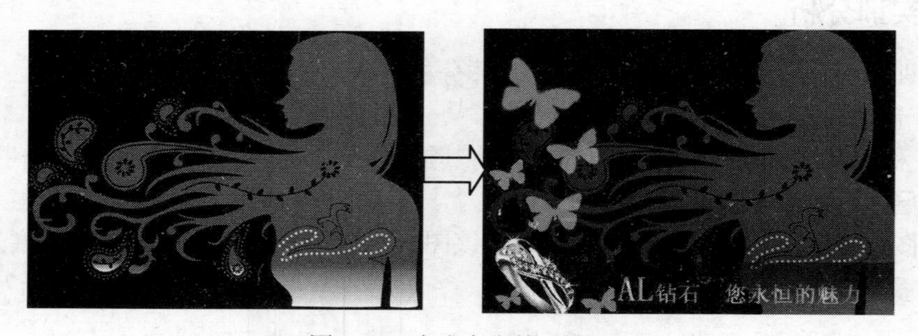

图 4-72　合成广告前后效果

素材位置：模块四\素材\剪影.jpg
效果图位置：模块四\源文件\合成广告.psd

练习 3　制作纹身效果

本练习将运用图层混合模式的相关知识制作人物身体上的纹身效果，处理完成后的最终效果如图 4-73 所示。

素材位置：模块四\素材\人物.jpg、蝴蝶 2.jpg
效果图位置：模块四\源文件\纹身.psd

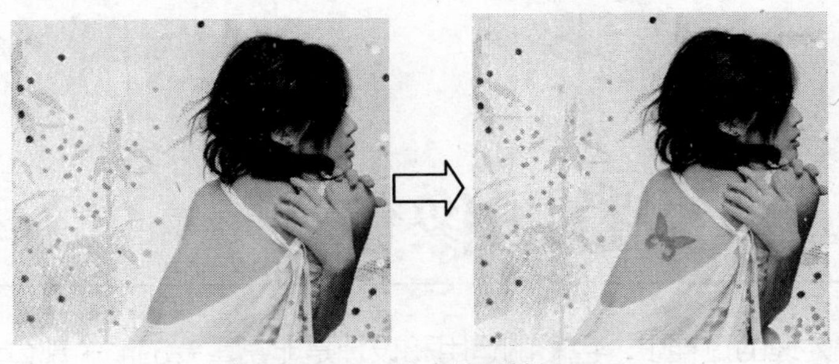

图 4-73　纹身前后效果

练习 4　提高使用图层的相关知识制作特效图像效果

要对图层的使用更加得心应手，除了本模块的学习内容外，课后可以阅读相关介绍 Photoshop 图层的图书，这里补充以下几个学习方向，以供参考和探索：

- 使用图层样式制作特效图像：在 Photoshop CS3 中通过为图层添加图层样式，可使图像呈现出不同的艺术效果，这需要大量的练习来掌握图层样式的应用操作。
- 使用图层混合模式制作特效图像：使用图层的混合模式可以制作一些较有层次感的特效图像，如宣传广告等，选择合适的混合模式可以达到意想不到的特效效果。
- 将图层样式和混合模式结合在一起使用，也可制作出多种多样的图像特效效果。

模块五

调整图像色彩

在进行图像处理的过程中，色彩的运用和设计是非常重要的一个部分，认识、了解和掌握色彩的运用是从事平面设计工作者必须具备的基础知识。在 Photoshop CS3 中提供了非常完整的色调和色彩调整命令，通过这些调整命令可以方便地调整图像的亮度、对比度，以及色相和饱和度等，还可进行替换颜色，从而使图像的色彩更加符合用户的需要。本模块将以 3 个操作实例来介绍调整图像颜色的应用。

学习目标

- 认识色调和色彩
- 掌握通过色阶、曲线和色彩平衡调整色调的方法
- 掌握通过亮度/对比度调整色调的方法
- 掌握通过色相/饱和度调整色彩的方法
- 掌握通过匹配和替换调整色彩的方法
- 掌握通过渐变映射和照片滤镜调整色彩的方法
- 掌握通过曝光度和去色调整色彩的方法

任务一　数码照片的基本调整

◆ 任务目标

本任务的目标是运用“色阶”、“曲线”、“亮度/对比度”、“色相/饱和度”、“自动色阶”和“变换”等命令来调整数码照片的色彩。

素材位置：模块五\素材\照片 01.jpg、照片 02.jpg、照片 03.jpg、照片 04.jpg
效果图位置：模块五\源文件\照片 01.psd、照片 02.psd、照片 03.psd、照片 04.psd

本任务的具体目标要求如下：

（1）掌握“色阶”、“曲线”和“亮度/对比度”命令调整照片的方法。
（2）掌握“色相/饱和度”、“自动色阶”和“变化”命令调整照片的方法。
（3）了解各调整命令的具体作用。

操作一　调整曝光过度的照片

（1）打开“照片 01.jpg”素材图像，观察发现该照片由于曝光过度而显得过于偏亮，如

图 5-1 所示。

（2）选择【图像】→【调整】→【色阶】菜单命令，或按 Ctrl+L 组合键打开“色阶”对话框，如图 5-2 所示。

图 5-1　打开素材图像

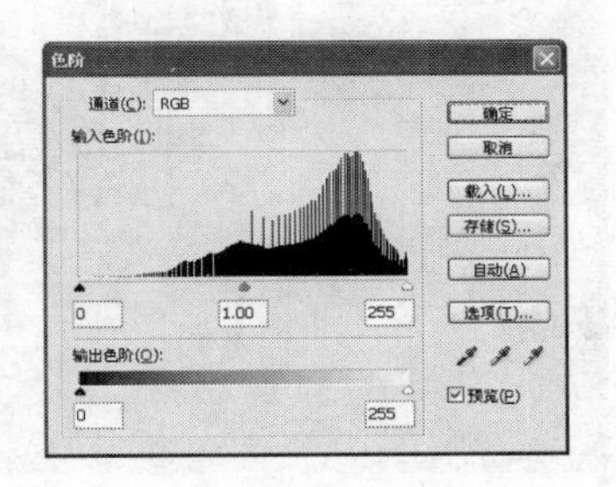

图 5-2　“色阶”对话框

（3）使用鼠标向右拖动左侧的黑色输入滑块，如图 5-3 所示，减少曝光后的效果如图 5-4 所示。

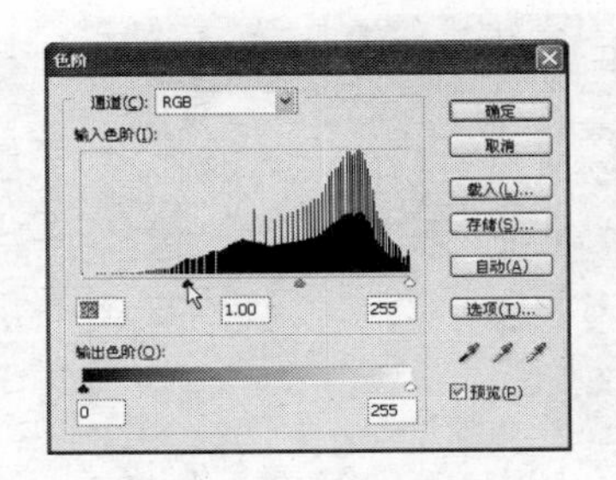

图 5-3　拖动黑色输入滑块

图 5-4　减少曝光度后的效果

（4）此时的图像整体显得有些暗，可向左拖动白色输入滑块，如图 5-5 所示，提高亮度后的效果如图 5-6 所示。

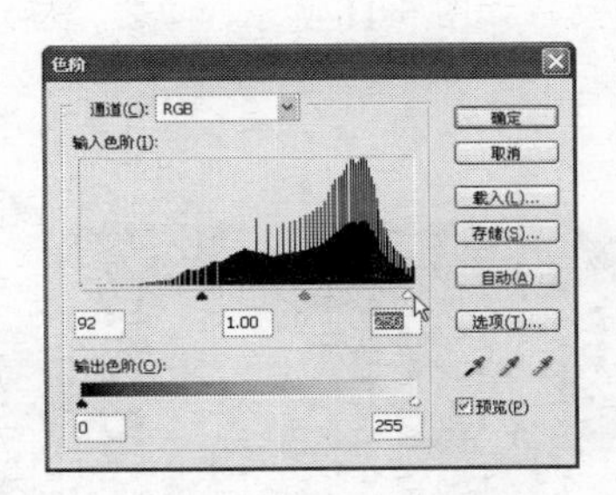

图 5-5　拖动白色输入滑块

图 5-6　增加图像亮度

操作二　调整曝光不足的照片

（1）打开“照片 02.jpg”素材图像，观察发现该照片因曝光不足而显示得有些灰暗，如图 5-7 所示。

（2）选择【图像】→【调整】→【曲线】菜单命令，或按 Ctrl+M 组合键打开“曲线”对话框，如图 5-8 所示。

图 5-7　打开素材图像

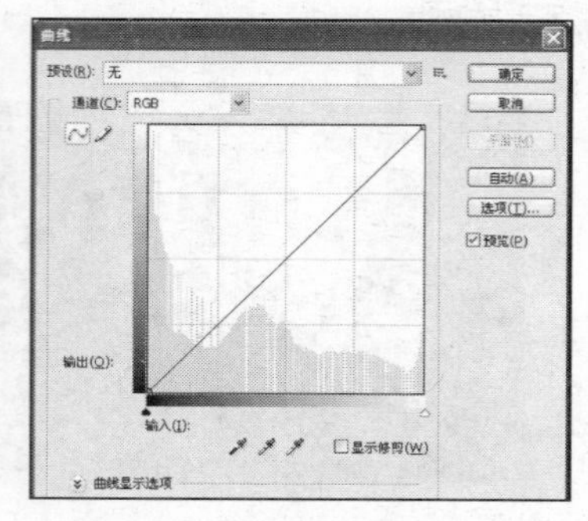

图 5-8　“曲线”对话框

（3）将光标置于调整线的右上方，然后单击鼠标增加一个调节点，如图 5-9 所示。

（4）按住鼠标左键向上方拖动添加的调节点，这时图像会随着增加亮度，如图 5-10 所示。

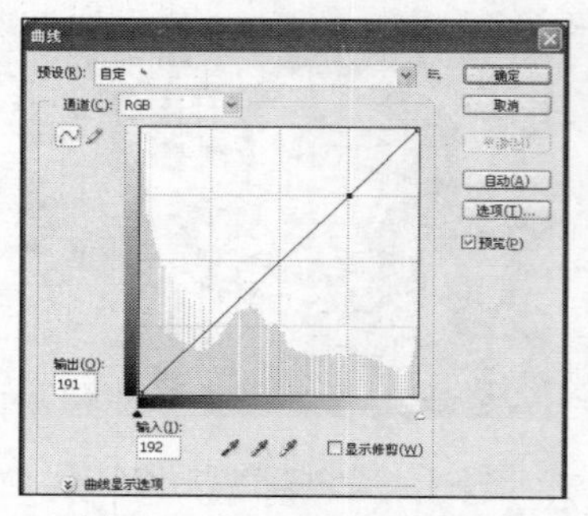

图 5-9　定位光标添加调节点

图 5-10　增加亮度

（5）通过调整，照片图像的整体亮度已有所提高，但图像左侧的亮度还不够，这时可以在调节线左下侧再添加一个调节点，并向上适当拖动，如图 5-11 所示，单击“确定”按钮，调整后的效果如图 5-12 所示。

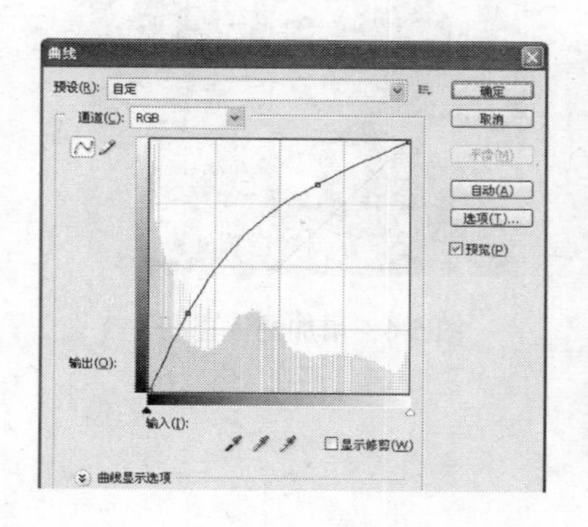

图 5-11　添加调节点

图 5-12　调整后的效果

操作三　调整偏色照片

（1）打开“照片 03.jpg”素材图像，通过观察发现该图像有些偏暗，并且存在过多的黄色调，如图 5-13 所示。

（2）选择【图像】→【调整】→【变化】菜单命令，打开“变化”对话框，如图 5-14 所示。

图 5-13　打开素材图像

图 5-14　“变化”对话框

（3）要去除照片中过多的黄色，只须增加青色即可，将鼠标移动到“加深洋红”缩略图上单击，如图 5-15 所示。

（4）通过对话框右侧的“当前挑选”缩略图可以看出，照片还有些偏暗，因此需要增加亮度。移动鼠标到“较亮”缩略图并单击一次，可以增加照片图像的亮度，如图 5-16 所示。

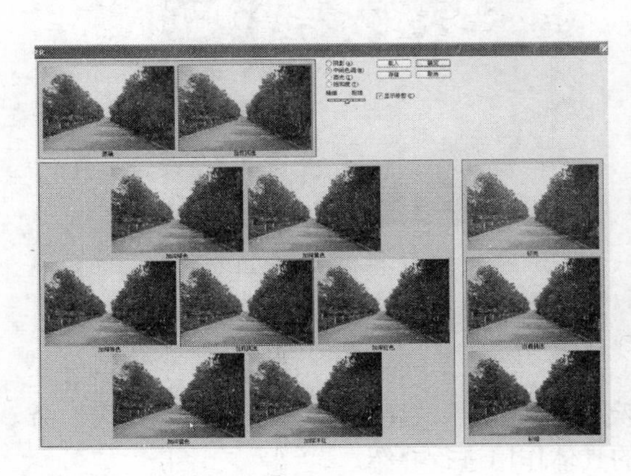

图 5-15　加深洋红

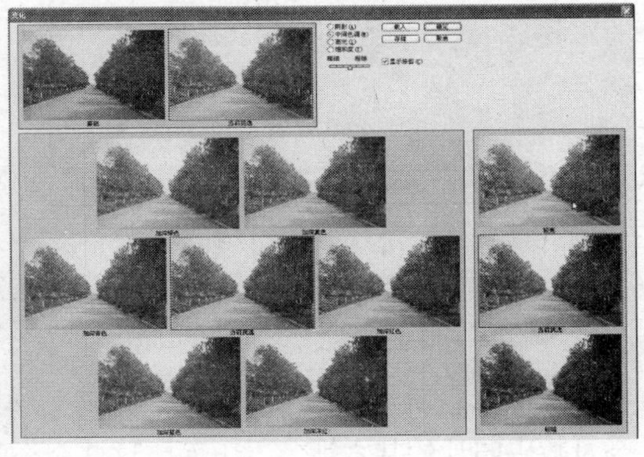

图 5-16　增加亮度

（5）通过观察“变化”对话框顶部的“当前挑选”缩略图，可以看出已对照片的偏色问题进行了处理，并增加了亮度，单击“确定”按钮完成调整。

提示　在“变化”对话框中，除了在“原稿”和 3 个“当前挑选”缩略图中单击无效外，其他缩略图则可根据缩略图名称来即时调整图像的颜色或明暗度，单击次数越多，变化越明显。

操作四　调整照片的色调

（1）打开“照片 04.jpg”素材图像，如图 5-17 所示，对照片的整体色彩进行调整。

（2）选择【图像】→【调整】→【亮度/对比度】菜单命令，在打开的“亮度/对比度”对话框的“亮度”文本框中输入+45，在“对比度”文本框中输入-25，如图 5-18 所示。

图 5-17　打开素材图像

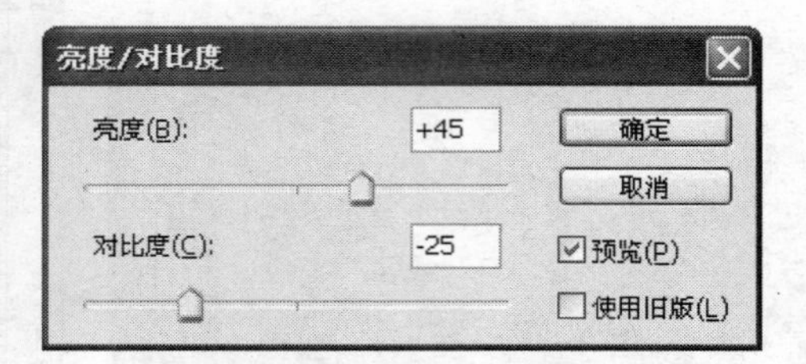

图 5-18　“亮度/对比度”对话框

（3）单击“确定”按钮关闭“亮度/对比度”对话框，利用选区工具选取花朵，然后选择【图像】→【调整】→【色相/饱和度】菜单命令，或按 Ctrl+U 组合键打开“色相/饱和度”对话框，在“色相”文本框中输入-31，在“饱和度”文本框中输入+49，在“明度”文本框中输入+13，如图 5-19 所示。

（4）单击“确定”按钮关闭对话框，设置后的照片图像效果如图 5-20 所示。

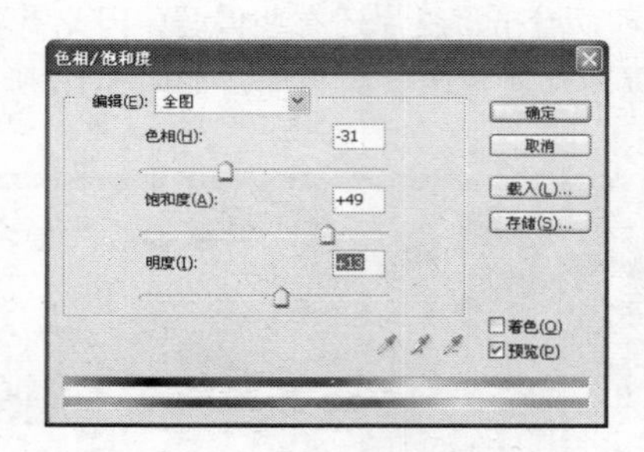

图 5-19　“色相/饱和度”对话框

图 5-20　设置后的效果

◆ 学习与探究

本任务练习了使用“色阶”、“曲线”、“亮度/对比度”、“色相/饱和度”和“变化”命令对数码照片的基本调整。下面将这些命令的具体作用进行介绍。

（1）“色阶”命令：该命令常用来较精确地调整图像的中间色和对比度，是照片处理使用最频繁的命令之一。“色阶”对话框中的“输入色阶”数值框从左至右分别用于设置图像的暗部色调、中间色调和亮部色调，可分别在对应的数值框中输入相应的数值，也可拖动色调直方图底部滑条上的 3 个滑块来实现调整。

（2）“曲线”命令：该命令也可调整图像的亮度、对比度和纠正偏色等，与“色阶”命令相比该命令的调整更为精确。在“曲线”对话框中以添加调节点来调整图像的色彩，若要删除调节点，只需选择该调节点将其拖至曲线的坐标轴外。

（3）“亮度/对比度”命令：该命令是一个简单直接的调整命令，是专用于调整图像的亮度和对比度。

（4）“色相/饱和度”命令：该命令可通过对图像的色相、饱和度和亮度进行调整，达到改变图像色彩的目的。在绘制选区后，只对选区内的图像进行调整。

（5）“变化”命令：该命令可直观地为图像增加或减少某些色彩，还可方便地控制图像的明暗关系。

另外，在调整照片图像色彩时会用到“自动色阶”命令，该命令是指系统按照颜色的明暗原理来自动调节色调，选择该命令后可自动调整照片的色彩。

任务二　为黑白照片上色

◆ 任务目标

本任务的目标是运用调整色彩的相关知识，为黑白照片上色，完成后的最终效果如图 5-21 所示。通过练习掌握色彩的运用方法。

图 5-21　照片上色前后效果

素材位置：模块五\素材\黑白照片.jpg

效果图位置：模块五\源文件\照片上色.psd

本任务的具体目标要求如下：

（1）掌握色彩调整的操作方法。

（2）了解色彩调整命令的作用。

◆ 操作思路

本任务的操作思路如图 5-22 所示，涉及的知识点有多边形套索工具、“色彩平衡”命令和“色相/饱和度”命令等。具体思路及要求如下：

（1）打开素材图像，利用多边形套索工具绘制出人物皮肤区域。

（2）使用“色彩平衡”命令调整皮肤颜色。

（3）使用“色相/饱和度”命令调整人物的衣服颜色。

（4）用“色彩/饱和度”命令调整背景颜色。

①打开素材图像　②调整皮肤颜色　③调整衣服颜色　④调整背景颜色

图 5-22　照片上色的操作思路

操作一　调整皮肤颜色

（1）打开“黑白照片.jpg”素材图像，先使用多边形套索工具将人物的皮肤勾选出来，并设置羽化为 2 像素，然后选择【图像】→【调整】→【色彩平衡】菜单命令，或按 Ctrl+B 组合键打开“色彩平衡”对话框，在其中的“色阶”文本框中依次输入+42、+7 和−25，如图 5-23 所示。

（2）按 Ctrl+D 组合键取消选区，完成后的效果如图 5-24 所示。

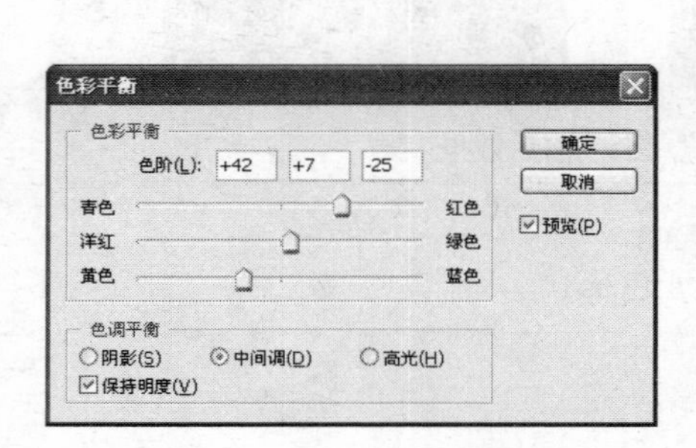

图 5-25　“色彩平衡”对话框

图 5-24　完成后效果

操作二　调整衣服颜色

（1）使用多边形套索工具将人物的衣服勾选出来。然后选择【图像】→【调整】→【色相/饱和度】菜单命令，或按 Ctrl+U 组合键在打开的“色相/饱和度”对话框中选中“着色”复选框，依次在“色相”、“饱和度”和“明度”文本框中输入 0、34 和−10，如图 5-25 所示。

（2）单击“确定”按钮，为人物的衣服添加颜色，完成后取消选区，如图 5-26 所示。

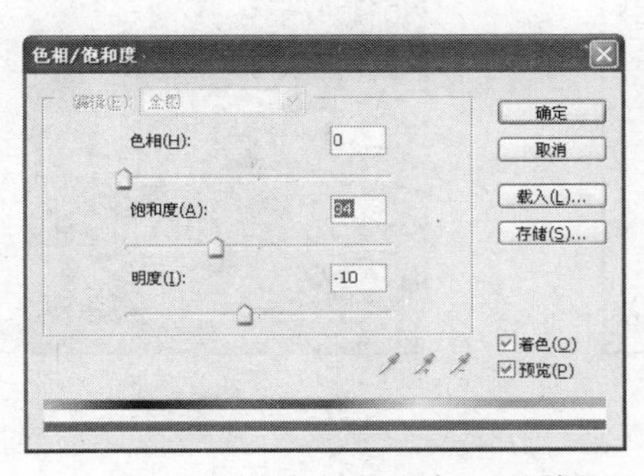

图 5-25　“色相/饱和度”对话框

图 5-26　添加衣服颜色

（3）使用相同的方法对人物的裤子颜色进行调整，依次设置“色相”、“饱和度”和“明度”分别为 0、0 和+15，如图 5-27 所示，完成后的效果如图 5-28 所示。

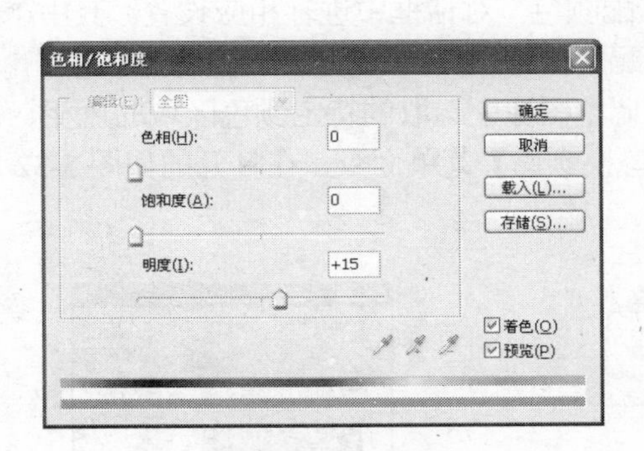

图 5-27　“色相/饱和度”对话框

图 5-28　添加裤子明度

操作三　调整背景

（1）使用多边形套索工具将照片背景勾选出来，然后选择【图像】→【调整】→【色相/饱和度】菜单命令，或按 Ctrl+U 组合键打开“色相/饱和度”对话框，在其中的文本框中依次输入 109、31 和 0，如图 5-29 所示。

（2）按 Ctrl+D 组合键取消选区，完成后的效果如图 5-30 所示。

提示　在调整照片图像的颜色时，需要注意处理不同的照片应根据照片的实际情况来选择不同的色彩和色调命令。

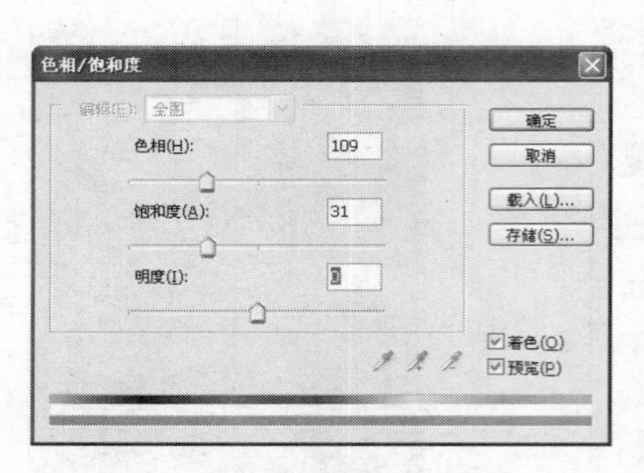

图 5-29 “色相/饱和度”对话框

图 5-30 最终效果

◆ 学习与探究

本任务练习了“色彩平衡”和“色相/饱和度”命令的相关操作。在调整图像色彩时还可使用以下的命令进行调整。

（1）“匹配颜色”命令：使用该命令可以将另外的一个图像的颜色与当前图像中的颜色进行混合，从而达到改变当前图像色彩的目的。选择【图像】→【调整】→【匹配颜色】菜单命令，在打开的如图 5-31 所示的“匹配颜色”对话框中进行相应设置。其中“源”下拉列表框用来设置与当前图像文件进行匹配的图像文件。

（2）“替换颜色”命令：该命令用于调整图像中选取的特定颜色区域的色相、饱和度和亮度值。选择【图像】→【调整】→【替换颜色】菜单命令，在打开的如图 5-32 所示的“替换颜色”对话框中进行相应设置即可。

图 5-31 “匹配颜色”对话框

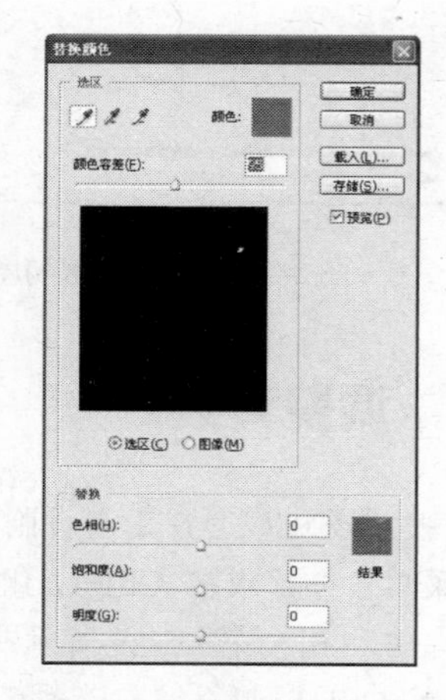

图 5-32 “替换颜色”对话框

（3）“可选颜色”命令：使用该命令可以在不影响其他颜色的同时对图像中的某种颜色进行调整，选择【图像】→【调整】→【可选颜色】菜单命令，在打开的如图 5-33 所示的“可选颜色”对话框中进行相应设置，其中的“颜色”下拉列表框用于设置要调整的颜色。

（4）“照片滤镜”命令：使用该命令可以使图像产生一种滤色效果。选择【图像】→【调整】→【照片滤镜】菜单命令，在打开的如图 5-34 所示的“照片滤镜”对话框中进行相应设置。其中选中“滤镜”单选项可在其右侧的下拉列表框中选择滤色方式，选中“颜色”单选项并单击右侧的颜色框，可设置过滤颜色。

（5）“阴影/高光”命令：使用该命令可以调整图像中阴影和高光的分布。选择【图像】→【调整】→【阴影/高光】菜单命令，在打开的如图 5-35 所示的“阴影/高光”对话框中进行相应设置。

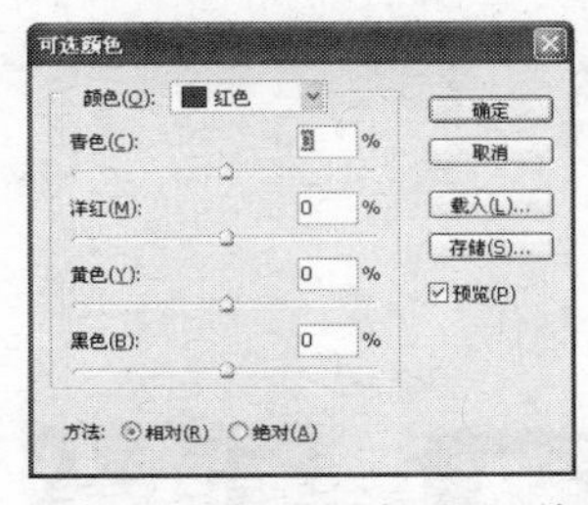

图 5-33　“可选颜色”对话框

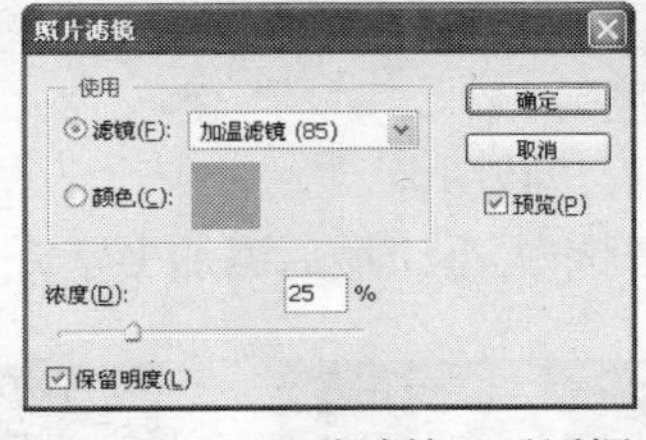

图 5-34　“照片滤镜”对话框

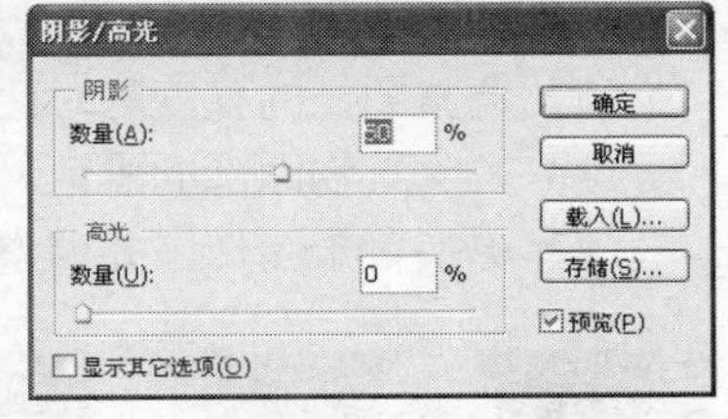

图 5-35　“阴影/高光”对话框

任务三　制作杂志封面

◆ 任务目标

本任务的目标是利用各种调整命令的相关知识制作杂志的特殊封面效果，完成后的效果如图 5-36 所示。通过练习掌握各种调整命令的结合操作。具体目标要求如下：

（1）掌握各种调整命令的设置方法。

（2）了解各种调整命令的作用。

图 5-36　杂志封面前后效果

素材位置：模块五\素材\照片 05.jpg

效果图位置：模块五\源文件\杂志封面.psd

◆ 专业背景

本任务中要求制作杂志封面，在制作时需要了解杂志封面的一般尺寸。通常若没有特定的要求，杂志封面尺寸为 285mm×210mm，在利用 Photoshop 制作时，分辨率需设置为 300 像素/英寸，完成后需将图像模式设置为方便打印的 CMYK 模式。

◆ 操作思路

本任务的操作思路如图 5-37 所示，涉及的知识点有调整画布大小、调整图像大小、选区工具、调整命令和横排文字工具等。具体思路及要求如下：

（1）打开素材图像。

（2）调整图像的亮度和对比度等。

（3）去除人物面部的黑色，再裁减图像。

（4）更换背景图像，并调整画布大小，最后添加文字完成制作。

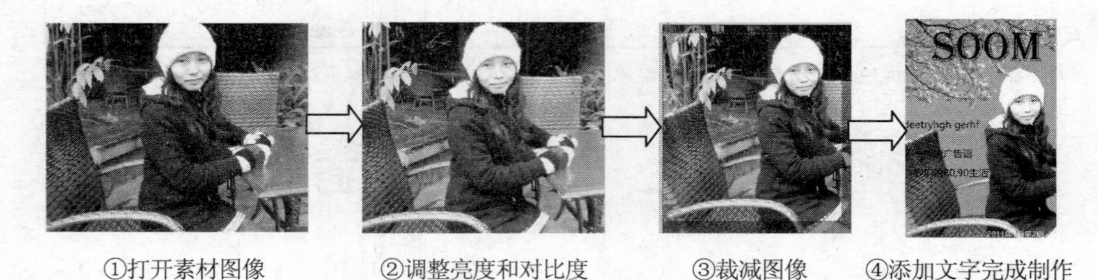

①打开素材图像　②调整亮度和对比度　③裁减图像　④添加文字完成制作

图 5-37　制作杂志封面的操作思路

操作一　调整亮度与对比度

（1）按 Ctrl+O 组合键打开“照片 05.jpg”素材图像，在“图层”控制面板中将“背景”图层拖至“创建新图层”按钮上复制背景图层。

（2）选择【图像】→【调整】→【亮度/对比度】菜单命令，打开如图 5-38 所示的“亮度/对比度”对话框，在其中设置亮度和对比度分别为+42 和−20，单击“确定”按钮完成设置，效果如图 5-39 所示。

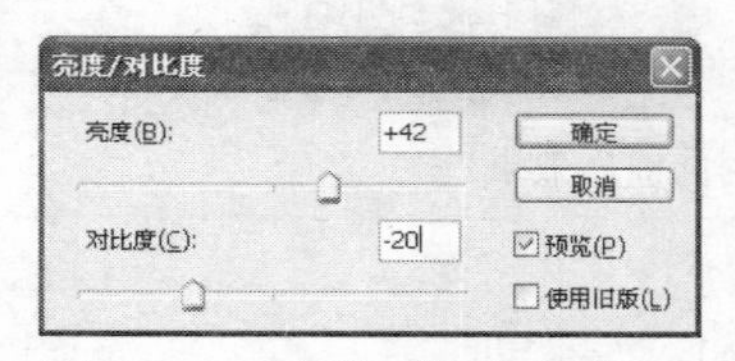

图 5-38　“亮度/对比度”对话框

图 5-39　设置后的图像

（3）选择【图像】→【调整】→【色彩平衡】菜单命令，在打开的如图 5-40 所示的“色彩平衡”对话框中依次输入+37、-3 和+7，将照片色彩设置为暖色调。

（4）单击“确定”按钮关闭“色彩平衡”对话框，设置后的照片色彩如图 5-41 所示。

提示 选择【图像】→【调整】→【自动颜色】命令，系统将会自动评估图像中的色彩关系，并自动作出调整色彩平衡的处理。

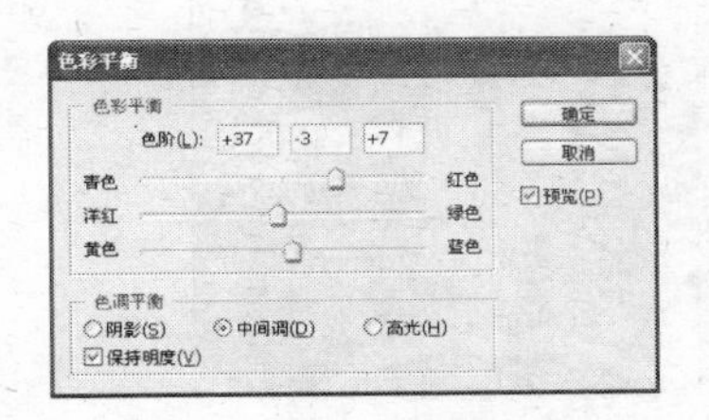

图 5-40　“色彩平衡”对话框

图 5-41　设置后的照片色彩

操作二　人物面部美容

（1）选择【图像】→【图像大小】菜单命令，或按 Alt+Ctrl+I 组合键在打开的“图像大小”对话框中的“文档大小”栏中将分辨率更改为 300 像素/英寸，如图 5-42 所示，然后选择工具箱中的缩放工具，将人物的脸部进行放大。

（2）选择工具箱中的仿制图章工具，并将画笔大小设置为 5 像素，不断进行取样将人物面部的黑点去除，如图 5-43 所示。

（3）完成后缩放照片图像，并选择工具箱中的裁剪工具裁剪照片，效果如图 5-44 所示。

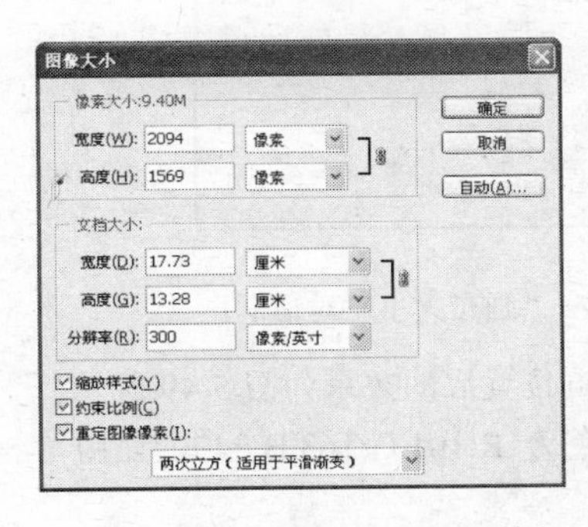

图 5-42　“图像大小”对话框

图 5-43　去除面部黑点

图 5-44　裁剪照片

操作三　更换照片背景

（1）使用选区工具选取人物和椅子图像，如图 5-45 所示，并设置羽化选区为 5 像素。

（2）按 Shift+Ctrl+I 组合键反选图像，再按 Delete 键删除背景图像，隐藏背景图层后的效果如图 5-46 所示。

提示 在创建人物选区时，可选择工具箱中的快速选择工具进行创建，单击其对应工具属性栏中的“添加到选区”按钮和“从选区中减去”按钮，可更精确选取图像。

图 5-45　建立选区

图 5-46　删除背景图像

（3）打开“花枝.jpg”素材图像，使用魔棒工具选择花图像，将其拖至编辑的图像窗口中，并变换大小和位置，如图 5-47 所示。

（4）选择【图像】→【画布大小】菜单命令，或按 Alt+Ctrl+C 组合键在打开的“画布大小”对话框中，只设置高度为 15 厘米，其他保持默认，如图 5-48 所示。

图 5-47　移动变换图像

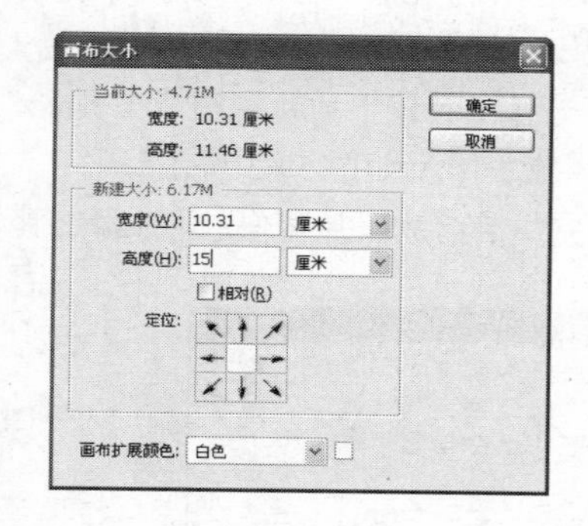

图 5-48　“画布大小”对话框

（5）单击“确定”按钮完成设置，再将图像移动到合适位置后的效果如图 5-49 所示。

（6）选择背景图层，在其上方新建图层 1，并填充颜色为 R:101,G:163,B:249，如图 5-50 所示。

（7）完成后选择工具箱中的横排文字工具，在图像中输入文字，设置题目字体为 Algerian，字体大小为 80 点，颜色为黑色；下面小题目字体为微软雅黑，字体大小为 18 点；下方日期字体为微软雅黑，字体大小为 14 点，颜色为白色，如图 5-51 所示。

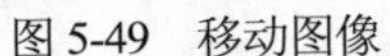

图 5-49　移动图像

图 5-50　填充背景颜色

图 5-51　添加文字

◆ **学习与探究**

本任务练习了综合调整色彩的相关操作，下面对调整图像特殊颜色的相关命令进行讲解。

（1）“去色”命令：使用该命令可以去掉图像的颜色，只显示具有明暗度灰度颜色的图像，选择【图像】→【调整】→【去色】菜单命令。

（2）“渐变映射”命令：使用该命令可以使用渐变颜色对图像的颜色进行调整，选择【图像】→【调整】→【渐变映射】菜单命令，将打开如图 5-52 所示的“渐变映射”对话框，其中选中“仿色”复选框，将实现抖动渐变；选中“反向”复选框，将实现反转渐变。

（3）“反相”命令：使用该命令可以将图像的色彩进行反转，就像将黑色转变为白色一样，而不会丢失图像的颜色信息。选择【图像】→【调整】→【反相】菜单命令，或按 Ctrl+I 组合键能把图像的色彩反相，从而转化为负片，或将负片还原为图像。当再次使用该命令时，图像会还原。

（4）“色调均化”命令：使用该命令调整颜色时，能重新分配图像中各像素的亮度值，其中最暗值为黑色（或尽可能相近的颜色），最亮值为白色，中间像素则均匀分布。选择【图像】→【调整】→【色调均化】菜单命令。

（5）“色调分离”命令：使用该命令可指定图像中每个通道亮度值的数目，并将这些像素映射为最接近的匹配色调，减少并分离图像的色调。执行【图像】→【调整】→【色彩分离】菜单命令，将打开如图 5-53 所示的“色调分离”对话框。

图 5-52　“渐变映射”对话框

图 5-53　“色调分离”对话框

另外，在调整命令中还包括自动调整的功能，如“自动色阶”、“自动对比度”和“自动颜色”命令，它们的具体效果用户可自行设置后掌握。

实训一　将春天变为秋天

◆ 实训目标

本实训要求运用“色彩平衡”命令的相关知识将春季风景更换为秋季风景，更换后的对比效果如图 5-54 所示。通过本实训掌握“色彩平衡”命令的运用方法。

素材位置：模块五\素材\春天.jpg
效果图位置：模块五\源文件\秋季.psd

图 5-54　更换照片颜色前后的对比效果

◆ 实训分析

本实训的操作思路如图 5-55 所示，具体分析及思路如下：

（1）选择【图像】→【调整】→【色彩平衡】菜单命令，或按 Ctrl+B 组合键打开“色彩平衡”对话框，在其中设置色阶分别为 100、−25 和−21。

（2）完成后选中“阴影”单选项，再设置色阶分别为 23、−15 和+19，单击“确定”按钮完成色彩的调整。

（3）完成制作。

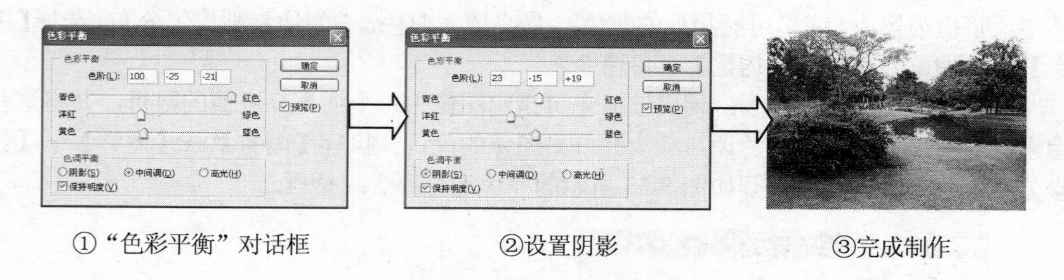

①“色彩平衡”对话框　　②设置阴影　　③完成制作

图 5-55　将春天变为秋天的操作思路

实训二　更换人物的裙子颜色

◆ 实训目标

本实训要求运用“替换颜色”命令的相关知识给人物的裙子替换颜色，更换颜色前后效果如图 5-56 所示。

图 5-56　更换裙子颜色前后的效果

素材位置：模块五\素材\人物背影.jpg

效果图位置：模块五\源文件\更换裙子颜色.psd

◆ 实训分析

本实训的操作思路如图 5-57 所示，具体分析及思路如下：

（1）选择【图像】→【调整】→【替换颜色】菜单命令，在打开的“替换颜色”对话框中使用吸管在裙子处进行取样，并设置颜色容差为 125。

（2）单击“替换”栏中的“替换”颜色块，将打开“选择目标颜色”对话框。

（3）在其中设置颜色为 R:236,G:231,B:221。单击“确定”按钮，完成设置。

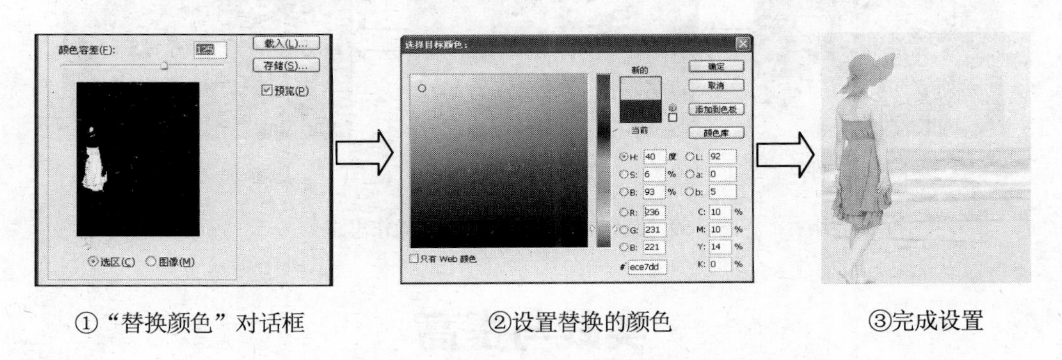

①“替换颜色”对话框　　②设置替换的颜色　　③完成设置

图 5-57　替换人物裙子颜色的操作思路

实训三　制作非主流色调照片

◆ 实训目标

本实训要求运用调整色彩的相关知识，根据提供的素材，制作非主流色调的照片，前后效果对比如图 5-58 所示。

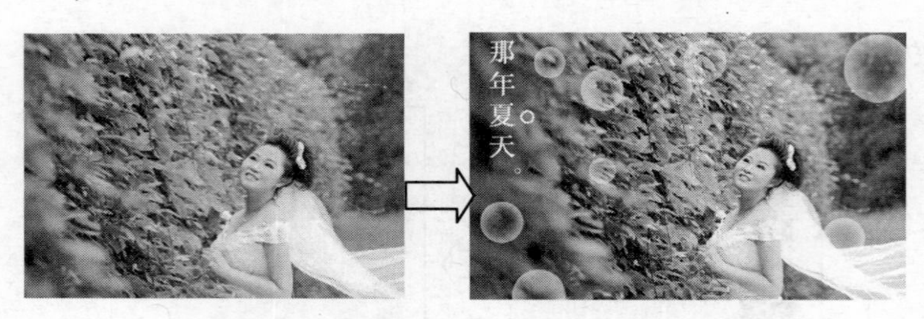

图 5-58　制作非主流色调照片的前后效果

素材位置：模块五\素材\人物.jpg
效果图位置：模块五\源文件\非主流色调照片.psd

◆ 实训分析

本实训的操作思路如图 5-59 所示，具体分析及思路如下：

（1）打开素材图像，执行“自动色阶”命令。

（2）执行“照片滤镜”命令，选中“滤镜”单选项并设置颜色为黄色。然后执行“色彩平衡”命令，依次选中“中间调”、“高光”和“阴影”单选项进行相应设置。过后选择“可选颜色”命令进行设置。

（3）最后添加相应的文字，并制作气泡。

①打开素材文件　　②调整颜色　　③添加文字和气泡

图 5-59　制作非主流色调照片的操作思路

实践与提高

根据本模块所学内容，完成以下实践内容。

练习 1　制作黑白照片

本练习将通过选择“渐变映射”命令将图像设置为黑白效果，并对亮度和对比度进行调整，效果前后对比如图 5-60 所示。

素材位置：模块五\素材\花.jpg
效果图位置：模块五\源文件\黑白照片.psd

图 5-60　黑白照片前后效果

练习 2　制作单色照片效果

本练习主要运用“黑白”命令将一幅彩色图片去色，并且制作成高质量的单色照片，效果前后对比如图 5-61 所示。

素材位置：模块五\素材\道路.jpg
效果图位置：模块五\源文件\单色照片.psd

图 5-61　单色照片前后效果

练习 3　校正照片颜色

本练习主要运用“变化”校正图像的颜色，然后通过“亮度/对比度”命令调整亮度，处理完成后的最终效果如图 5-62 所示。

素材位置：模块五\素材\葵花.jpg
效果图位置：模块五\源文件\校正照片色彩.psd

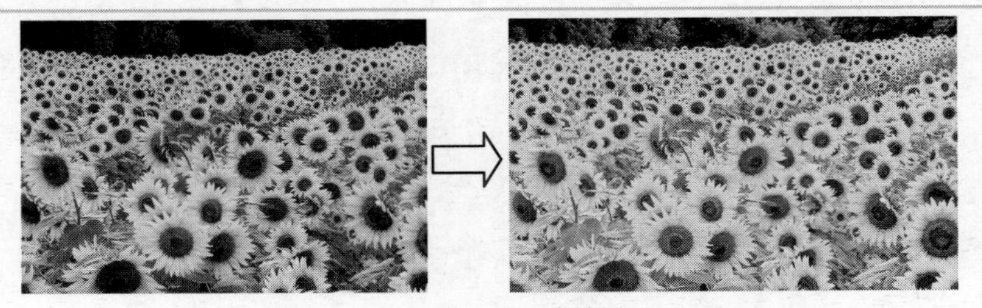

图 5-62　校正前后的照片效果

练习 4　了解色彩的相关知识

要正确运用色彩，可阅读具体介绍色彩的相关书籍，这里对色彩的相关知识进行介绍，供大家参考和探索：

- 色彩 3 要素：指色彩的明度、色相和纯度。明度是色彩的明暗程度。若色彩中添加的白色越多，图像明度就越高；添加的黑色越多，则明度就越低。
- 色彩 3 原色：自然界中的颜色都是由红黄蓝 3 种组成的，其他颜色也是由这 3 种色调组成，通常把这 3 种颜色称为 3 原色。3 原色是指色光 3 原色，也就是指红（R）、绿（G）和蓝（B）这 3 种光线，在电脑中称为 RGB 基本色彩模式。当这些颜色以它们的各自波长或各种波长的混合形式出现时，则使人肉眼可见，除此之外还能看见不以色散白光再现的颜色——如紫红和品红这样的红蓝混合色。
- 彩色和无彩色：色彩分彩色和无彩色两大类，无彩色是指黑、灰和白 3 种颜色，无彩色只有明度没有纯度，在电脑中常把无彩色图像又称为灰度图像。

模块六

绘制路径和矢量图形

路径是指由贝塞尔曲线所构成的一段闭合或开放的曲线段，用户可沿路径进行描边和填充等操作，还可以将其转换成选区，从而对图像的选区进行处理。在 Photoshop CS3 中，可使用钢笔工具绘制路径，也可以绘制各种矢量形状图形。本模块将以 3 个操作实例来介绍路径的应用。

学习目标

- 认识和了解路径
- 熟练掌握使用钢笔工具绘制直线和曲线路径的方法
- 熟练掌握将选区转换为路径的方法
- 掌握路径锚点的删除与增加
- 熟练掌握描边与填充路径的方法
- 掌握通过路径创建选区的方法

任务一　绘制标志图形

◆ 任务目标

本任务的目标是运用路径的相关知识绘制公司的标志图形，完成后的最终效果如图 6-1 所示。通过练习掌握路径的基本操作，包括路径的绘制、编辑和通过路径创建选区等操作，并掌握路径在制作标志图形中的运用。

图 6-1　标志图形效果

效果图位置：模块六\源文件\公司标志图形.psd

本任务的具体目标要求如下：

（1）掌握路径的绘制方法。

（2）掌握编辑路径的基本方法。

（3）掌握将路径转换为选区的方法。

◆ 专业背景

公司标志是公司视觉识别系统中的核心部分。在制作标志时图形应尽量简洁明了，能准确表达公司的品牌特征，在设计时，造型要优美流畅而富有感染力，保持视觉平衡。在字体与色彩运用上有时也会有相应要求，主要根据公司的实际情况而定。

◆ 操作思路

本任务的操作思路如图 6-2 所示，涉及的知识点有绘制路径、编辑路径和填充路径，以及添加路径文字等。具体思路及要求如下：

（1）使用钢笔工具绘制路径。

（2）将绘制的路径作为选区载入，并填充颜色。

（3）使用自定形状工具绘制形状路径，载入选区后填充图形。

（4）创建路径文字，并添加文字。

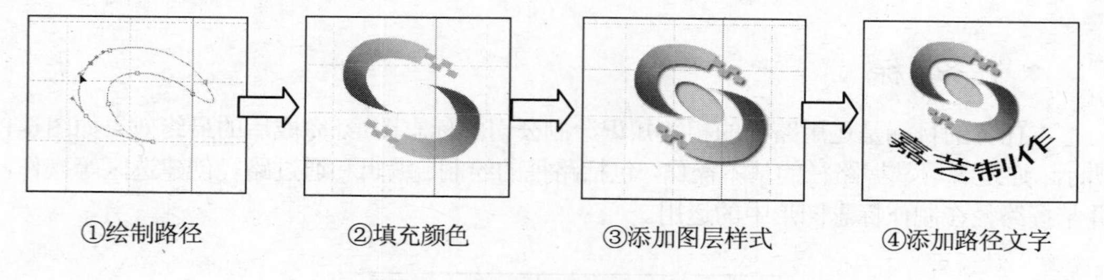

图 6-2　制作标志图形的操作思路

操作一　用钢笔工具绘制路径

（1）创建一个“公司标志图形”图像文件，设置宽度和高度均为 4 厘米，分辨率为 300 像素/英寸，模式为 RGB 模式，并显示出网格。

（2）选择工具箱中的钢笔工具，在图像区域中单击创建起始锚点，再单击创建第二个锚点，按住左键不放拖动绘制曲线路径，如图 6-3 所示。然后依次在其他位置单击，最后回到起始锚点处鼠标指针变为时单击即可闭合路径，如图 6-4 所示。

（3）选择工具箱中的钢笔工具或添加锚点工具，将鼠标指针移动到路径上需要添加锚点的位置单击，即可添加锚点，此时鼠标指针会变为直接选择工具，拖动锚点两方的控制手柄可调整路径，如图 6-5 所示。

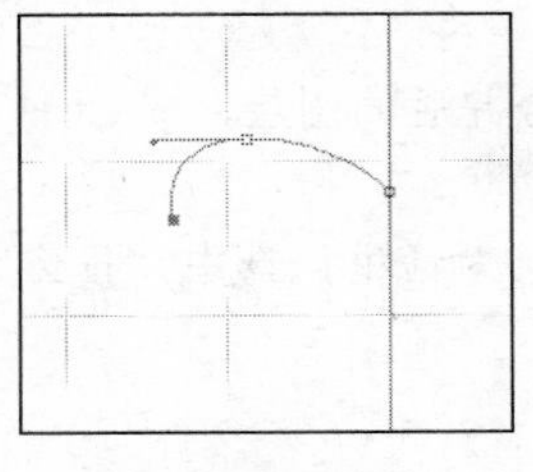
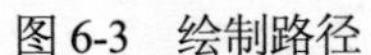

图 6-3　绘制路径

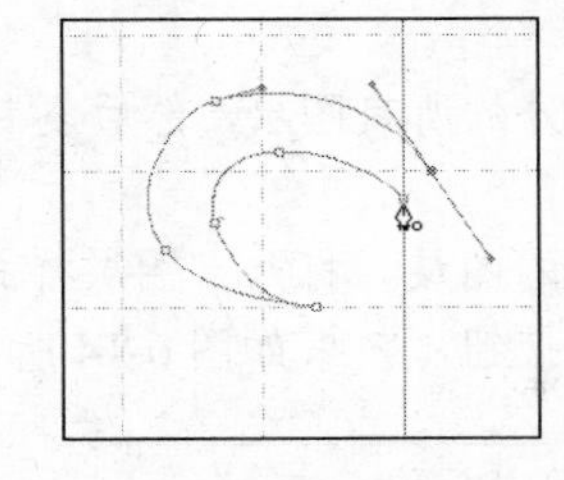

图 6-4　闭合路径

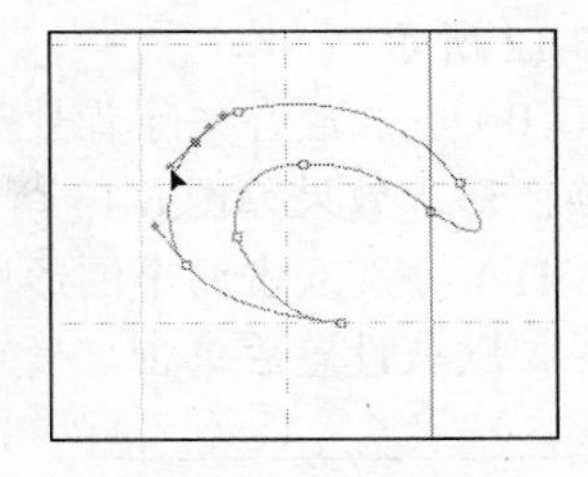

图 6-5　调整路径

（4）绘制完路径后打开“路径”控制面板，单击其下方的“将路径作为选区载入”按钮，如图 6-6 所示，或按 Ctrl+Enter 组合键将绘制的路径载入为选区，效果如图 6-7 所示。

（5）选择工具箱中的渐变工具，然后打开“渐变编辑器”对话框，其中依次设置色标颜色分别为 R:19,G:73,B:149；R:85,G:132,B:185 和 R:158,G:205,B:235，然后在选区中按住 Shfit 键不放进行线性渐变填充，效果如图 6-8 所示。

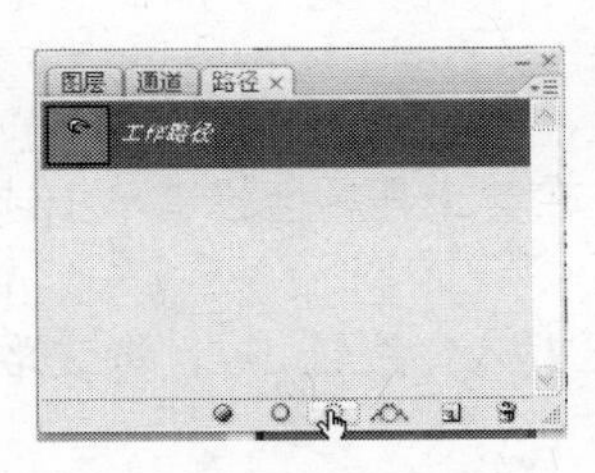

图 6-6　“路径”控制面板

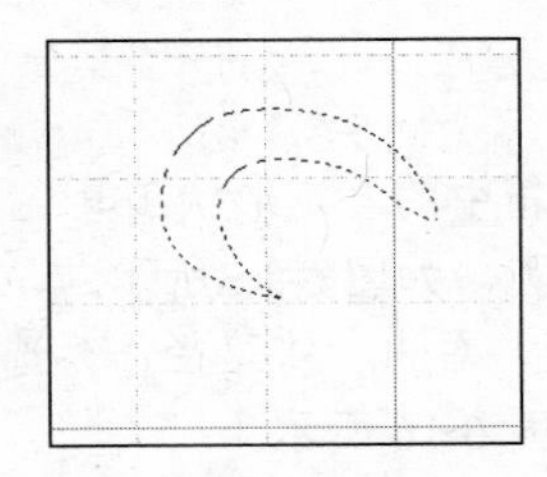

图 6-7　载入选区

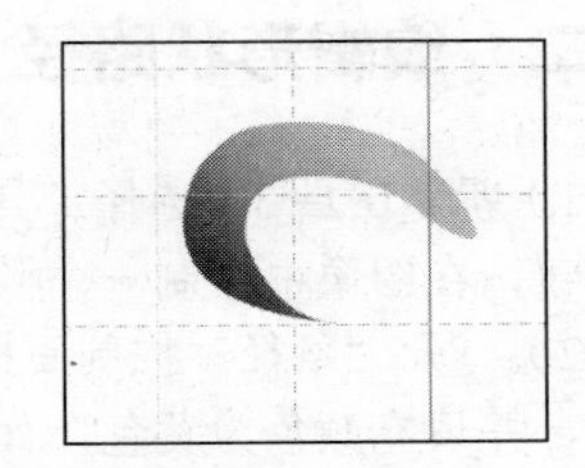

图 6-8　填充选区

（6）使用钢笔工具继续绘制路径，完成后将其载入为选区，按 Delete 键清除选区内图像，如图 6-9 所示。

（7）使用钢笔工具在图像中按住 Shift 键不放绘制直线路径，最后回到起始锚点处单击闭合路径，如图 6-10 所示。

（8）在绘制的路径上右击，在弹出的快捷菜单中选择“建立选区”命令，打开“建立选区”对话框，在对话框中选中“新建选区”单选项后单击“确定”按钮，将该路径载入选区后新建图层并使用 R:118,G:195,B:234 颜色填充路径，完成后变换图形并移动到合适位置，效果如图 6-11 所示。

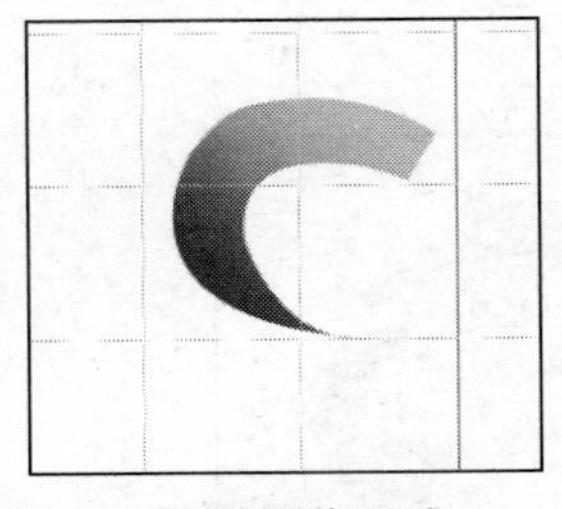

图 6-9　删除图像区域

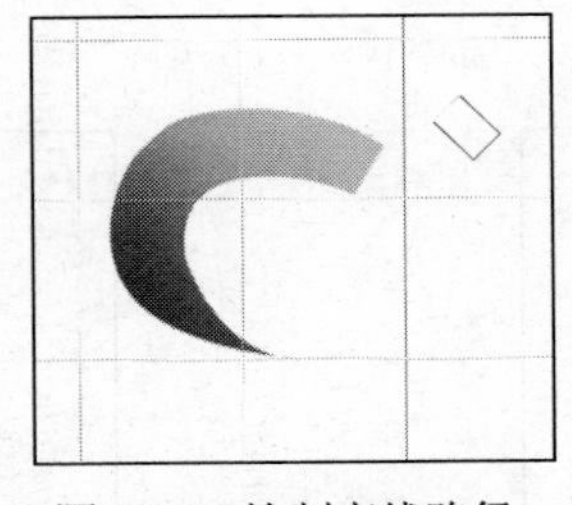

图 6-10　绘制直线路径

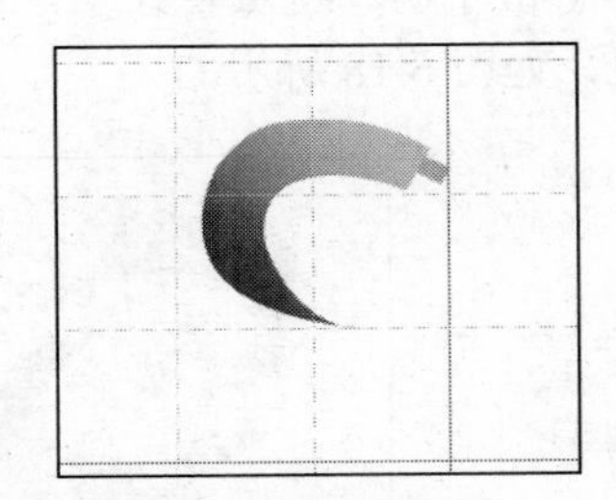

图 6-11　移动图像

（9）按 Ctrl+J 组合键复制矩形图形所在图层，将这些图层中的图形移动到合适位置，如图 6-12 所示。

（10）完成后合并除背景图层外的所有图层，然后复制合并后的图层，按 Ctrl+T 组合键变换图形，效果如图 6-13 所示。

（11）分别双击两个图形所在的图层，打开“图层样式”对话框，选中“投影”复选框，保持默认设置后单击“确定”按钮，效果如图 6-14 所示。

图 6-12　复制图形

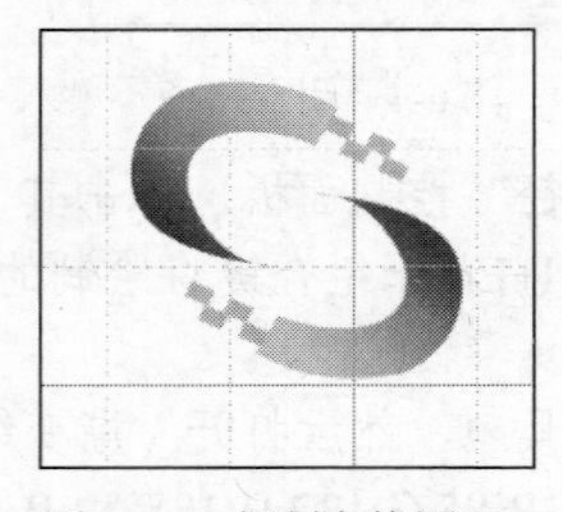

图 6-13　复制变换图形

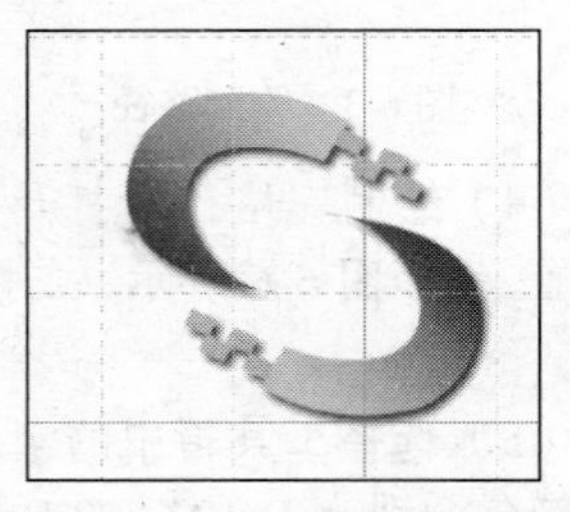

图 6-14　添加图层样式效果

操作二　编辑形状路径

（1）新建图层 3，选择工具箱中的自定形状工具，在其工具属性栏中单击选中“路径”按钮，在图像中绘制一个椭圆，如图 6-15 所示。

（2）打开“路径”控制面板，单击“将路径作为选区载入”按钮，将该路径载入为选区，并填充颜色为黄色，如图 6-16 所示。

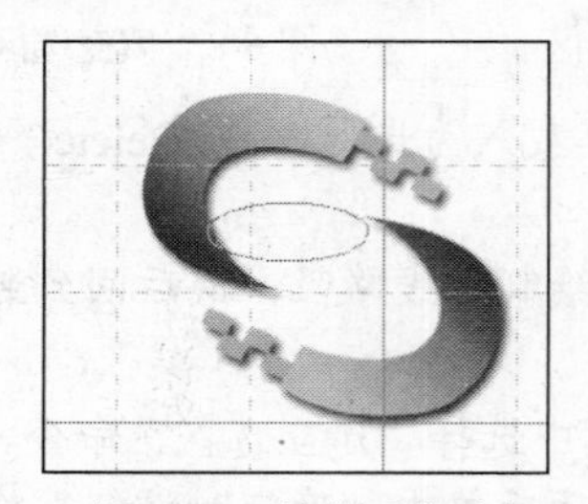

图 6-15　绘制形状路径

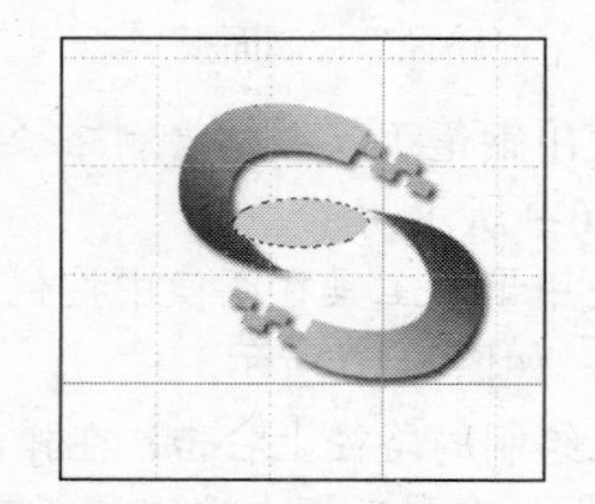

图 6-16　填充选区

（3）取消选区后按 Ctrl+T 组合键变换图形，并移动到合适位置，如图 6-17 所示。

（4）打开“图层样式”对话框，选中“内发光”复选框，保持默认设置，单击“确定”按钮，如图 6-18 所示。

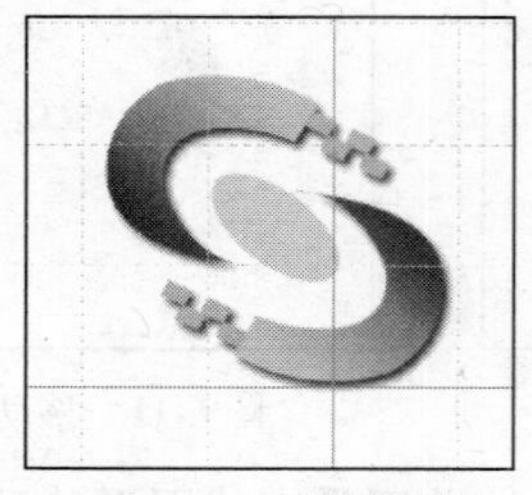

图 6-17　变换图形

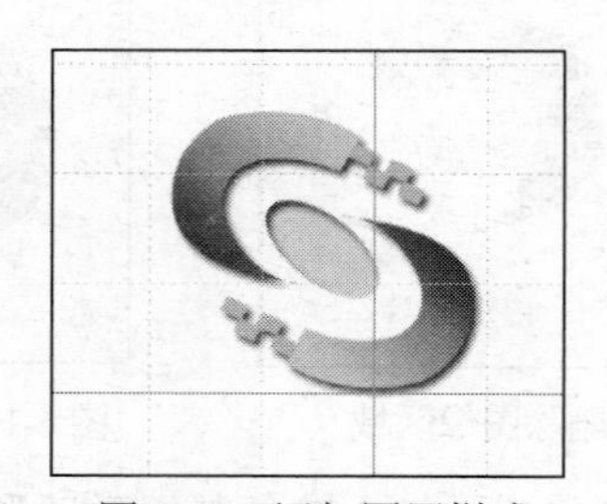

图 6-18　添加图层样式

操作三　添加路径文字

（1）取消网格的显示，使用钢笔工具在图形中绘制一条曲线路径，如图 6-19 所示。

（2）选择工具箱中的横排文字工具，在路径上单击创建路径文字[T]，完成后设置字体为黑体，字体大小为 11 点，颜色为黑色，将工作路径拖动至“删除当前路径”按钮上删除，删除工作路径后的效果如图 6-20 所示。

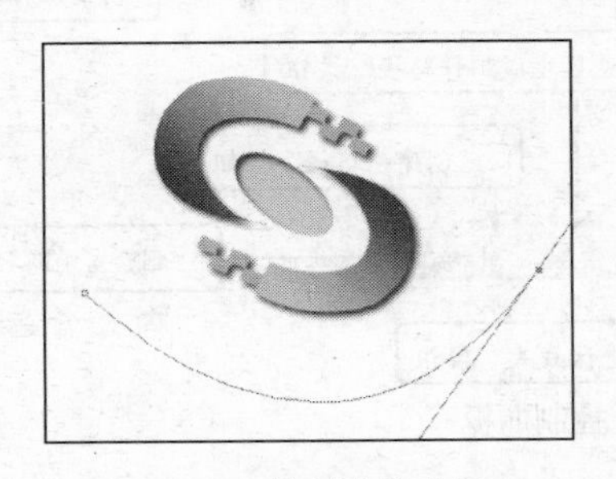

图 6-19　绘制曲线路径

图 6-20　输入路径文字

◆ 学习与探究

本任务练习了路径的使用，包括绘制路径、编辑路径和载入路径选区等。下面对路径的相关知识进行进一步介绍。

1．路径的基本元素

路径由锚点、线段（直线段和曲线段）以及控制手柄等构成，如图 6-21 所示，各组成部分的含义及作用介绍如下：

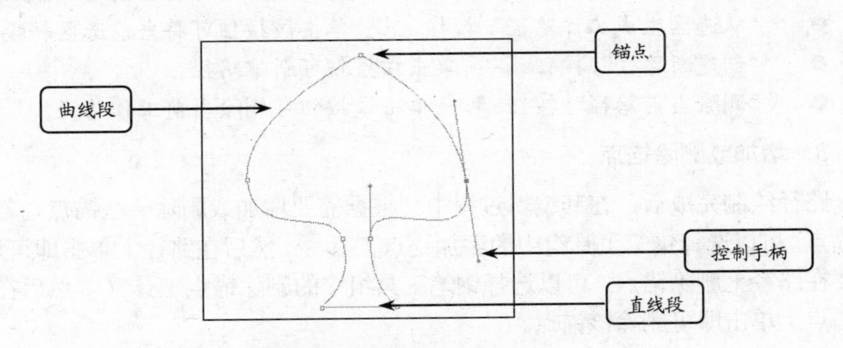

图 6-21　路径的组成元素

- 锚点：锚点是指路径中每条线段的两个端点，由空心小方格表示，黑色实心的小方格表示当前选择的定位点。定位点有平滑点和拐点两种，平滑点是平滑连接两条线段的定位点；拐点是非平滑连接两条线段的定位点。
- 线段：一条路径是由多条线段依次连接而成的。
- 控制手柄：当选择一个锚点后，会在该锚点上显示 1~2 条控制手柄，拖动控制手柄一端的小圆点可调整与之关联线段的形状和弯曲度。

2. 认识“路径”控制面板

“路径”控制面板如图 6-22 所示，各组成部分的作用介绍如下：

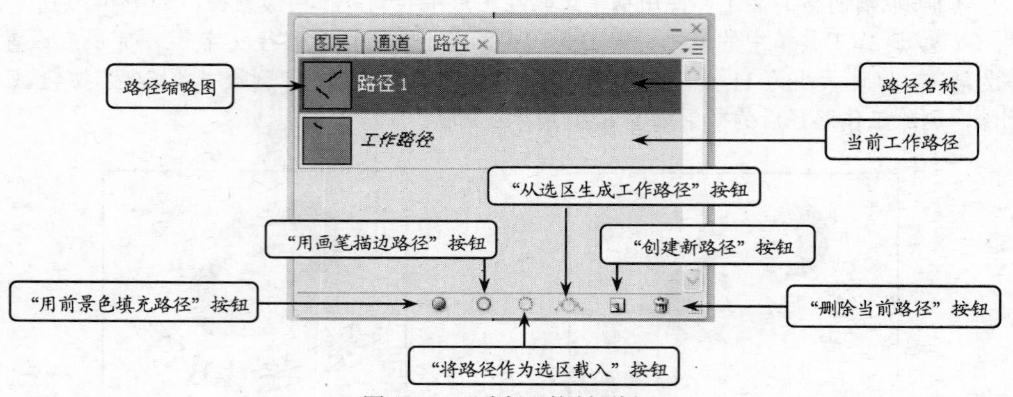

图 6-22 “路径”控制面板

- 路径缩略图：用于显示该路径的预览缩略图，单击右上角的按钮，在弹出的下拉菜单中选择“调板选项”命令，在打开的对话框中可以调整预览缩略图的大小，若选中“无”单选项，则在“路径”控制面板中将不会显示路径的预览缩略图。
- 路径名称：用于显示路径对应的名称，双击可重命名路径的名称。
- 当前工作路径：用于显示当前工作中的路径，当对工作路径完成设置后，可将其删除。
- “用前景色填充路径”按钮：单击该按钮可将当前路径使用前景色进行填充。
- “用画笔描边路径”按钮：单击该按钮可将当前路径使用画笔进行描边。
- “将路径作为选区载入”按钮：单击该按钮可将当前路径载入为选区。
- “从选区生成工作路径”按钮：单击该按钮可将当前选区转换工作路径。
- “创建新路径”按钮：单击该按钮可新建路径。
- “删除当前路径”按钮：单击该按钮可删除当前工作路径。

3. 增加或删除锚点

路径绘制完成后，在其编辑过程中会根据需要增加或删除一些锚点。若要在路径上增加锚点，可以选择钢笔工具组中的添加锚点工具，然后在路径上单击即可增加一个锚点；若要在路径上删除锚点，可以选择钢笔工具组中的删除锚点工具，然后在路径上要删除的锚点上单击即可删除该锚点。

任务二 制作名片

◆ 任务目标

本任务的目标是运用路径和文字的相关知识，制作一张名片，完成后的最终效果如图 6-23 所示。通过练习掌握路径的创建、编辑和填充的方法，并进一步理解路径在绘制图形中的应用。

素材位置：模块六\素材\简易花纹.jpg
效果图位置：模块六\源文件\名片.psd

图 6-23　名片效果

本任务的具体目标要求如下：

（1）掌握路径的基本操作。

（2）进一步掌握绘制路径的各种方法。

◆ 专业背景

在制作名片时需要按照标准的尺寸大小来制作。普通名片的标准成品尺寸为 90mm×54mm、90mm×50mm 和 90mm×45mm 等几种，制作时上、下、左、右各出血 2mm，因此制作尺寸必须设置为 94×58mm、94mm×54mm 和 94mm×49mm。除此之外，设计名片时需要注意体现公司名称、公司标志、姓名、职务、联系地址和电话等，根据需要还可在名片背面设计关于公司的经营范围等内容。

◆ 操作思路

本任务的操作思路如图 6-24 所示，涉及的知识点有绘制路径、编辑路径和填充路径等。具体思路及要求如下：

（1）使用钢笔工具和椭圆工具绘制名片背景，并填充路径。

（2）绘制公司的标志图形并进行填充与描边操作，然后添加相应的名片文字。

（3）使用钢笔工具绘制曲线路径，为名片添加装饰图形，完成制作。

图 6-24　制作名片的操作思路

操作一　绘制名片背景

（1）新建一个“名片”图像文件，设置宽度和高度分别为 9 厘米和 5.4 厘米，分辨率为 300 像素/英寸，颜色模式为 RGB 颜色。

（2）将前景色设置为黑色，按 Alt+Delete 组合键填充前景色，如图 6-25 所示。

（3）将前景色设置为白色，选择工具箱中的钢笔工具，绘制路径，完成后在“路径”控制面板中单击“用前景色填充路径”按钮，使用白色填充路径，效果如图 6-26 所示。

图 6-25　填充背景

图 6-26　绘制并填充路径

（4）使用钢笔工具绘制一条直线路径，选择工具箱中的画笔工具，设置画笔直径为 4 像素，切换到“路径”控制面板，在工作路径上右击，在弹出的快捷菜单中选择“描边路径”命令，使用画笔描边路径，效果如图 6-27 所示。

（5）打开“简易花纹.jpg”素材图像，使用魔棒工具选取图像，将选择的图像拖至“名片”图像窗口中，并进行缩放变换操作，然后移动到图像中的合适位置，如图 6-28 所示。

图 6-27　描边路径

图 6-28　移动花纹图像

操作二　添加标志和文字

（1）新建一个图层，选择工具箱中的钢笔工具，按住 Shift 键不放绘制如图 6-29 所示的企业的标志图形。

（2）将前景色设置为红色，然后使用前景色填充路径，设置画笔为尖角 3 像素，不透明度为 100%，颜色为白色，在“路径”控制面板中单击“用画笔描边路径”按钮，使用画笔描边路径，效果如图 6-30 所示。

（3）使用与步骤（1）和步骤（2）相同的方法继续绘制图形，填充颜色为白色，描边颜色为红色，效果如图 6-31 所示。完成后将当前工作路径拖动至“删除当前路径”按钮上，删除工作路径。

图 6-29　绘制直线路径

图 6-30　填充与描边路径

图 6-31　绘制其他路径

（4）合并公司标志图形的两个图层，适当缩小标志图形并移动到合适位置，选择工具箱中的横排文字工具，在公司标志图形右方输入公司名称文字，设置字体为楷体__GB2312，字号大小为 14 点，颜色为 R:190,G:190,B:190，如图 6-32 所示。

（5）移动文字后，公司名称显示不明显，因此需要适当调整图层中的图像，将公司标志图形和公司名称调整成横排显示，调整后的效果如图 6-33 所示。

图 6-32　输入公司名称文字

图 6-33　调整文字后的效果

（6）继续使用横排文字工具输入其他文字内容，字体与公司名称的字体相同，字号大小从上到下依次为 12 点、14 点和 8 点，其中下面的联系方式的行距为 10 点，如图 6-34 所示。

（7）最后输入广告语“你的创意生活”，设置字体为汉仪凌波体简，字号大小为 18 点，字距为 100，效果如图 6-35 所示。

图 6-34　输入其他文字

图 6-35　输入广告语

操作三　绘制装饰图形

（1）新建一个图层，使用钢笔工具绘制曲线路径，然后使用白色进行填充，并设置图层的不透明度为 30%，效果如图 6-36 所示。

（2）继续使用钢笔工具绘制曲线路径，使用白色进行填充，并设置图层的不透明度为50%，删除工作路径，完成本任务的制作，效果如图 6-37 所示。

图 6-36　绘制曲线路径

图 6-37　最终效果

◆ 学习与探究

本任务练习了路径的基本操作，包括创建、编辑、填充和描边路径等。在绘制路径时，在路径上右击，在弹出的快捷菜单中选择命令也可执行相应操作。另外，若在制作中已有公司标志时可直接导入使用，对于名片文字的编排除了本任务的横向编排方式外，也可尝试进行竖直排版。下面对路径的相关操作作进一步介绍。

1. 钢笔工具属性栏

如图 6-38 所示为钢笔工具对应的工具属性栏，其中相关设置选项的作用如下：

图 6-38　钢笔工具对应工具属性栏

- ：该组按钮分别用于创建形状图层、工作路径和填充区域，其作用与形状工具类似。
- ：该组按钮用于在各一个形状工具间进行切换，包括钢笔工具、自由钢笔工具、矩形工具、圆角矩形工具、椭圆工具、多边形工具、直线工具和自定形状工具。
- “自动添加/删除”复选框：选中该复选框后，当鼠标指针移动到路径上变为形状时可在单击处添加一个锚点；将鼠标指针移动到一个锚点上，当其变为形状时可删除单击处的锚点。

另外，在钢笔工具组中除钢笔工具外，还包括自由钢笔工具、添加锚点工具、删除锚点工具和转换点工具。其中使用自由钢笔工具可绘制自由路径，就如同使用磁性套索工具绘制自由选区一样；按住 Alt 键时使用转换点工具可使锚点的角在圆角和尖角之间进行转换。

2. 描边路径

在描边路径时，除了可以使用画笔工具描边外，还可使用其他工具进行描边。如图 6-39 所示为可描边路径的工具。其中最常用的描边方式是使用画笔或铅笔进行描边。

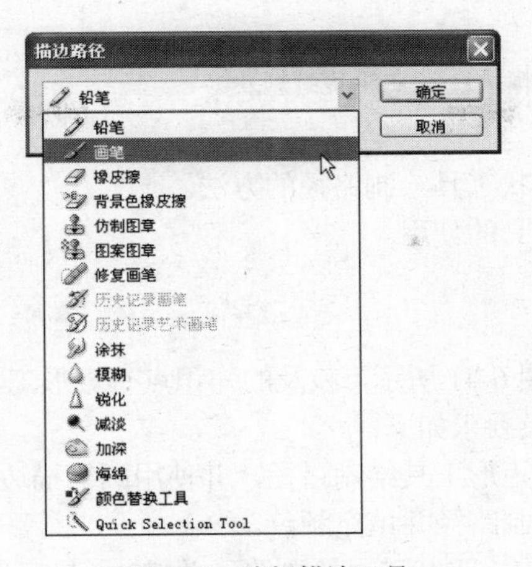

图 6-39　选择描边工具

技巧　在工具箱中选择描边路径用的画笔、橡皮擦或图章等工具，然后单击“路径”控制面板中的“用画笔描边路径”按钮，即可对路径进行描边。对于没有封闭的路径，可以使用画笔工具对其进行描边。

3．选择路径

要对路径进行编辑，首先要学会如何选择路径。工具箱中的路径选择工具和直接选择工具便可用来实现路径的选择，方法是选择相应的工具后在路径所在区域单击选择路径。

当用路径选择工具在路径上单击后，将选择所有路径和路径上的所有锚点，而使用直接选择工具单击时，则只选中单击处锚点间的路径而不选中锚点。

任务三　制作霓虹灯效果

◆ 任务目标

本任务的目标是运用形状工具绘制路径的相关知识制作霓虹灯效果，完成后的效果如图 6-40 所示。通过练习掌握利用各种形状工具绘制路径的方法。具体目标要求如下：

图 6-40　霓虹灯效果

效果图位置：模块六\源文件\霓虹灯.psd

（1）熟练掌握使用形状工具绘制路径的方法。

（2）掌握各个形状工具的使用。

◆ 操作思路

本任务的操作思路如图 6-41 所示，涉及的知识点有矩形工具、椭圆工具、多边形工具和直线工具等。具体思路及要求如下：

（1）使用椭圆工具和矩形工具绘制路径，并使用画笔描边。

（2）使用椭圆工具绘制路径并填充颜色。

（3）使用直线工具和自定形状工具绘制路径并描边。最后选择自定形状工具绘制形状路径，然后在路径上添加文字，完成制作。

①描边路径　②填充路径　③完成制作

图 6-41　制作霓虹灯的操作思路

操作一　绘制与描边形状路径

（1）按 Ctrl+N 组合键新建一个“霓虹灯”图像文件，设置宽度和高度分别为 4 厘米和 3 厘米，分辨率为 300 像素/英寸，模式为 RGB 颜色。

（2）设置前景色和背景色分别为 R:41,G:19,B:6 和 R:74,G:44,B:16，然后使用线性渐变进行填充，效果如图 6-42 所示。

（3）新建图层 1，选择工具箱中的椭圆工具，按住 Shift 键不放，在图像中拖动绘制正圆路径，将画笔设置为柔角，直径为 45 像素，然后使用任意颜色描边路径，效果如图 6-43 所示。

（4）在“路径”控制面板中单击下方的“创建新路径”按钮新建路径 1，然后使用矩形工具绘制形状路径，单击“用前景色描边路径”按钮，描边路径，如图 6-44 所示。

图 6-42　填充背景

图 6-43　描边路径

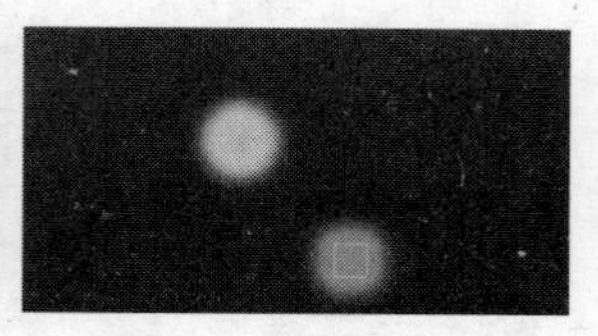

图 6-44　新建和描边路径

（5）双击工作路径的路径缩略图，打开如图 6-45 所示的“存储路径”对话框，单击“确定”按钮生成路径 2，如图 6-46 所示。

（6）使用步骤（3）~步骤（4）的方法绘制其他霓虹灯，在绘制的过程中通过调整画笔的不透明度和画笔直径来描边路径，效果如图 6-47 所示。

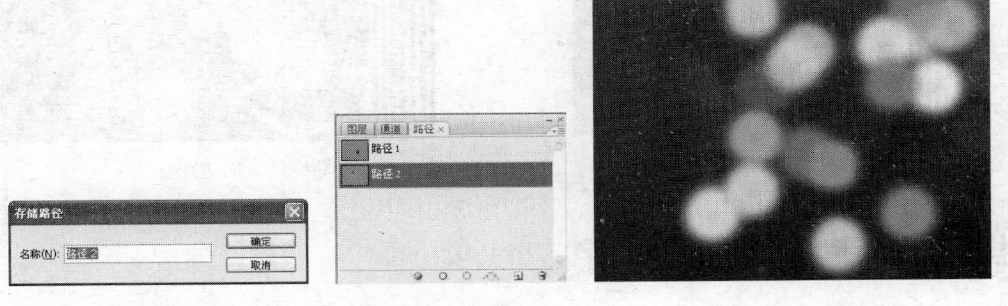

图 6-45　“存储路径”对话框　　图 6-46　生成路径 2　　图 6-47　绘制图形

（7）完成后删除路径 1 和路径 2，再合并除背景图层外的所有图层。

操作二　绘制和填充形状路径

（1）新建一个图层，选择工具箱中的直线工具，在图像中绘制几条直线路径，然后使用前景色 R:245,G:237,B:28 描边路径，如图 6-48 所示。

（2）继续新建图层，使用椭圆工具绘制形状路径，并使用任意颜色填充路径，最后合并填充路径的图层，设置所有图层的不透明度为 50%，也可通过复制图层得到如图 6-49 所示的效果。

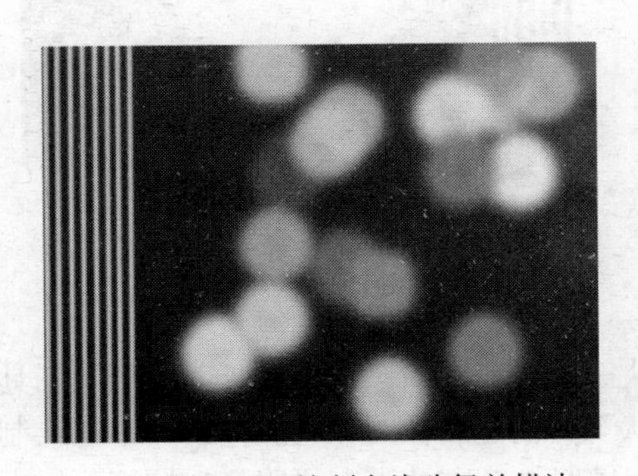

图 6-48　绘制直线路径并描边

图 6-49　填充路径

（3）新建一个图层，选择工具箱中的自定形状工具，选择“箭头 12”形状，在图像中绘制形状路径，如图 6-50 所示。

（4）设置前景色为黄色，画笔直径为 10 像素，不透明度为 100%，然后单击“用画笔描边路径”按钮描边路径，效果如图 6-51 所示。

图 6-50　绘制箭头形状路径

图 6-51　描边路径

操作三　添加形状路径文字

（1）选择工具箱中的自定义形状工具，选择“波浪”形状，然后在图像中绘制路径，如图 6-52 所示。

（2）选择工具箱中的横排文字工具，在路径处单击输入相应文字，设置字体为 Curlz MT，字号大小为 10 点，颜色为 R:73,G:43,B:16，在“字符”控制面板底部单击“仿粗体”按钮将文字加粗，完成后的效果如图 6-65 所示。

图 6-52　绘制路径

图 6-53　完成制作

◆ 学习与探究

本任务练习了各种形状工具的使用。在模块三的任务二中已经讲解了各种形状工具的相关使用方法，在本任务中主要是练习通过形状工具创建路径的相关操作。其中在绘制路径时，若需要绘制相同形状的路径，可复制已有路径，其方法是在“路径”控制面板中选择需要复制的路径，右击，在弹出的快捷菜单中选择“复制路径”命令，打开“复制路径”对话框，保持默认设置并单击“确定”按钮即可复制所选路径。

绘制完成的路径会显示在图像窗口中，有时会影响接下来的操作，可以根据实际情况对路径进行隐藏，方法是按住 Shift 键不放单击“路径”控制面板中的路径缩略图，即可将路径隐藏，再次单击则可重新显示路径。

下面对添加形状路径文字进行补充讲解。

（1）沿开放路径输入文字：单击工具箱中的直排文字工具，然后移动鼠标指针到路径上，当鼠标指针变成 形状时单击，此时在路径上会出现一个光标，然后在光标处输入所需的文字。

（2）沿封闭路径输入文字：沿封闭路径可在路径上输入文字，也可以在封闭区域内输入文字。沿封闭路径输入文字与沿开放路径输入文字方法完全相同，若鼠标指针在封闭路径内变成 形状时单击，此时路径外侧将出现一个段落文本输入框，这时即可在封闭路径内输入文字。

技巧 路径和选区一样可按 Ctrl+T 组合键进行自由变换操作，其操作方法与选区的变换操作相同。

实训一　绘制花朵图案

◆ 实训目标

本实训要求运用路径的相关知识绘制花朵图案，完成后的效果如图 6-54 所示。通过本实训掌握路径的绘制和填充方法。

效果图位置：模块六\源文件\花朵.psd

图 6-54　花朵效果

◆ 实训分析

本实训的操作思路如图 6-55 所示，具体分析及思路如下：

（1）新建图像文件，然后进行线性渐变填充。新建图层，选择工具箱中的钢笔工具，绘制花瓣曲线路径。按 Ctrl+T 组合键对路径进行垂直变换，然后在工具属性栏中设置角度为 30°。

（2）按 Shift+Ctrl+Alt+T 组合键对路径进行旋转复制操作，然后选择工具箱中的路径选择工具选择单个路径，将其载入为选区进行渐变填充。

（3）使用相同的方法对其他路径填充渐变颜色，最后复制图层并调整图层的不透明度。

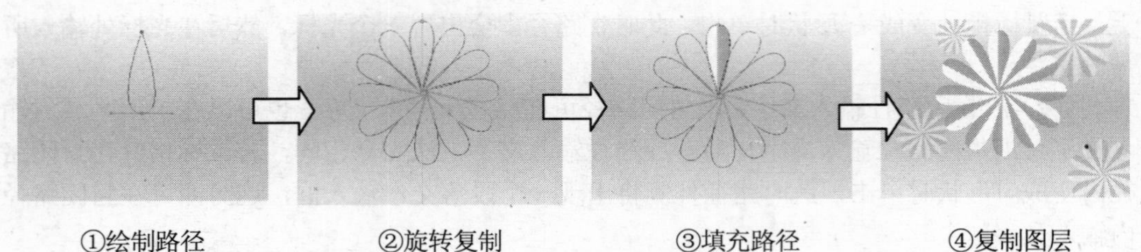

图 6-55　绘制花朵的操作思路

实训二　绘制立体商标

◆ 实训目标

本实训要求运用填充路径、描边路径和图层样式的相关知识制作如图 6-56 所示的立体商标。

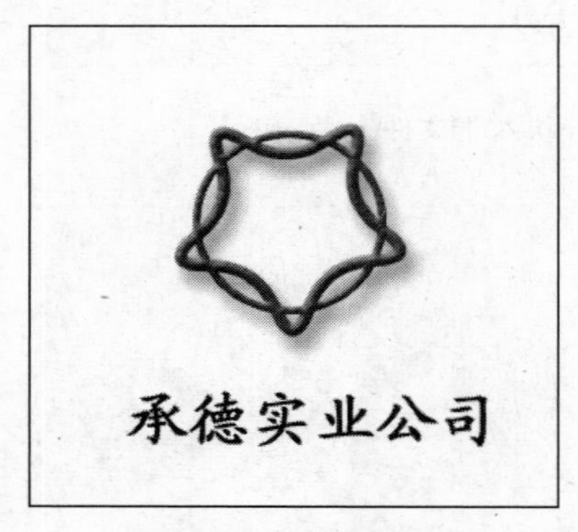

图 6-56　立体商标效果

效果图位置：模块六\源文件\立体商标.psd

◆ 实训分析

本实训的操作思路如图 6-57 所示，具体分析及思路如下：

（1）新建图像文件，选择自定义形状中的“窄边圆框”形状，绘制形状路径后使用红色填充路径。

（2）选择工具箱中的多边形工具，在工具属性栏中单击按钮，在弹出的列表框中选中所有的复选框，绘制星形路径后使用画笔描边路径。

（3）合并图层后，双击合并后的图层缩略图，打开“图层样式”对话框，选中“投影”、“斜面和浮雕”和“光泽”复选框，然后进行相应参数设置，完成制作。

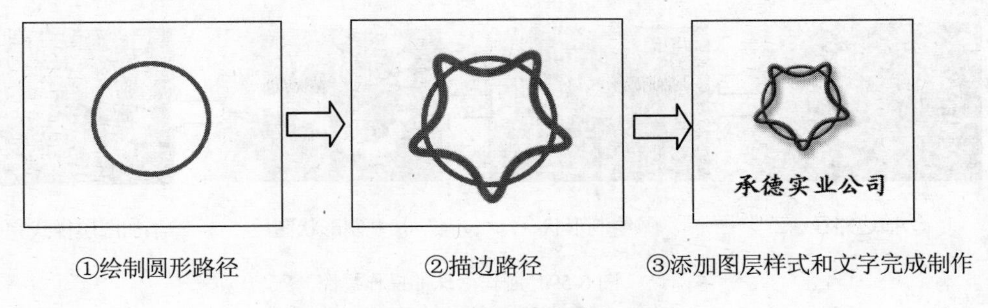

①绘制圆形路径　②描边路径　③添加图层样式和文字完成制作

图 6-57　制作立体商标的操作思路

实训三　绘制一串珍珠

◆ 实训目标

本实训要求运用路径和图层样式的相关知识，绘制一串珍珠，绘制完成后的最终效果如图 6-58 所示。

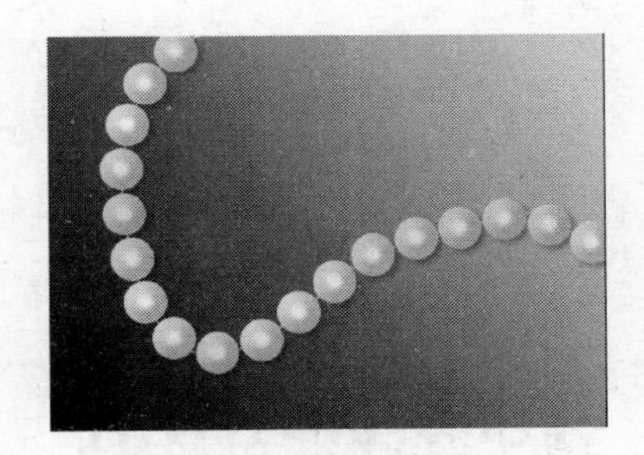

图 6-58　珍珠效果

效果图位置：模块六\源文件\珍珠.psd

◆ 实训分析

本实训的操作思路如图 6-59 所示，具体分析及思路如下：

（1）新建图像文件，然后进行从黑色到灰色的线性渐变填充。选择工具箱中的钢笔工具，任意绘制一条曲线段，设置画笔直径为 1 像素，颜色为白色，然后描边路径。

（2）选择椭圆工具对应工具属性栏中的“形状图层”按钮，在图像中拖动绘制圆形。

（3）合并复制所有的形状图层得到形状 1。

（4）打开“图层样式”对话框，在其中选中“投影”、“内发光”、“斜面和浮雕”、“光泽”和“渐变叠加”复选框，进行相应设置，完成绘制。

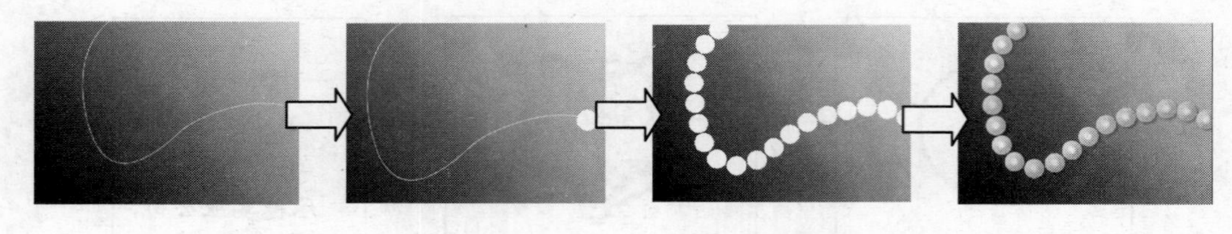

①描边路径　　②绘制形状　　③复制形状图层　　④添加图层样式完成绘制

图 6-59　制作珍珠的操作思路

实践与提高

根据本模块所学内容，完成以下实践内容。

练习 1　制作特效符号

本练习将使用各种形状工具制作特效符号，完成后的最终效果如图 6-60 所示。

效果图位置：模块六\源文件\特殊符号.psd

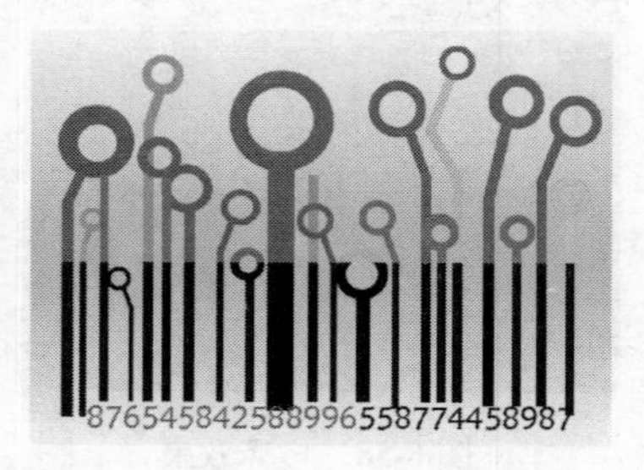

图 6-60　特殊符号效果

练习 2　制作创意手机海报

本练习将结合钢笔工具、直接选择工具等路径工具，制作创意手机海报，完成后的最终效果如图 6-61 所示。

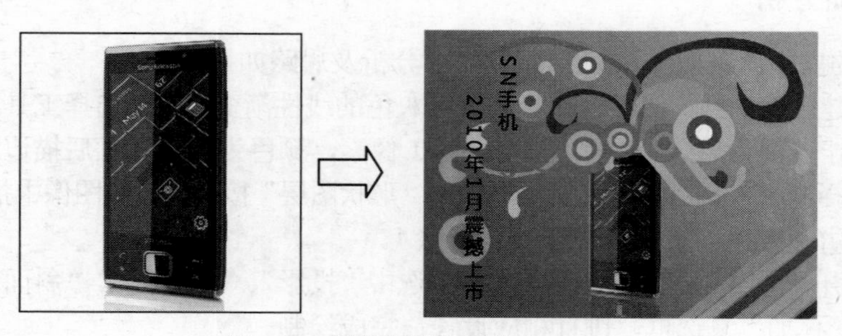

图 6-61　手机海报前后效果

素材位置：模块六\素材\手机.jpg

效果图位置：模块六\源文件\手机海报.psd

练习 3　制作轻纱效果

运用钢笔工具绘制曲线路径，完成后描边路径，将该路径自定义为画笔，设置画笔间距为 1%，拖动绘制轻纱效果，完成后的最终效果如图 6-62 所示。

效果图位置：模块六\源文件\轻纱.psd

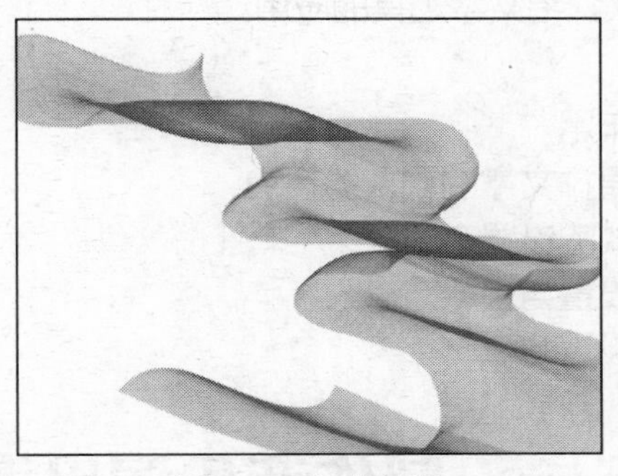

图 6-62　轻纱效果

练习 4　提高路径与选区综合使用技能

在处理图像的过程中，路径还可用于抠取复杂图像。下面将对使用路径抠图的应用技巧进行简单说明，供大家参考和探索：

- 使用路径抠图：在 Photoshop 中包含了多种选区工具，但若需要对较复杂的图像进行抠图时，可使用钢笔工具在需要抠取的图像边缘创建路径，完成后将该路径作为选区载入，即可完成抠图。
- 使用路径制作其他特殊图像：在进行产品标志、公司标志、产品造型和文字的特效制作时，同样可以使用路径结合其他工具的相应使用，制作出特殊的图像效果。

模块七

编辑文本

文字是各类设计作品中不可缺少的要素，是传达广告信息的重要手段之一。Photoshop CS3 的文字处理功能非常强大，在图像处理过程中起着重要的作用。使用文字工具可以直接在图像中输入文字，并对文字进行编辑、变形等操作，从而制作出各种特殊的文字效果。本模块将以两个操作实例来介绍文字工具的应用。

学习目标

- 了解文字工具的作用
- 熟练掌握横排和直排文字的输入的方法
- 熟练掌握文字格式的设置方法
- 掌握变形文字的设置与应用方法
- 掌握文字样式的设置方法

任务一　制作音乐演出海报

◆ 任务目标

本任务的目标是运用文字工具的相关知识制作一个演出海报，完成后的海报最终效果如图 7-1 所示。通过练习掌握文字工具的基本操作，包括输入横排文字、文字变形和使用文字选区工具等操作。

图 7-1　演出海报效果

素材位置：模块七\素材\吉他.jpg、乐队.jpg
效果图位置：模块七\源文件\音乐演出海报.psd

本任务的具体目标要求如下：

（1）掌握横排文字工具和文字选区工具的运用。

（2）掌握创建变形文字的方法。

◆ 专业背景

本任务要求制作音乐演出海报，首先需要了解海报制作的相关知识点，一般的海报都具有发布时间短、时效性强；印刷精美、视觉冲击力强；成本低廉、广告影响范围有限；对发布环境要求低等特点。在制作海报时，常会输入较多的文字，而让这些文字组合起来以给人较强的视觉感冲击力尤其重要。

◆ 操作思路

本任务的操作思路如图 7-2 所示，涉及的知识点有选区工具、横排文字蒙版工具、变形文字和文字工具等。具体思路及要求如下：

（1）将素材图像拖至要编辑的图像窗口中，并变换调整其大小，用于制作海报背景。

（2）使用横排文字工具输入文字，并设置变形文字。

（3）使用横排文字蒙版工具输入海报的主题文字，然后进行描边和填充等操作以完成制作。

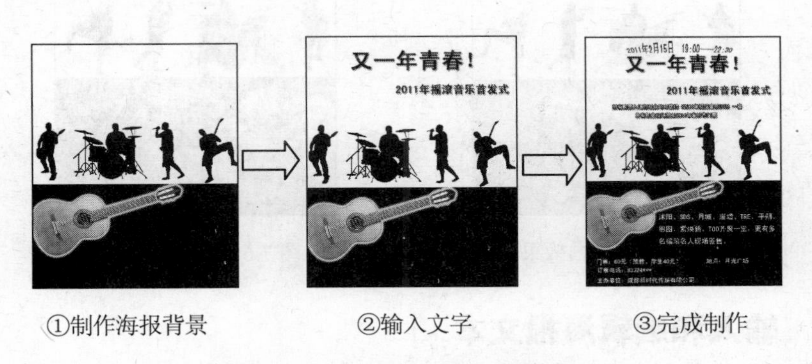

①制作海报背景　　②输入文字　　③完成制作

图 7-2　制作音乐演出海报的操作思路

操作一　制作海报背景和处理图片

（1）新建“演出海报”图像文件，设置宽度和高度分别为 7 厘米和 9 厘米，分辨率为 300 像素/英寸，颜色模式为 RGB 颜色。

（2）新建图层 1，使用矩形选框工具创建矩形选区，并填充为黑色，如图 7-3 所示。

（3）打开“乐队.jpg”素材图像，用魔棒工具选取图像，然后将其拖动至新建的图像窗口中，并变换移动到合适位置，如图 7-4 所示。

（4）打开“吉他.jpg”素材图像，用魔棒工具选取图像，然后将其拖动至新建的图像窗口中，并变换移动到合适位置。

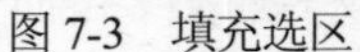

图 7-3　填充选区

图 7-4　变换图像

（5）完成后选择【图像】→【调整】→【黑白】菜单命令，在打开的“黑白”对话框中设置红色为 136%，完成后单击“确定”按钮确认设置，效果如图 7-5 所示。

（6）双击吉他所在图层的图层缩略图，打开“图层样式”对话框，选中“外发光”复选框，在右侧设置颜色为白色，扩展为 5%，大小为 110 像素，单击“确定”按钮完成设置，效果如图 7-6 所示。

图 7-5　黑白效果

图 7-6　完成后的效果

操作二　输入和编辑海报文本

（1）选择工具箱中的横排文字工具 T，将鼠标指针移动到图像窗口中单击定位文字输入点，如图 7-7 所示。

（2）在光标定位点位置输入演出的主题文字，完成后的效果如图 7-8 所示。

图 7-7　确定文字输入点

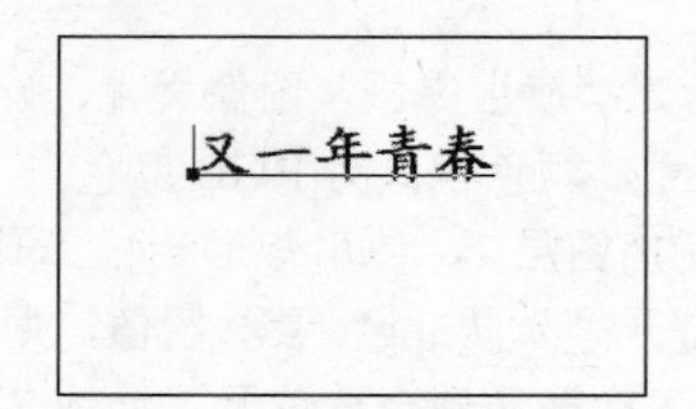

图 7-8　输入相关文字

（3）选择输入的所有文字，单击对应的工具属性栏中的按钮，打开“字符”控制面板，在其中设置字体为黑体，字号为20点，颜色为黑色，如图7-9所示。完成后单击工具属性栏中的按钮，或按Enter键确定设置，效果如图7-10所示。

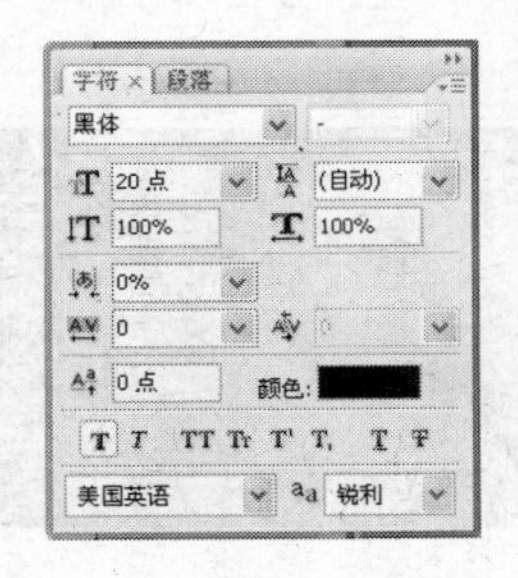

图7-9 “字符”控制面板

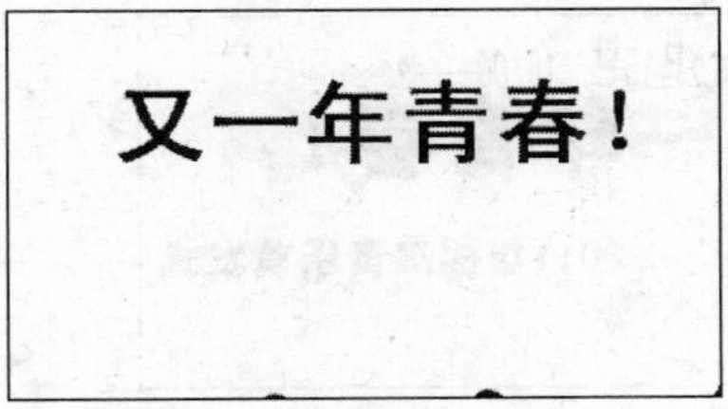

图7-10 文字效果

（4）继续使用横排文字工具输入文字，打开“字符”控制面板，在其中设置字体为黑体，字号为10点，颜色为黑色，完成后单击工具属性栏中的按钮确定设置，选择移动工具将文字移动到合适位置，如图7-11所示。

（5）打开“图层样式”对话框，选中“投影”复选框，保持默认设置，单击“确定”按钮完成设置，效果如图7-12所示。

图7-11 输入文字

图7-12 添加投影图层样式

（6）继续输入演出者的姓名，设置字体为黑体，字号大小为7像素，颜色为白色，如图7-13所示。

（7）输入日期文字，设置字体为黑体，字号大小为7像素，颜色为黑色，然后单击文字工具属性栏中的按钮，打开“变形文字”对话框，设置为花冠样式，选中“水平”单选项，并设置弯曲为+23%，水平扭曲为0%，垂直扭曲为0%，如图7-14所示，完成后单击“确定”按钮。

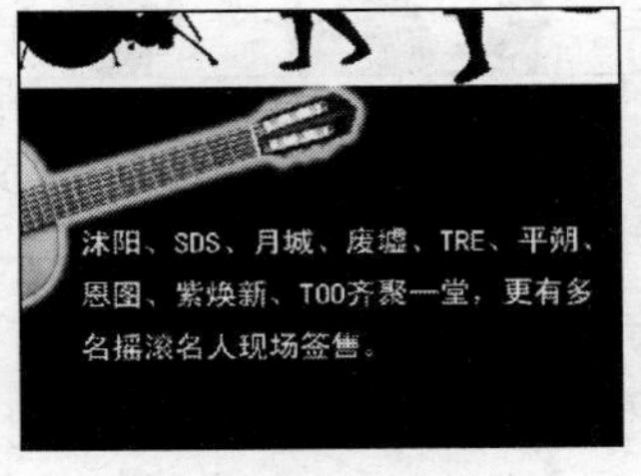

图7-13 输入文字

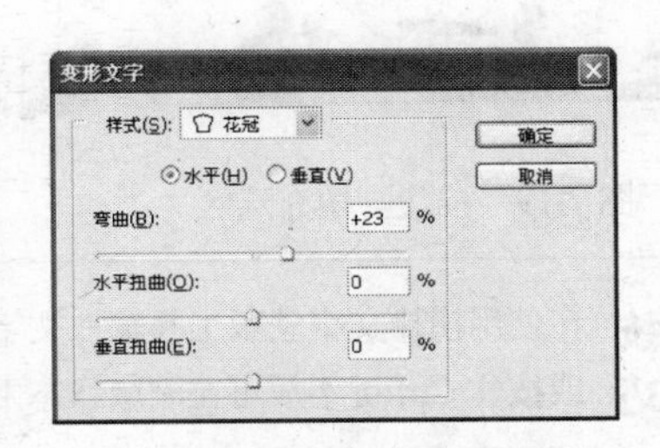

图7-14 “变形文字”对话框

（8）单击工具属性栏中的✓按钮确认文字的编辑，然后使用移动工具将文字移动到相应位置，完成后的效果如图 7-15 所示。

（9）使用相同的方法在海报下方输入演出的其他相关信息文字，设置字号大小为 6 点，如图 7-16 所示。

图 7-15　变形文字的效果

图 7-16　输入其他文字

（10）新建图层，选择工具箱中的横排文字蒙版工具，在海报顶部输入演出的主题文字，如图 7-17 所示。

（11）在“字符”控制面板中设置字体为黑体，字号为 5 点，完成后单击工具属性栏中的✓按钮，或按 Enter 键确定设置，效果如图 7-18 所示。

图 7-17　输入蒙版文字

图 7-18　创建文字选区

（12）选择【编辑】→【描边】菜单命令，设置宽度为 2px，颜色为黑色，单击“确定”按钮描边选区，然后使用白色填充选区，效果如图 7-19 所示。

（13）双击该文字图层的图层缩略图，打开“图层样式”对话框，选中“投影”复选框，在其右侧进行相应设置，完成后单击“确定”按钮，效果如图 7-20 所示。

图 7-19　描边与填充选区

图 7-20　添加图层样式

技巧　在使用横排文字蒙版工具输入文字时，将鼠标移至文字下方，当鼠标指针变为形状，或按住 Ctrl 键不放可在蒙版状态下移动输入的文字。

◆ 学习与探究

本任务练习了横排文字工具、变形文字和横排蒙版文字工具的使用，下面对文字工具对应的工具属性栏和“字符”控制面板进行讲解。

1．文字工具属性栏

当选择文字工具后，其对应的工具属性栏如图 7-21 所示，各选项的含义如下：

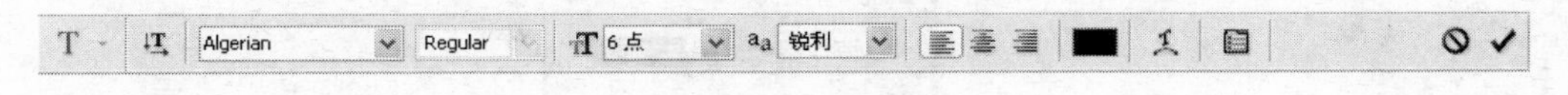

图 7-21　文字工具属性栏

- “更改文本方向”按钮：用于改变文字的排列方向，当前文字排列呈水平（或垂直）方向时，单击该按钮可以将其转换成垂直（或水平）方向。
- “字体”下拉列表框：用于设置文字的字体。单击其右侧的按钮，在弹出的下拉列表框中可选择所需的字体。
- “字型”下拉列表框：用于设置文字使用的字体形态，但只有选中某些具有该属性的字体后，该下拉列表框才能被激活。
- “字体大小”下拉列表框：用于设置文字的大小。单击其右侧的按钮，在弹出的下拉列表框中可选择字体大小，也可直接在该文本框中输入字号大小的值。
- “消除锯齿”下拉列表框：用于设置消除文字锯齿的功能，在其中提供了“无”、“锐化”、“犀利”、“深厚”和“平滑”5 个选项。
- 对齐方式按钮组：用于设置段落文字的排列（左对齐、居中和右对齐）方式。当文字为竖排时，3 个按钮将变为（顶对齐、居中、底对齐）。
- “文本颜色”颜色块：用于设置文字的颜色。单击该颜色块，可在打开的“拾色器”对话框中设置需要的颜色。
- “文字变形”按钮：用于创建变形文字，如图 7-22 所示为“变形文字”对话框，在其中提供了多种变形样式。
- “字符”和“段落”控制面板按钮：单击该按钮，可以显示或隐藏“字符”和“段落”控制面板，用于调整文字格式和段落格式。
- “取消”与“应用”按钮：文字输入完成后，单击按钮可取消此时的输入操作，单击按钮表示确认输入。

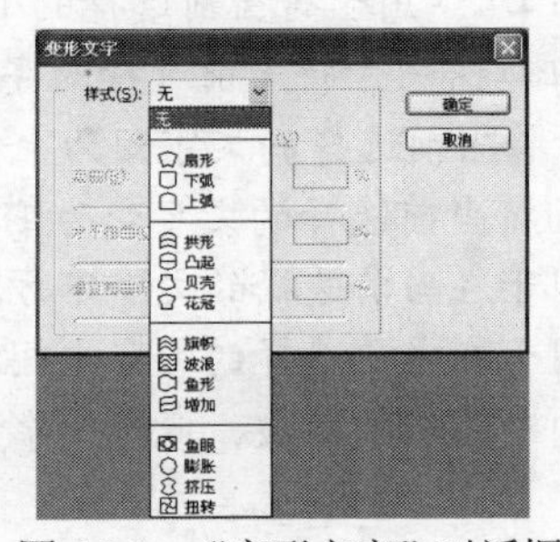

图 7-22　“变形文字”对话框

2. “字符”控制面板

下面对“字符”控制面板中的相关参数进行讲解，如图 7-23 所示为“字符”控制面板。

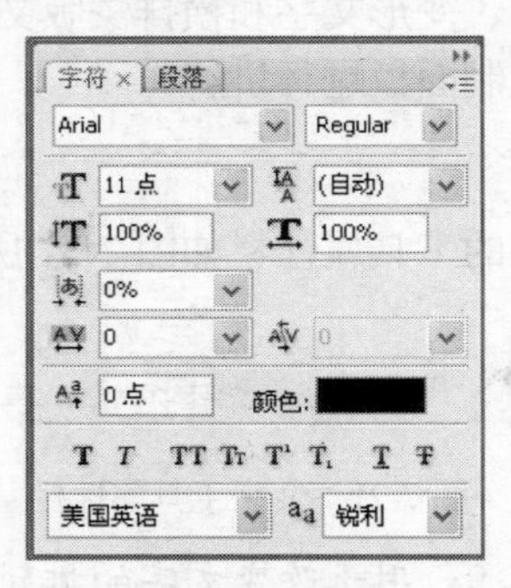

图 7-23 “字符”控制面板

- Arial 下拉列表框：与前面介绍工具属性栏中设置字体的方法一样，可在下拉列表框中选择不同的字体。
- Regular 下拉列表框：用于设置字体形态。
- 11 点 下拉列表框：用于设置字符的大小。
- (自动) 下拉列表框：用于设置文本的行间距，值越大，间距越大。
- 100% 数值框：用于设置文本在垂直方向上的缩放比例。
- 100% 数值框：用于设置文本在水平方向上的缩放比例，与垂直缩放效果相反。
- 0% 下拉列表框：用于设置字符的比例间距，数值越大，字距越小。
- 0 下拉列表框：用于设置字符之间的距离，数值越大，文本间距越大。
- 0 下拉列表框：用于设置两个字符的间距，数值越大，间距越大。设置该项时不需要先选择文本，只需将文字输入光标插入需要设置的位置。
- 0 点 文本框：用于设置选择文本的偏移量，当文本为横排输入状态时，输入正数时往上移，输入负数时往下移，当文本为竖排输入状态时，输入正数时往右移，输入负数时值往左移。
- 文本颜色块：单击该颜色块，可在打开的“拾色器”对话框中设置文字的颜色。
- “仿粗体”按钮 T：用于将当前选择的文字加粗显示。
- “仿斜体”按钮 T：用于将当前选择的文字倾斜显示。
- “全部大写字母”按钮 TT：用于将当前选择的小写字母变为大写字母显示。
- “小型大写字母”按钮 Tr：用于将当前选择的字母变为小型大写字母显示。
- “上标”按钮 T^1：用于将当前选择的文字变为上标显示。
- “下标”按钮 T_1：用于将当前选择的文字变为下标显示。
- “下画线”按钮 T：用于在当前选择的文字下方添加下画线。
- “删除线”按钮 T：用于在当前选择的文字中间添加删除线。

另外，对于“段落”控制面板的相关参数、直排文字工具和直排文字蒙版工具，可通过练习掌握各参数的含义。

任务二　制作手机广告

◆ 任务目标

本任务的目标是运用文字工具的相关知识制作手机广告，完成后的最终效果如图 7-24 所示。通过练习进一步掌握文字工具的使用方法。

图 7-24　手机广告效果

素材位置：模块七\素材\手机.jpg、花纹.jpg、花.jpg、瓢虫.jpg、蝴蝶.jpg
效果图位置：模块七\源文件\手机广告.psd

本任务的具体目标要求如下：

（1）掌握文字工具结合路径的使用。

（2）掌握栅格化文字图层的方法和作用。

◆ 专业背景

本任务要求制作手机广告，在制作前需要了解广告的类型和特点，最常见的广告是以传播媒介为标准进行分类，主要分为报纸广告、杂志广告、电视广告、电影广告、幻灯片广告、包装广告、广播广告、海报广告、招贴广告、POP 广告、交通广告和直邮广告等。随着新媒介的不断增加，依媒介划分的广告种类也越来越多。在制作的过程中，需要注意广告的文字字体和颜色、广告风格和广告需要表达的创意等。

◆ 操作思路

本任务的操作思路如图 7-25 所示，涉及的知识点有钢笔工具、直接选择工具、文字工具、栅格化文字图层和“创建剪贴蒙版”命令等。具体思路及要求如下：

（1）新建图像文件，并将所需素材拖至图像窗口中。

（2）利用钢笔工具绘制曲线路径，并使用画笔描边路径。

（3）使用横排文字工具输入文字，并结合路径工具的使用绘制文字的高光区域，制作特殊效果。

（4）使用钢笔工具和画笔工具绘制轻纱，然后打开素材图像并创建剪贴蒙版，最后在图像中添加素材图像，完成制作。

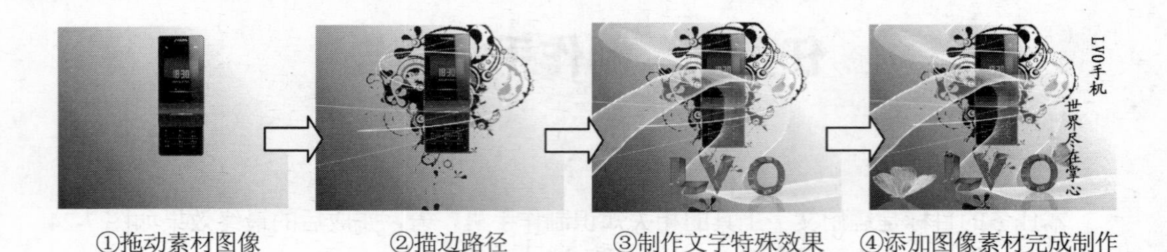

①拖动素材图像　②描边路径　③制作文字特殊效果　④添加图像素材完成制作

图 7-25　制作手机广告的操作思路

操作一　处理广告背景

（1）新建一个“手机广告”的图像文件，设置宽度为 5 厘米，高度为 4 厘米，分辨率为 300 像素/英寸，颜色模式为 RGB 颜色。然后使用默认的前景色和背景色进行线性渐变填充，如图 7-26 所示。

（2）打开“手机.jpg”素材图像，将手机图像选中并设置羽化为 3 像素，完成后将其拖动至要编辑的图像窗口中，并变换到合适大小，如图 7-27 所示。

图 7-26　渐变填充

图 7-27　变换图像

（3）新建图层，选择钢笔工具绘制曲线路径，设置前景色为白色，反复调整画笔的直径，然后使用不同大小的画笔进行描边，效果如图 7-28 所示。

（4）打开“花纹.jpg”素材图像，按照步骤（2）的方法将其拖至图像窗口中，移动图像到合适位置，再将该图层移至背景图层的上方，完成后的效果如图 7-29 所示。

图 7-28　描边路径

图 7-29　调整图层顺序效果

操作二　输入与编辑广告文本

（1）选择工具箱中的横排文字工具，在图像中输入“LVO”文本，打开“字符”控制面板，在其中设置字体为 Arial，字号为 30 点，字距为 100 点，如图 7-30 所示。按 Enter 键完成文字的输入，效果如图 7-31 所示。

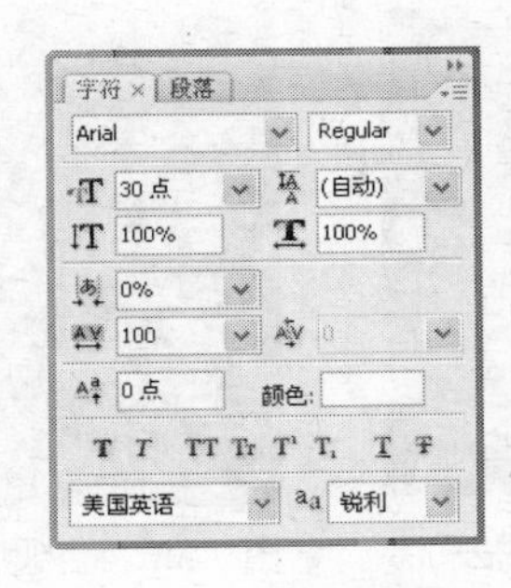

图 7-30　“字符”控制面板

图 7-31　完成输入

（2）选择【图层】→【文字】→【创建工作路径】菜单命令，使用直接选择工具调整字母工作路径上的锚点，如图 7-32 所示。

（3）使用相同的方法对其他字母进行相应调整，完成后隐藏文字图层后的效果如图 7-33 所示。

图 7-32　调整文字路径

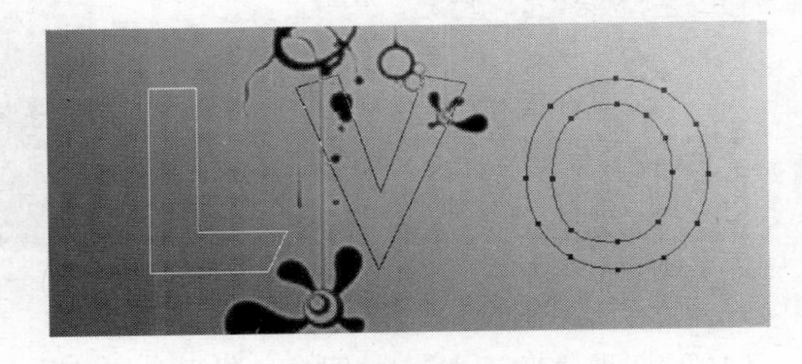

图 7-33　调整其他文字路径

（4）新建图层，设置前景色为 R:216,G:23,B:130，选择【图层】→【栅格化】→【文字】菜单命令，栅格化文字图层，然后使用前景色填充路径，如图 7-34 所示。

（5）完成后选择工具箱中的钢笔工具，将字母的侧面路径绘制出来，如图 7-35 所示。

图 7-34　填充路径

图 7-35　绘制侧面路径

（6）新建图层，将路径作为选区载入，然后使用颜色 R:183,G:16,B:109；R:241,G:43,B:153 和 R:113,G:7,B:66 进行渐变填充，绘制侧面高光效果，如图 7-36 所示。

（7）选择工具箱中的多边形套索工具，按住 Alt 键不放创建从当前选区减去的选区，然后对保留的选区再次进行渐变填充，如图 7-37 所示，使用相同的方法对侧面的转角处进行渐变填充，取消选区后的效果如图 7-38 所示。

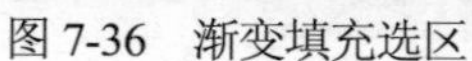

图 7-36 渐变填充选区　　图 7-37 从选区减去　　图 7-38 绘制侧面棱角效果

（8）使用步骤（5）~步骤（7）相同的方法绘制其他字母的侧面高光，效果如图 7-39 所示。

（9）选择工具箱中的加深工具，在字母边缘位置进行涂抹以突出层次感，如图 7-40 所示。

图 7-39 绘制其他字母棱角　　图 7-40 加深图像

（10）打开“花.jpg”素材图像，使用魔棒工具选取花图像，然后将其拖至编辑的图像窗口中，缩放至合适大小，选择【图层】→【创建剪贴蒙版】菜单命令，将花图像所在图层创建为剪贴蒙版，并将该图层的不透明度设置为 50%，效果如图 7-41 所示。

（11）删除最开始的文字图层，然后合并所有的文字所在图层后复制该图层，执行垂直变换，为文字添加倒影效果，如图 7-42 所示。

图 7-41 创建剪贴蒙版　　图 7-42 制作倒影

（12）将前景色设置为白色，然后使用钢笔工具绘制曲线路径并描边路径，选择【编辑】→【定义画笔预设】菜单命令，打开"画笔名称"对话框，保持默认名称并单击"确定"按钮，选择自定义的画笔，在图像窗口中任意拖动绘制轻纱效果，如图 7-43 所示。

（13）打开"瓢虫.jpg"和"蝴蝶.jpg"素材图像，选取图像拖至编辑的图像窗口中，变换移动至合适位置，再输入相应的广告文字，设置字体为楷体_GB2312，字体大小为 10 点，颜色为黑色，最终完成效果如图 7-44 所示。

图 7-43　绘制轻纱

图 7-44　完成制作

◆ 学习与探究

本任务主要练习了创建文字工作路径并结合路径工具的使用，其中在填充文字路径时需要栅格化文字图层，在 Photoshop 中，使用文字工具输入的文字是矢量图，无限放大后不会出现马赛克现象。但不能使用 Photoshop 中的滤镜等操作，因此选择【图层】→【栅格化】→【文字】菜单命令将文字图层栅格化，可以制作更加丰富的效果。

除了选择菜单命令外，还可在"图层"控制面板中选择文字图层，然后右击，在弹出的快捷菜单中选择"栅格化文字"命令，也可对文字图层执行栅格化操作。在处理图像的过程中若需栅格化文字时，会打开提示对话框提醒用户需要栅格化文字后才能执行操作。

提示　需要值得注意的是，在处理图像的过程中，若没有提示需要栅格化文字才能继续操作时，不要对文字执行栅格化操作，因为一旦栅格化文字图层后，将不能对文字图层中的文字进行修改。

实训一　制作台历

◆ 实训目标

本实训要求运用文字工具结合其他工具的相关知识制作台历，完成后的效果如图 7-45 所示。通过本实训掌握横排文字工具的使用方法。

素材位置：模块七\素材\鱼.jpg、兔.jpg
效果图位置：模块七\源文件\台历.psd

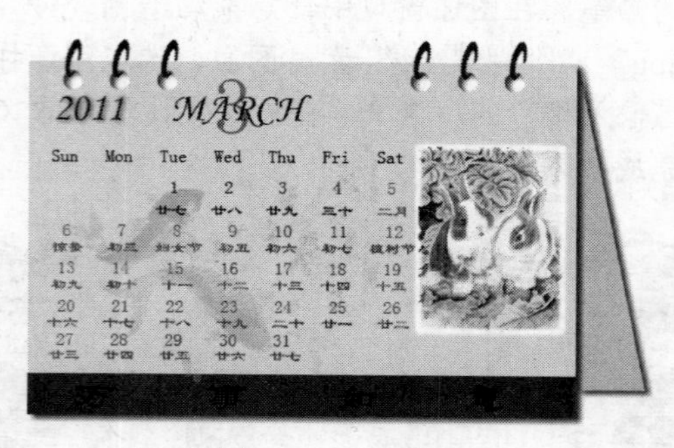

图 7-45 台历效果

◆ 实训分析

本实训的操作思路如图 7-46 所示，具体分析及思路如下：

（1）使用矩形选框工具绘制台历的大致形状，并填充相应的颜色，然后添加投影图层样式。

（2）使用横排文字工具输入台历的相关文字，打开“字符”控制面板并设置字体、字号大小和文字颜色。

（3）对台历添加底纹效果和图像，使用画笔工具进行描边，制作出图像边框。使用椭圆选框工具绘制台历上方的扣环，完成制作。

①绘制大致形状　　②添加相应文字　　③完成制作

图 7-46 制作台历的操作思路

实训二 制作 DM 单

◆ 实训目标

本实训要求运用文字工具、选区工具和圆角矩形工具等制作 DM 单，完成后的最终效果如图 7-47 所示。

素材位置：模块七\素材\麦克风.jpg、音乐符号.jpg

效果图位置：模块七\源文件\DM 单.psd

图 7-47　DM 单效果

◆ 实训分析

本实训的操作思路如图 7-48 所示，具体分析及思路如下：

（1）新建图像文件，并使用渐变工具填充背景图像。

打开素材图像，选取所需图像拖动至图像窗口中，然后复制图层移动到合适大小。

（2）首先输入主题文字，栅格化文字图层后进行渐变填充。

（3）使用圆角矩形工具绘制形状图形并填充颜色。

（4）输入相应的文字。

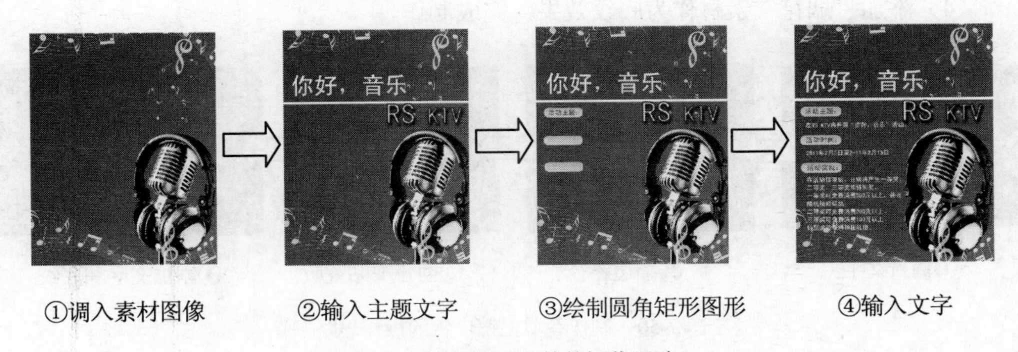

①调入素材图像　②输入主题文字　③绘制圆角矩形图形　④输入文字

图 7-48　制作 DM 单的操作思路

实训三　制作春节促销广告

◆ 实训目标

本实训要求运用文字工具、路径工具的相关知识，根据提供的素材，制作春节促销广告，最终效果如图 7-49 所示。

图 7-49 春节促销广告效果

素材位置：模块七\素材\剪纸.tif、烟花.jpg
效果图位置：模块七\源文件\春节促销广告.psd

◆ 实训分析

本实训的操作思路如图 7-50 所示，具体分析及思路如下：

（1）新建图像文件并进行渐变填充，输入文字“春”，创建文字的工作路径，选择直接选择工具调整文字路径。

（2）完成步骤（1）后描边路径。

（3）打开素材图像，然后创建剪贴蒙版。

输入其他相关文字，打开“字符”控制面板设置字体、字体大小和颜色。

（4）添加“烟花”素材作为底纹效果，完成制作。

图 7-50 制作春节促销广告的操作思路

实践与提高

根据本模块所学内容，动手完成以下实践内容。

练习 1 制作字符图案文字效果

本练习将运用文字工具在形状路径中创建文字，制作字符图案填充文字效果，最终效果如图 7-51 所示。

素材位置：模块七\素材\背景图像.jpg
效果图位置：模块七\源文件\字符图案文字.psd

图 7-51　字符图案文字效果

练习 2　制作戒指宣传海报

运用钢笔工具、选区工具和文字工具制作戒指的宣传海报，最终效果如图 7-52 所示。

素材位置：模块七\素材\戒指.jpg

效果图位置：模块七\源文件\戒指宣传海报.psd

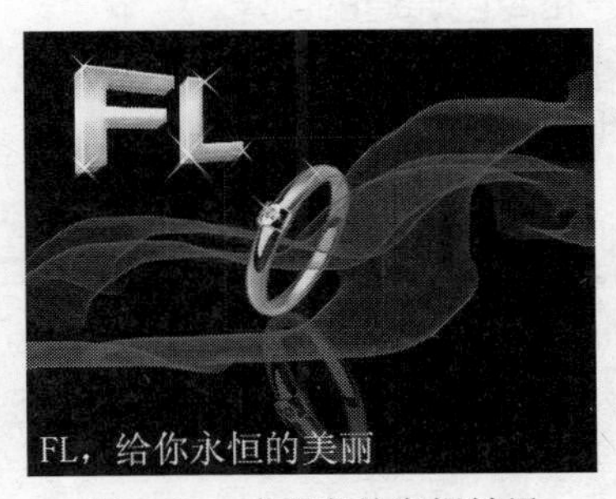

图 7-52　戒指宣传海报效果

练习 3　关于作品中的文案

文字是作品中不可缺少的重要组成元素，在一些专业广告策划公司都会有广告文案这个职位，专门负责各种产品广告的文案内容，充分说明了文字在作品中的重要性。因此，无论制作哪种类型的作品，在制作前可以先拟定好作品的主题及内容文字，先写出广告文案，同时还要注意文案的校对，否则若在广告语中出现错别字，在后期处理时就会较麻烦，特别是对栅格化后的文字图层，在后期修改文字内容时会比较麻烦。

另外，作为一名设计人员，需要对一些常用字体的特征比较熟悉，这样在制作时才能快速地找出合适的字体，建议将各种常用字体进行打印输出后进行对比，以熟悉不同字体的样式。

模块八

使用通道与蒙版

在 Photoshop 中通道和蒙版都可用于存储图像选区，通道是用于存储不同类型信息的灰度图像，这些信息通常与选区有直接的关系，因此可以说对通道的应用实质上就是对选区的应用，使用通道可以对图像的颜色和选区信息进行修改并进行存储。而蒙版可以使被选取或指定的区域不被编辑，起到遮盖作用，主要用于抠图和制作特殊边缘效果。本模块将以 4 个操作实例来介绍通道和蒙版的应用。

学习目标

- 了解通道与蒙版的作用
- 掌握在通道中创建选区的方法
- 熟练掌握 Alpha 通道和专色通道的创建
- 熟练掌握蒙版的创建和编辑方法
- 掌握快速蒙版的应用

任务一　制作创意广告

◆ 任务目标

本任务的目标是运用通道的相关知识，并结合快速蒙版和涂层混合模式的应用制作一幅极具视觉效果的创意广告，完成后的最终效果如图 8-1 所示。通过练习掌握通道的基本操作，包括通道的新建、复制和载入通道选区等操作，并掌握通道在制作图像特效中的运用。

图 8-1　创意广告效果

素材位置：模块八\素材\耳麦.jpg、火焰.jpg
效果图位置：模块八\源文件\创意广告.psd

本任务的具体目标要求如下：

（1）掌握将通道载入为选区的操作方法。

（2）掌握进入快速蒙版的方法。

（3）了解通道的作用与类型。

◆ 专业背景

本任务要求制作创意广告，创意广告是公共关系广告的一种形式，以企业的名义发起，主要是创造出有利于社会进步、有利于企业发展和有利于产品销售的新观念，以此为主题进行广告宣传。创意广告的表现形式多种多样，最主要的是体现创意精神。

◆ 操作思路

本任务的操作思路如图 8-2 所示，涉及的知识有点快速蒙版、载入通道选区、添加图层蒙版和使用横排文字工具等。具体思路及要求如下：

（1）进入快速蒙版编辑状态，精确选取图像区域。为图层添加图层蒙版。将通道作为选区载入，然后复制选区。

（2）为图像添加火焰效果。

（3）添加相应广告文字。

图 8-2 制作创意广告的操作思路

操作一 制作火焰效果

（1）打开“耳麦.jpg”素材图像，使用选区工具选取图像中的耳麦图像，此时创建的选区中将不需要的图像也载入选区内，如图 8-3 所示。

（2）单击工具箱下方的“以快速蒙版模式编辑”按钮，或按 Q 键进入快速蒙版的编辑状态，如图 8-4 所示。

（3）选择工具箱中的画笔工具，选择尖角画笔，设置前景色为黑色，然后在图像中绘制以精确选取所需的图像，完成后再次单击工具箱下方的“以快速蒙版模式编辑”按钮

或按Q键退出快速蒙版，返回到标准模式下，如图8-5所示。

提示 在快速蒙版状态下时，可以先将不需要选取的图像区域通过选区工具创建选区，再使用画笔工具进行涂抹，完成后取消选区。

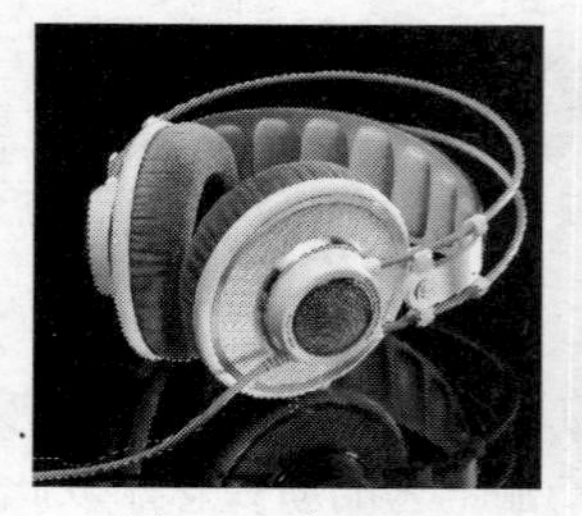

图8-3 载入选区

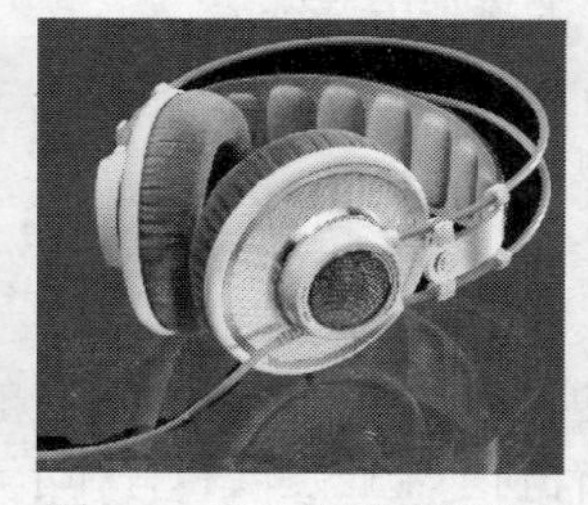

图8-4 进入快速蒙版状态

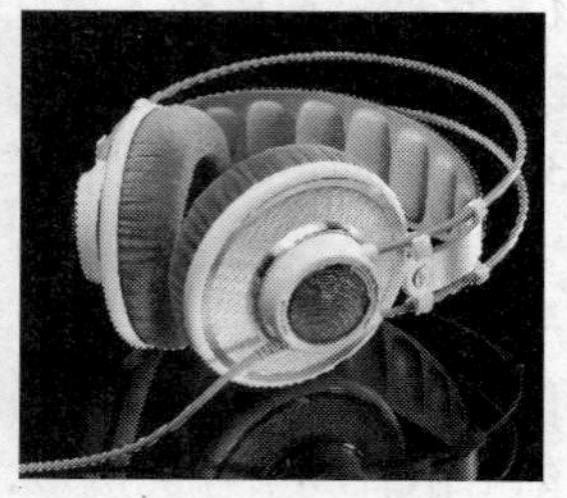

图8-5 精确选区

（4）复制选区图像，生成图层1，双击该图层打开“图层样式”对话框，选中“内发光”复选框，在“图素”栏中设置“大小”为50像素，如图8-6所示。

（5）完成后单击“混合选项默认”，在“高级混合”栏下选中“图层蒙版隐藏效果”复选框，单击“确定”按钮，在“图层”控制面板下方单击“添加图层蒙版”按钮，为图层1添加图层蒙版，设置前景色为黑色，然后选择柔角画笔在部分图像区域绘制，以隐藏部分内发光效果，如图8-7所示。

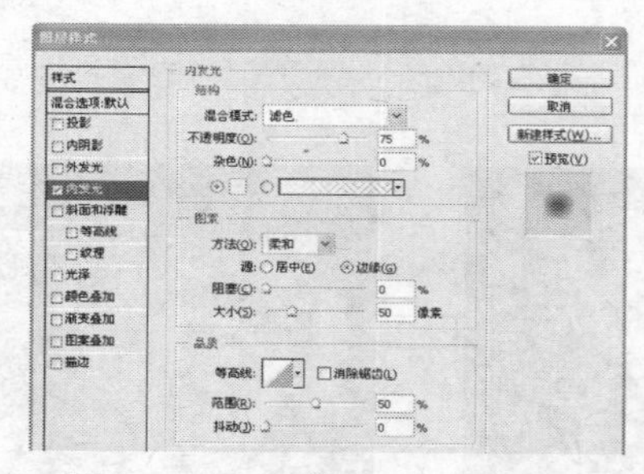

图8-6 “图层样式”对话框

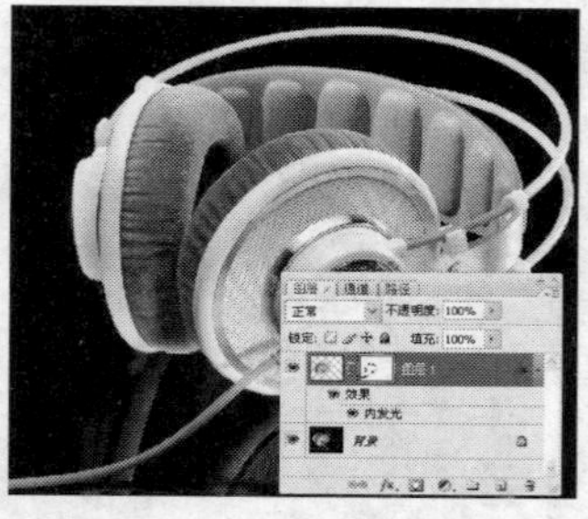

图8-7 添加图层蒙版

（6）打开“火焰.jpg”素材图像，选择【窗口】→【通道】菜单命令，打开“通道”控制面板，按住Ctrl键的同时单击“红”通道缩略图载入该通道选区，如图8-8所示。

（7）完成后返回到“图层”控制面板，按Ctrl+J组合键将选区图像复制为图层1，隐藏背景图层后的效果如图8-9所示。

图8-8 “通道”控制面板

图8-9 复制选区

（8）选择工具箱中的套索工具，选取一部分火焰图像，将其拖至耳麦图像中的合适位置，生成图层 2，设置该图层的图层混合模式为滤色，效果如图 8-10 所示。

（9）完成后用画笔工具在衔接处进行涂抹，以使火焰与耳麦图像产生自然的衔接效果，如图 8-11 所示。

图 8-10　设置图层混合模式效果

图 8-11　使用画笔涂抹

（10）继续选取火焰图像，并拖到至耳麦图像的相应位置进行设置，如图 8-12 所示。

（11）使用步骤（8）~步骤（10）相同的方法继续添加火焰，完成后的效果如图 8-13 所示。

图 8-12　拖动图像

图 8-13　完成火焰的添加

操作二　添加文字

（1）选择工具箱中的横排文字工具，在图像中输入相应文字，设置字体为黑体，字号为 72 点，颜色为白色，如图 8-14 所示。

（2）单击按钮完成输入，按 Ctrl+T 组合键后再按住 Ctrl 键不放拖动变换点变换文字，如图 8-15 所示。

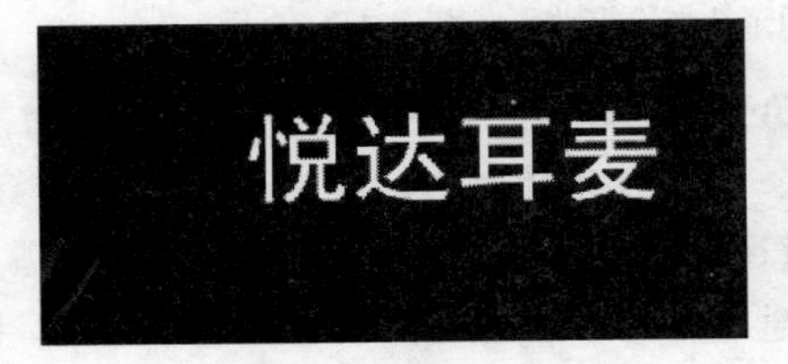

图 8-14　输入文字

图 8-15　变换文字

（3）继续使用横排文字工具在图像中输入文字，设置字体为黑体，字号为 36 点，颜色为黑色，再使用矩形选框工具绘制矩形选区，填充为白色，完成后将该图层移至文字下方，效果如图 8-16 所示。

（4）继续使用横排文字工具在图像中输入文字，设置字体为 Arial，字号大小为 72 点，颜色为白色，创建文字工作路径，使用红色画笔描边路径，完成制作效果如图 8-17 所示。

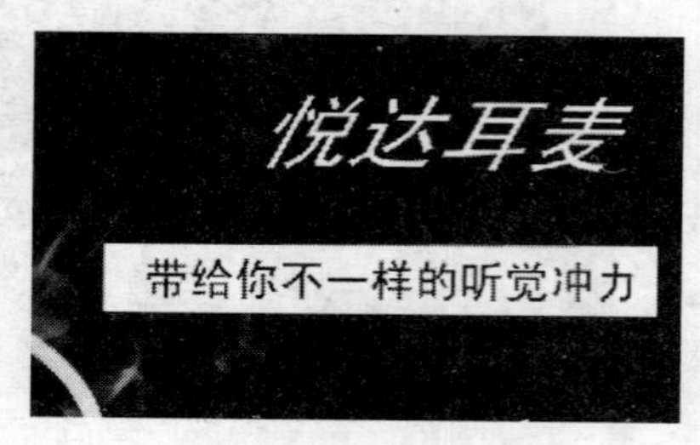

图 8-16　继续输入文字

图 8-17　完成制作

（5）再次选择工具箱中的横排文字工具T，在工具属性栏中修改字号为 9 点，在海报左侧输入海报的其他文字，至此完成本任务的制作，最终效果如图 8-1 所示。

◆ 学习与探究

本任务练习了载入通道选区和快速蒙版的使用，其中在“通道”控制面板中选择要载入选区的通道，然后单击底部的“将通道作为选区载入”按钮也可将选择的通道载入为选区。

下面进一步介绍关于通道的相关知识。

1. 认识“通道”控制面板

“通道”控制面板的组成如图 8-18 所示，各组成部分的作用介绍如下：

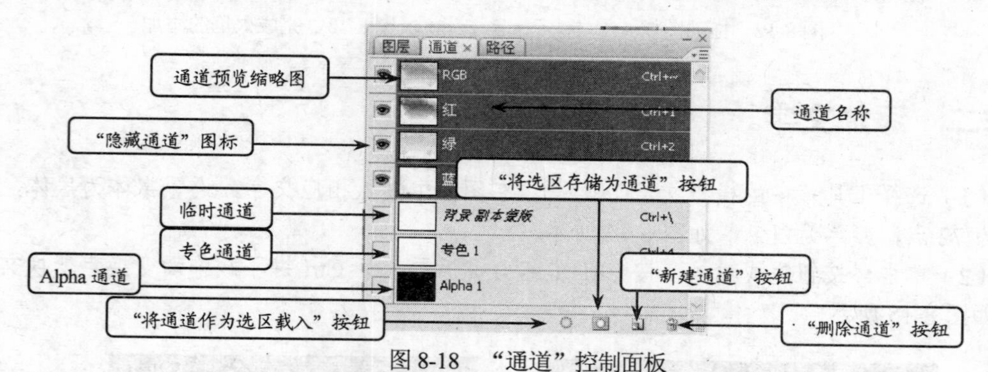

图 8-18　“通道”控制面板

- 通道预览缩略图：用于显示该通道的预览缩略图。单击右上角的按钮，在弹出的下拉菜单中选择“调板选项”命令，在打开的对话框中可以调整预览缩略图的大小，若选中“无”单选项，在“通道”控制面板中将不会显示通道预览缩略图。
- “隐藏通道”图标：用于控制该通道是否在图像窗口中显示出来。单击该图标可隐藏选择的通道。

- 临时通道：当“图层”控制面板中添加图层蒙版后，在“通道”控制面板会出现临时通道。
- 通道名称：用于显示对应通道的名称，按名称后的快捷键可快速切换到相应通道。
- “将通道作为选区载入”按钮：单击该按钮将根据当前通道中颜色的深浅转化为选区。
- “将选区存储为通道”按钮：单击该按钮可将当前选区转化为Alpha通道。
- “新建通道”按钮：单击该按钮可新建一个Alpha通道。
- “删除通道”按钮：单击该按钮可删除当前选择的通道。

2. 通道的作用与类型

通道包括颜色通道、Alpha通道和专色通道3种类型：

- 颜色通道：当新建或打开一幅图像时，系统会自动为该图像创建相应的颜色通道，图像的颜色模式不同，其颜色通道也不相同，如RGB模式图像由红、绿、蓝通道构成，CMYK模式由青色、洋红、黄色、黑色通道构成，每一个颜色通道分别保存相应颜色的颜色信息，因此利用通道可以选择图像中的部分图像。
- Alpha通道：通过“通道”控制面板创建的通道，新建的Alpha通道为全黑显示，表示还未创建选择区域，而白色部分表示完全选择的图像区域，灰色部分表示过渡选择区域。将选区存储为Alpha通道后，可重新载入通道中的选区进行编辑。
- 专色通道：专色通道是用一种特殊的混合油墨替代或附加到图像颜色油墨中形成的通道，主要用于为印刷制作专色印版，如画册中常见的纯红色、蓝色和证书中的烫金、烫银效果等。

提示 在RGB、CMYK和Lab图像模式的“通道”控制面板中，若单击其第一个合成通道，则其下的颜色通道将自动显示，若隐藏任何一个颜色通道，则合成通道将自动隐藏。

3. 认识快速蒙版

快速蒙版主要用于创建选区，常与选区工具结合使用。单击工具箱下面的“以快速蒙版模式编辑”按钮后，图像会被红色所覆盖，需要注意的是，在快速蒙版状态下，白色表示创建的选区，是当前需要的选区；黑色表示取消的选区，是当前丢弃的选区；使用灰色或其他颜色绘制则表示创建半透明选区。

另外，图层蒙版是图像处理过程中常用的蒙版，主要用于显示或隐藏图层的部分区域。黑色表示蒙版部分，白色表示显示部分，灰色表示透明部分。

任务二　制作人物墙纸

◆ 任务目标

本任务的目标是运用通道的相关知识，制作人物墙纸，并为墙纸添加折痕效果，完成后的最终效果如图8-19所示。通过练习掌握使用通道抠图和运算的方法，进一步掌握通道在图像处理中的应用。

图 8-19 人物墙纸效果

素材位置：模块八\素材\人物.jpg
效果图位置：模块八\源文件\人物墙纸.psd

本任务的具体目标要求如下：

（1）掌握创建通道的方法。
（2）掌握利用通道抠图的方法。
（3）掌握通道运算的操作方法。

◆ 专业背景

本任务要求制作人物墙纸，并对墙纸添加折痕效果。制作前首先需要了解墙纸的一些相关知识，墙纸具有色彩多样、图案丰富、价格适宜、耐脏和耐擦洗等特点，在颜色的搭配上也较有讲究。本任务制作的人物墙纸，根据需要还可将人物换成照片、艺术图案等。

◆ 操作思路

本任务的操作思路如图 8-20 所示，涉及的知识点有载入通道选区、复制通道、新建通道和通道计算等。具体思路及要求如下：

①转换图像模式　②添加文字　③添加折痕

图 8-20 制作人物墙纸的操作思路

（1）复制通道，利用通道抠出人物图像。
（2）装换图像色彩模式，并将所选通道载入为选区，粘贴到需要的通道上。

（3）添加文字和自定义形状，然后为墙纸制作折痕效果。

操作一　扣取人物图像

（1）打开“人物.jpg”素材图像，然后打开“通道”控制面板，单击“红”通道，如图 8-21 所示。

（2）在“红”通道上右击，在弹出的快捷菜单中选择“复制通道”命令，在打开的“复制通道”对话框中单击“确定”按钮，复制该通道，如图 8-22 所示。

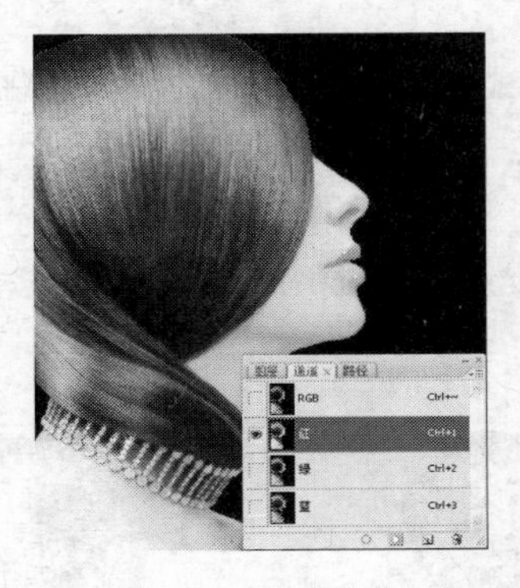

图 8-21　选择通道

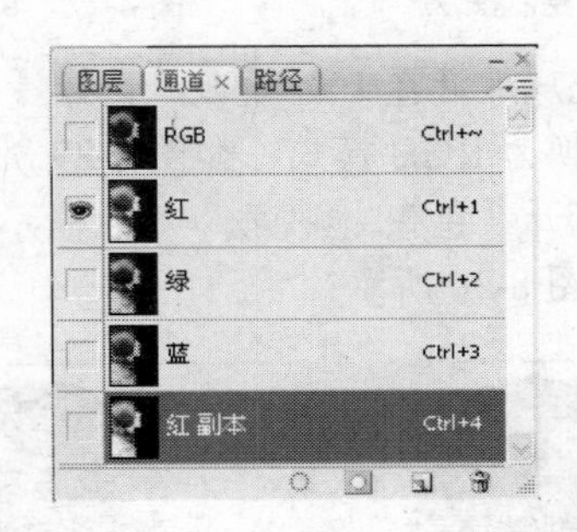

图 8-22　复制通道

（3）选择“红 副本”通道，按 Ctrl+L 组合键打开如图 8-23 所示的“色阶”对话框，依次输入色阶的数值为 0、1 和 2，使人物呈白色显示，完成后按住 Ctrl 键不放单击该通道并载入选区，隐藏“红 副本”通道后，得到如图 8-24 所示的选区。

（4）按 Ctrl+J 组合键复制选区，生成图层 1。新建图像文件，设置宽度和高度分别为 9 厘米和 6 厘米，分辨率为 300 像素/英寸，模式为 RGB 模式。完成后将前面的图层 1 移至新建的图像窗口中并调整大小，效果如图 8-25 所示。

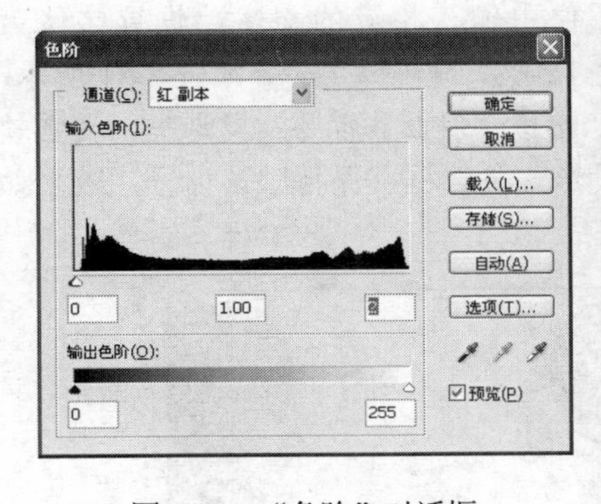

图 8-23　“色阶”对话框

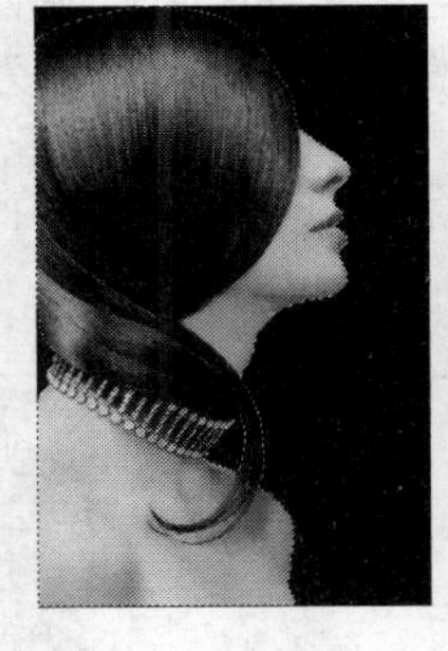

图 8-24　载入通道选区

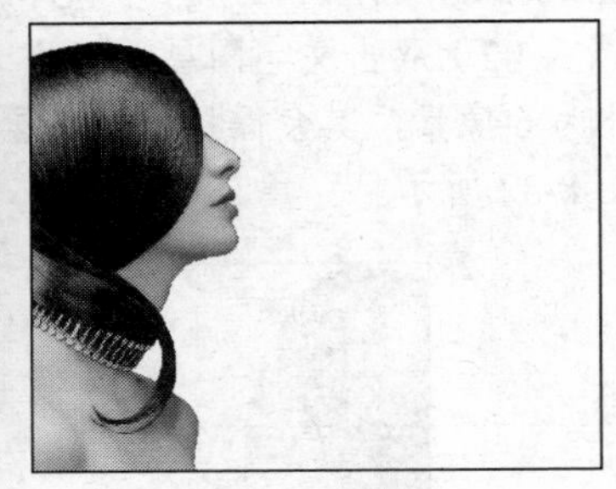

图 8-25　新建图像文件

（5）复制图层并进行水平翻转，完成后将其移动至合适位置，如图 8-26 所示。

（6）合并所有图层，再复制背景图层，选择【图像】→【模式】→【Lab 颜色】菜单命令，将图像转换为 Lab 颜色模式，在“通道”控制面板中选择 a 通道，如图 8-27 所示。

（7）按 Ctrl+A 组合键将该通道中的所有图像载入为选区，并按 Ctrl+C 组合键复制选区，然后选择 b 通道，按 Ctrl+V 组合键粘贴选区，效果如图 8-28 所示。

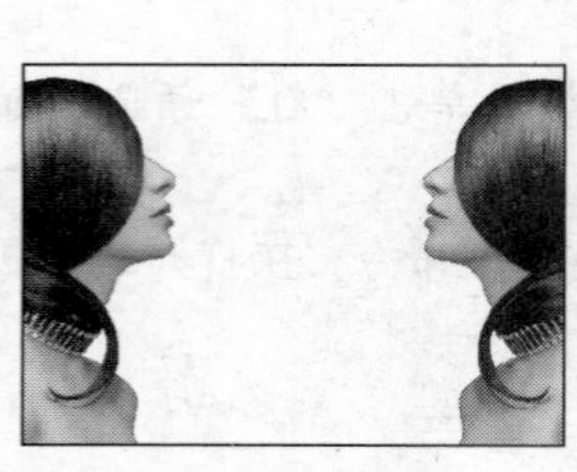

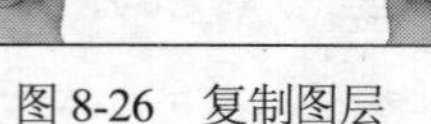

图 8-26　复制图层

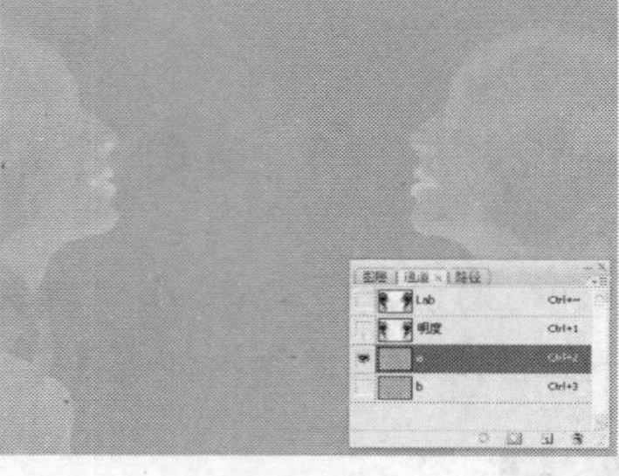

图 8-27　转换图像模式

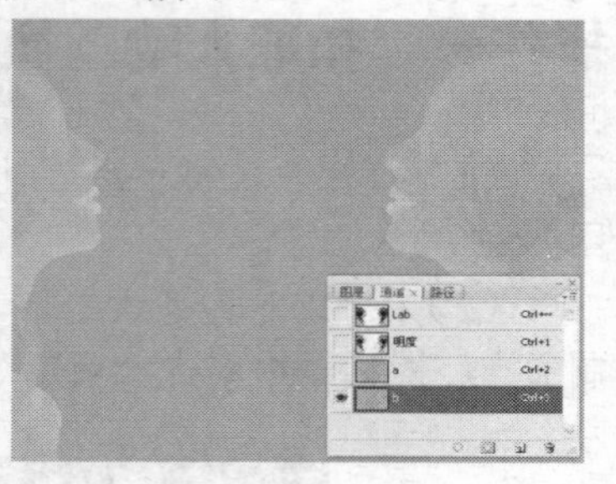

图 8-28　粘贴选区

（8）完成后选择 Lab 通道，选择【图像】→【模式】→【RGB 颜色】菜单命令，将图像模式转换为 RGB 模式，如图 8-29 所示。

（9）打开“色相/饱和度”对话框，在其中依次输入 41、−75 和 8，单击“确定”按钮。效果如图 8-30 所示。

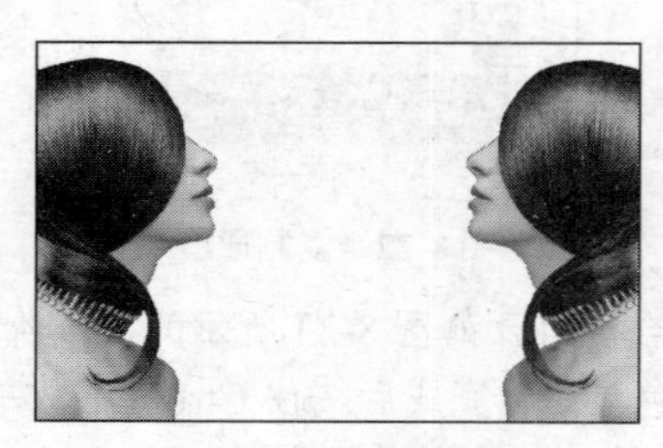

图 8-29　转换图像模式

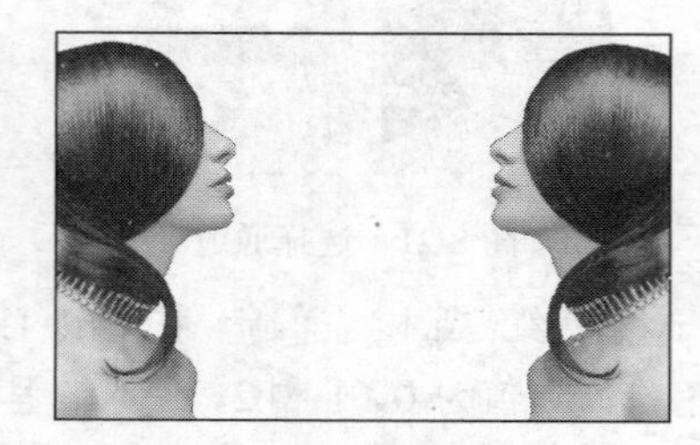

图 8-30　设置色相/饱和度

操作二　添加文字

（1）选择工具箱中的横排文字工具T，在图像中输入相应的文字，设置字体为 Edwardian Script ITC，字号大小为 30 点，水平缩放为 120%，颜色为黑色，如图 8-31 所示。

（2）双击文字图层，打开“图层样式”对话框，选中“斜面和浮雕”复选框，设置软化为 6 像素，其余保持默认设置，完成后再选中“投影”复选框，保持默认设置，效果如图 8-32 所示。

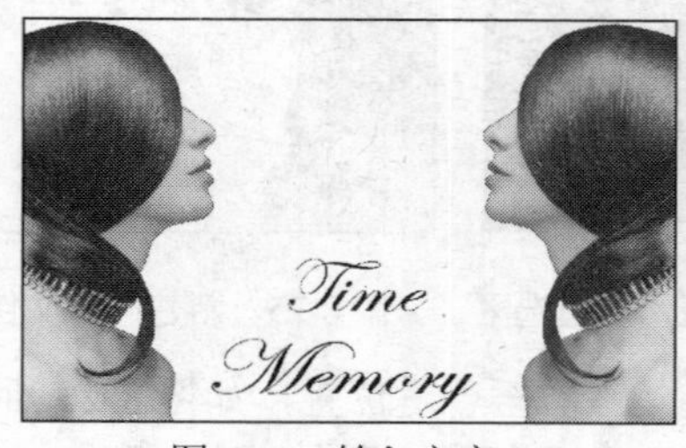

图 8-31　输入文字

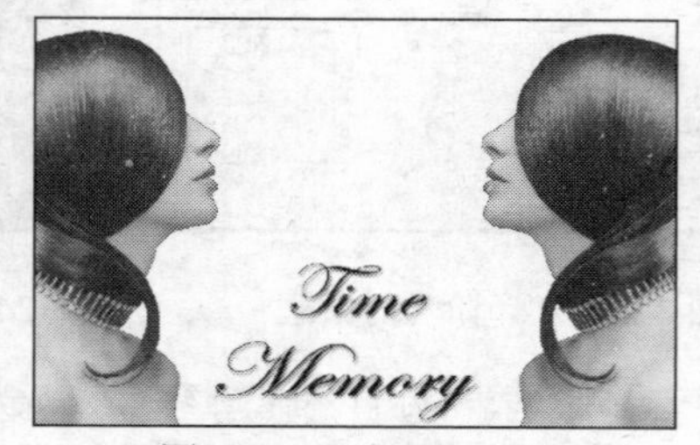

图 8-32　添加图层样式

（3）新建图层，选择工具箱中的自定义形状工具，选择沙漏形状图，在图像中的合适位置处拖动绘制形状图形，然后设置前景色为 R:206,G:207,B:187，填充形状图形，如图 8-33 所示。

（4）双击该图层，打开“图层样式”对话框，选中“投影”复选框，设置距离为 12 像素，单击“确定”按钮完成设置，如图 8-34 所示。

图 8-33　填充路径

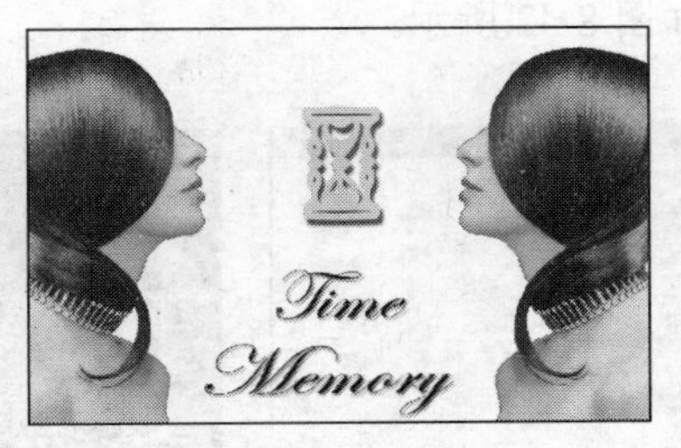

图 8-34　添加投影

操作三　添加折痕效果

（1）在“通道”控制面板中单击底部的“创建新通道”按钮，新建 Alpha 通道，生成 Alpha 1 通道，如图 8-35 所示。

（2）选择工具箱中的矩形选框工具，创建矩形选区，然后进行从白色到黑色的渐变填充，如图 8-36 所示。

（3）单击“创建新通道”按钮，新建 Alpha 2 通道，为创建的矩形选区进行从黑色到白色的渐变填充，如图 8-37 所示。

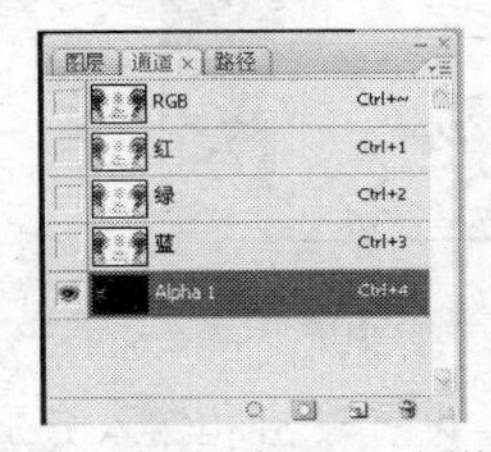

图 8-35　新建 Alpha 通道

图 8-36　渐变填充

图 8-37　新建通道并填充

（4）按照步骤（1）~步骤（3）的方法继续新建通道并进行渐变填充，如图 8-38 所示为“通道”控制面板，填充后的效果如图 8-39 所示。

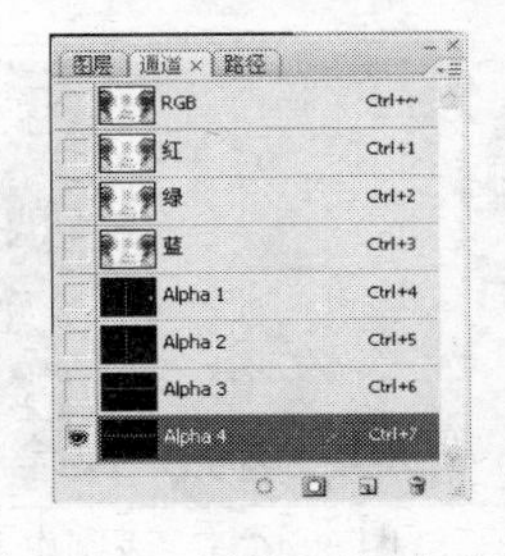

图 8-38　“通道”控制面板

图 8-39　渐变填充选区

（5）选择【图像】→【计算】菜单命令，打开“计算”对话框，在“源 1”栏中的“通道”下拉列表框中选择“Alpha 1”选项，在“源 2”栏中的“通道”下拉列表框中选择“Alpha 3”选项，在“混合”下拉列表框中选择“滤色”选项，如图 8-40 所示。单击“确定”按钮，生成 Alpha 5 通道，完成后的效果如图 8-41 所示。

（6）按照步骤（5）的方法计算 Alpha 2 通道和 Alpha 4 通道，完成后生成 Alpha 6 通道，效果如图 8-42 所示。

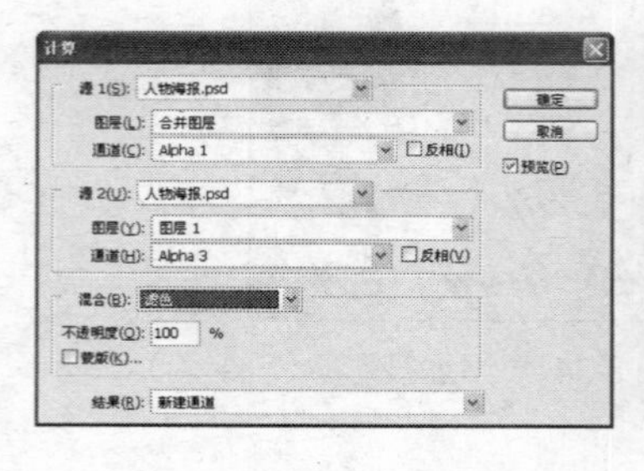

图 8-40 “计算”对话框

图 8-41 计算后的效果

图 8-42 Alpha 6 通道

（7）选择 Alpha 5 通道，按 Ctrl 键不放单击载入其选区，返回图像窗口中即可查看载入后的通道选区，如图 8-43 所示。

（8）回到“图层”控制面板合并所有图层，按 Ctrl+M 组合键打开“曲线”对话框，设置输出和输入分别为 178 和 46，取消选区后的效果如图 8-44 所示。

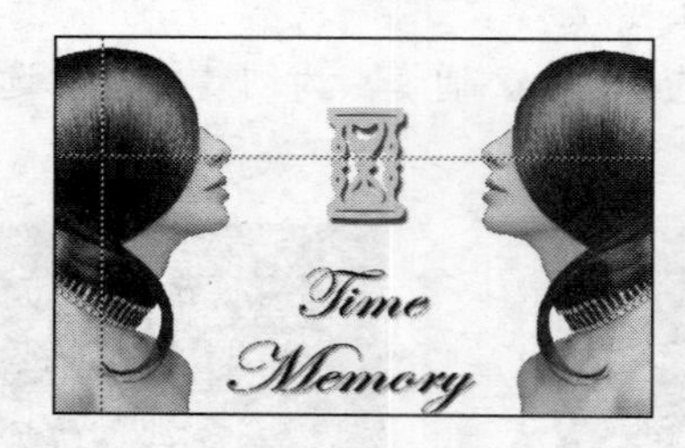

图 8-43 载入通道选区

图 8-44 调整图像

（9）将 Alpha 6 通道载入为选区，打开“曲线”对话框，设置输出和输入分别为 105 和 160，切换到“通道”控制面板，将红通道载入为选区，如图 8-45 所示。

（10）按 Ctrl+J 组合键将选区创建为新的图层，设置图层的混合模式为叠加，完成本任务制作，效果如图 8-46 所示。

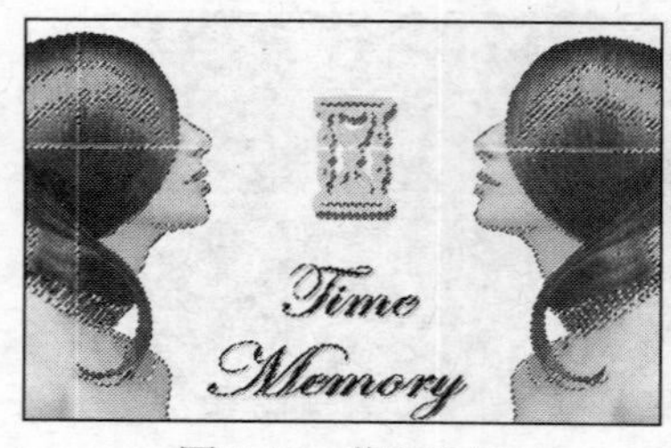

图 8-45 载入选区

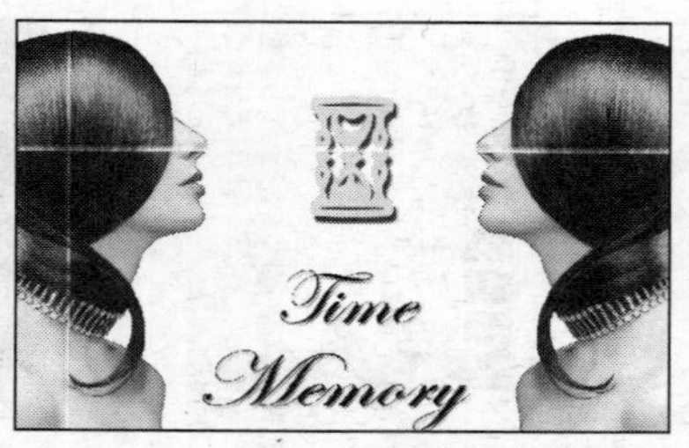

图 8-46 完成制作

◆ 学习与探究

本任务练习了使用通道抠图和计算通道的方法。除了使用右键快捷菜单进行复制通道外，还可以单击“通道”控制面板右上角的按钮，在弹出的菜单中选择“复制通道”命令；选择需要复制的通道，按住左键将其拖动到控制面板底部的“创建新通道”按钮上，当光标变成形状时释放鼠标也可复制通道。

除了复制通道、载入通道选区等操作外，还可以删除通道、分离与合并通道等，其方法分别如下：

（1）包含 Alpha 通道的图像会占用很多的磁盘空间，因此在存储图像前，应删除不需要的 Alpha 通道。方法是在要删除的通道上右击，在弹出的快捷菜单中选择“删除通道”命令，或者将需要删除的通道拖动至控制面板底部的“删除通道”按钮上；也可单击“通道”控制面板右上角的按钮，在弹出的菜单中选择“删除通道”命令。

（2）在 Photoshop 中可以将一幅图像文件的各个通道分离成单个文件分别存储，方法是单击“通道”控制面板右上角的按钮，在弹出的菜单中选择“分离通道”命令即可分离通道。分离后生成的文件数与图像的通道数有关，分离后单击通道面板右上角的按钮，在弹出的菜单中选择“合并通道”命令，可将多个灰度图像合并成一幅彩色图像。

任务三　制作信签

◆ 任务目标

本任务的目标是运用创建剪贴蒙版的相关知识制作信签，完成后的效果如图 8-47 所示。通过练习掌握创建剪贴蒙版的相关操作。具体目标要求如下：

（1）掌握创建剪贴蒙版的方法。

（2）掌握剪贴蒙版的编辑。

图 8-47　信签效果

素材位置：模块八\素材\卡通.jpg

效果图位置：模块八\源文件\信签.psd

◆ 专业背景

本任务要求制作信签图像效果，信签一般作为信纸使用，适合使用钢笔书写。在制作信签时，颜色搭配上通常使用浅色为宜，以给人清新自在的感觉。信笺的大小和样式较多，按实际需要进行制作。

◆ 操作思路

本任务的操作思路如图 8-48 所示，涉及的知识点有填充图层、创建剪贴蒙版和画笔工具等。具体思路及要求如下：

（1）新建图像文件并进行渐变填充。新建图层，创建剪贴蒙版，绘制信签边框。

（2）使用画笔工具绘制信签底纹，然后添加装饰图形。

（3）最后使用钢笔工具绘制路径并使用画笔工具描边路径。

①创建剪贴蒙版　　②添加底纹　　③描边路径

图 8-48　制作信签的操作思路

操作一　创建剪贴蒙版

（1）新建“信签”图像文件，设置宽度和高度分别为 22 厘米和 7 厘米，分辨率为 72 像素/英寸，颜色模式为 RGB 颜色模式。打开“渐变编辑器”对话框，设置渐变颜色分别为 R:252,G:186,B:228； R:243,G:180,B:233 和 R:242,G:221,B:188，然后填充，如图 8-49 所示。

（2）新建图层 1 并填充为白色，然后再新建图层 2，将其移至图层 1 的下方，如图 8-50 所示。

图 8-49　渐变填充

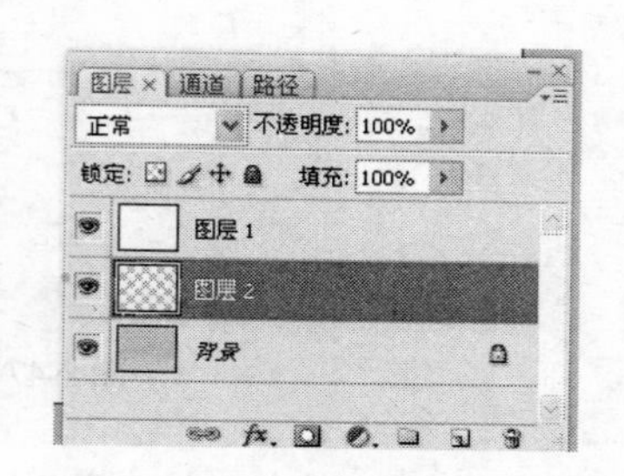

图 8-50　“图层”控制面板

（3）选择图层 1，按住 Alt 键不放将鼠标指针移至图层 1 和图层 2 之间，当鼠标指针变为形状时单击，如图 8-51 所示，即可创建剪贴蒙版，如图 8-52 所示。

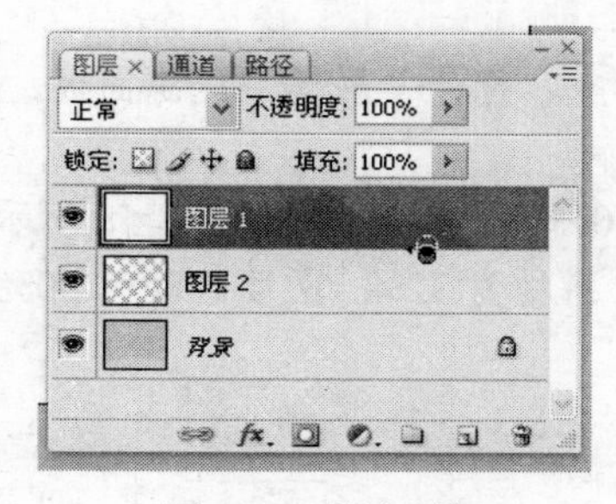

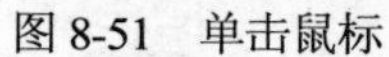
图 8-51 单击鼠标

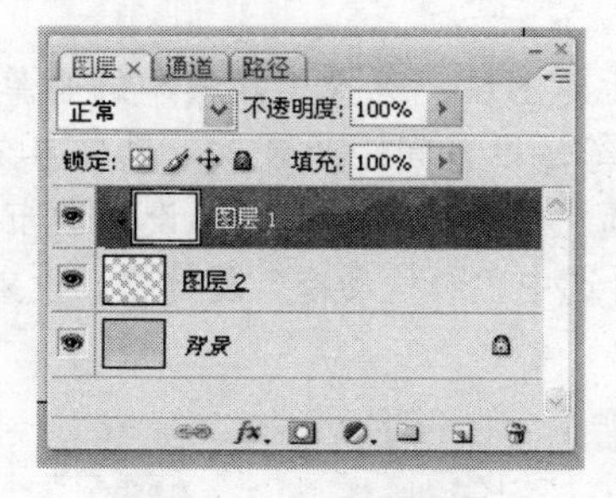

图 8-52 创建剪贴蒙版

（4）将前景色设置为黑色，选择粉笔 60 像素的画笔，在图层 2 上拖动绘制如图 8-53 所示的图像。

（5）打开“卡通.jpg”素材图像，使用钢笔工具在人物边缘进行绘制，完成后将路径转化为选区，选取人物图像，反选后按 Delete 键清除背景，如图 8-54 所示。

图 8-53 拖动绘制图像

图 8-54 删除背景

（6）使用移动工具将选取的人物图像拖至编辑的图像窗口中，并缩放变换至合适大小，如图 8-55 所示。

（7）完成后选择【图层】→【创建剪贴蒙版】菜单命令，或按 Alt+Ctrl+G 组合键为该图层创建剪贴蒙版，即可将超出边缘的图像隐藏，如图 8-55 所示。

图 8-55 变换图像

图 8-56 创建剪贴蒙版

提示 若要退出剪贴蒙版，按住 Alt 键不放将鼠标指针移至图层之间，当鼠标指针变为形状时单击即可退出剪贴蒙版；再次选择【图层】→【释放剪贴蒙版】菜单命令，或按 Alt+Ctrl+G 组合键同样可退出剪贴蒙版。

操作二　处理信签细节

（1）新建图层，选择工具箱中的画笔工具，打开“画笔”控制面板，在其中选择散布枫叶画笔，设置间距为 85%，如图 8-57 所示。

（2）选中“散布”复选框，设置散布为 670%，数量为 2，如图 8-58 所示。

（3）再选中“形状动态”复选框，设置大小抖动为 32%，圆度抖动为 50%，如图 8-59 所示。

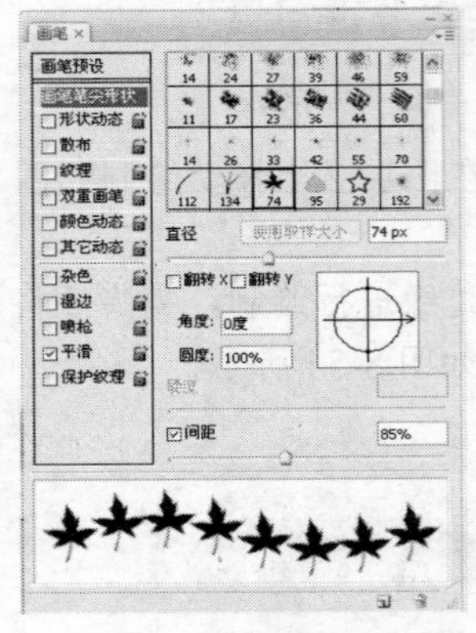

图 8-57　设置画笔间距

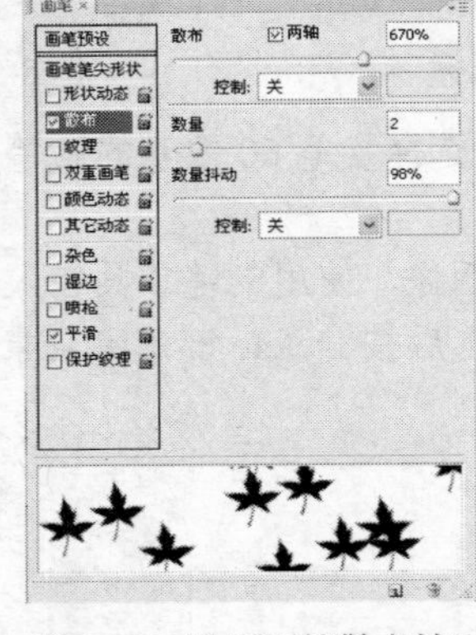

图 8-58　设置画笔散布情况

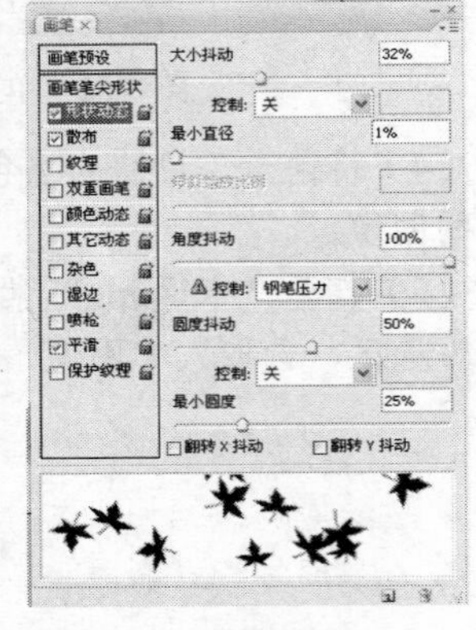

图 8-59　设置画笔形状动态

（4）完成后设置前景色为 R:252,G:186,B:228，在图像中进行拖动绘制，并设置该图层的不透明度为 30%，如图 8-60 所示。

（5）选择工具箱中的自定形状工具，选择三叶草形状，在图像中绘制多个图形，新建图层，为绘制的形状路径填充颜色 R:250,G:48,B:183，并将不透明度设置为 80%，如图 8-61 所示。

图 8-60　用画笔绘制图像

图 8-61　填充形状路径

（6）使用钢笔工具在图像中绘制曲线路径，并复制多条路径，如图 8-62 所示。设置合适的画笔间距和大小，使用颜色 R:2,G:153,B:216 描边路径，完成后将图层移至图层 3 下方，效果如图 8-63 所示。至此，完成本任务的制作。

图 8-62　绘制路径

图 8-63　描边路径

◆ 学习与探究

本任务主要练习了剪贴蒙版的编辑与使用。剪贴蒙版的作用主要是在不破坏图像的情况下做到局部显示图像的效果。

剪贴蒙版可分为两种图层，一种为基层，在一组剪贴蒙版中只有一个基层；另一种为显示层，实际显示的像素是由该图层所决定的，一组剪贴蒙版可以有多个显示层。剪贴蒙版可以应用在两个或两个以上的图层中，前提是这些图层必须为相邻并且是连续的。

剪贴蒙版的编辑可分为创建剪贴蒙版、释放剪贴蒙版、调整剪贴蒙版的顺序和调整剪贴蒙版与图层的混合模式。对于这些操作可结合本任务的制作进行练习并掌握。

任务四　制作图像合成效果

◆ 任务目标

本任务的目标是运用添加图层蒙版的相关知识制作图像的合成效果，完成后的效果如图 8-64 所示。通过练习掌握添加图层蒙版的相关操作，具体目标要求如下：

（1）掌握添加图层蒙版的方法。

（2）掌握图层蒙版的编辑方法。

图 8-64　图像合成效果

素材位置：模块八\素材\城市.jpg、郊外.jpg、飞机.jpg

效果图位置：模块八\源文件\图像合成.psd

◆ 专业背景

本任务要求制作图像的合成效果，图像合成一般要求将几幅图像自然地融合成一幅图像。合成图像时要注意图像的顺序位置，远近关系以及整体色调是够一致等，本任务主要使用图层蒙版进行图像合成，需要注意的是当对图层组添加图层蒙版时，蒙版将对图层组中所有的图层起作用。

◆ 操作思路

本任务的操作思路如图 8-65 所示，涉及的知识点有添加图层蒙版、渐变工具和画笔工具等。具体思路及要求如下：

（1）将所有的素材图像移动至同一个图像编辑窗口中。

（2）对图层添加图层蒙版，然后使用渐变工具填充蒙版，再用画笔工具进行涂抹。

（3）创建选区后添加图层蒙版，完成制作。

①移动图像　②用画笔涂抹　③添加图层蒙版完成制作

图 8-65　制作图像合成的操作思路

操作一　添加图层蒙版

（1）打开“飞机.jpg”、“城市.jpg”和“郊外.jpg”素材图像，选择“城市.jpg”素材图像，用选区工具将其他两幅图像素材拖至编辑的图像窗口中并变换大小，如图 8-66 所示。

（2）选择图层 1，单击“图层”控制面板底部的“创建图层蒙版”按钮，为图层 1 添加图层蒙版，然后使用渐变工具从黑到白色填充图像，如图 8-67 所示。填充后的效果如图 8-68 所示。

图 8-66　变换图像

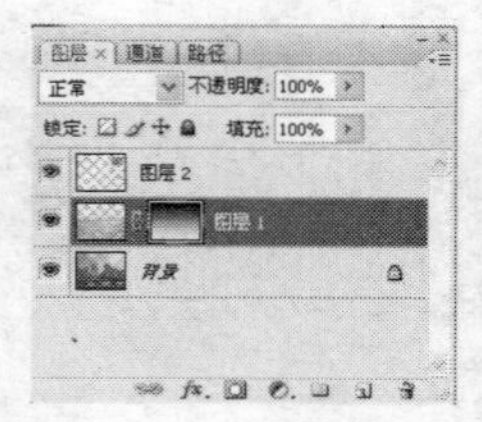

图 8-67　添加图层蒙版

图 8-68　填充后的效果

操作二　编辑图层蒙版

（1）切换到画笔工具状态下，选择柔角画笔，通过调整画笔直径大小，在花朵的边缘处涂抹绘制黑色，将背景中的高楼显示出来，如图 8-69 所示。

（2）此时在图像中绘制的黑色区域会在图层蒙版的缩略图中显示效果，如图 8-70 所示。

图 8-69　显示背景

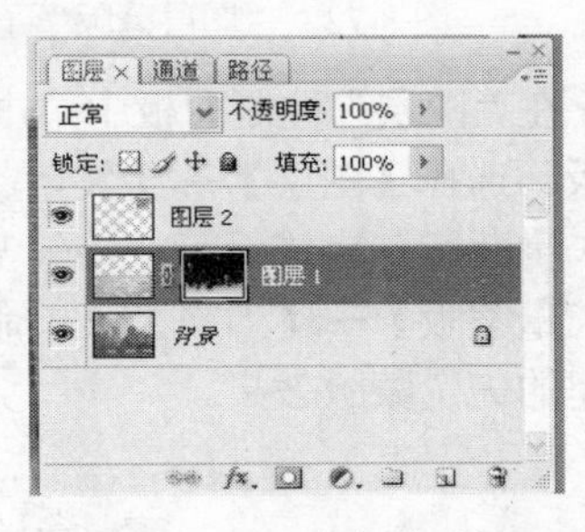

图 8-70　图层蒙版缩略图

（3）选择图层 2，飞机图像载入为选区，然后在“图层”控制面板下方单击“添加图层蒙版”按钮，对该图层添加图层蒙版，对选区创建图层蒙版，将隐藏飞机边缘的图像，如图 8-71 所示。

图 8-71　完成制作

◆ 学习与探究

本任务主要练习了添加图层蒙版的相关知识。除了单击按钮添加图层蒙版外，还可选择【图层】→【图层蒙版】→【显示全部】菜单命令，为图层或选区添加图层蒙版。

在编辑图层蒙版时，可以选择【图层】→【图层蒙版】菜单命令，在弹出的子菜单中（如图 8-72 所示）选择各个命令进行操作，也可在“图层”控制面板中用右击图层蒙版缩略图，在弹出的如图 8-73 所示的快捷菜单中选择相应命令进行编辑，主要编辑命令的作用介绍如下：

- “停用图层蒙版”命令：指停用当前添加的图层蒙版，隐藏蒙版的效果，再次选择该命令可重新启用图层蒙版。
- “删除图层蒙版”命令：指清除当前运用的图层蒙版。
- “应用图层蒙版”命令：指将图层蒙版效果应用到图像中，并删除蒙版。

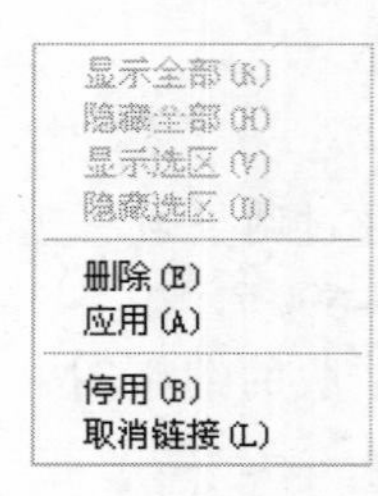

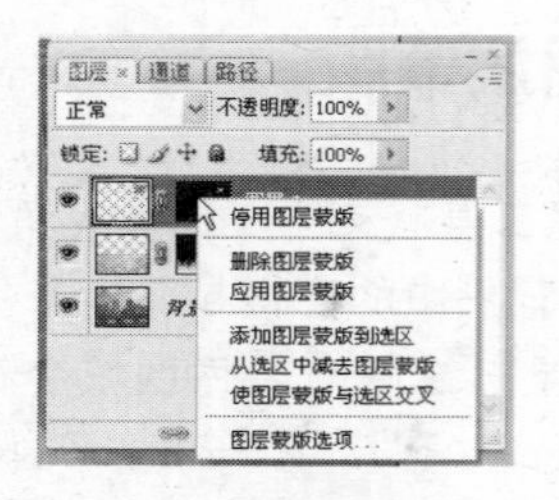

图 8-72 “图层蒙版”子菜单　图 8-73 图层蒙版快捷菜单

另外，在“图层”控制面板中单击“添加图层蒙版”按钮后，若再次单击则表示添加矢量蒙版。选择【图层】→【矢量蒙版】→【显示全部】菜单命令，也可为图像创建一个默认的矢量蒙版，完成后可在该矢量蒙版中创建所需路径，也可在创建路径后选择【图层】→【矢量蒙版】→【当前】菜单命令，将当前绘制的路径创建为矢量蒙版。如图 8-74 所示为创建的矢量蒙版效果。

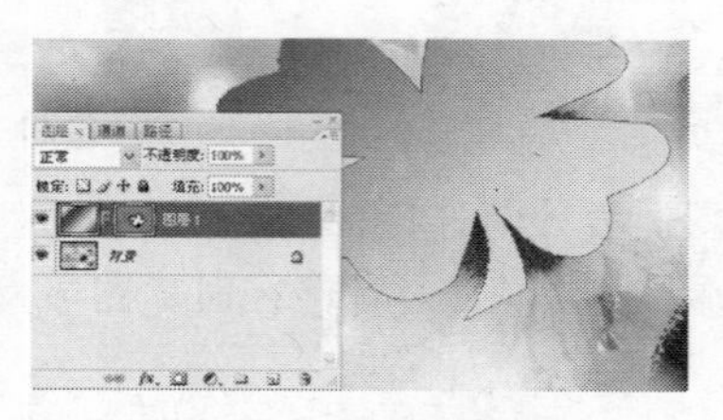

图 8-74 创建矢量蒙版

矢量蒙版主要是使用路径来显示或隐藏图像，对图像进行变换操作，当图层与矢量蒙版处于链接状态，且没有显示路径时，则会同时对图像和路径起作用；若图像中显示了矢量蒙版的路径，则只对路径起作用。当图层与矢量蒙版处于非链接状态，则只对选定的图像或路径起作用。

实训一 更换照片背景

◆ 实训目标

本实训要求运用通道的相关知识更换照片的背景，更换背景前后的对比效果如图 8-75 所示。通过本实训掌握运用通道和快速蒙版抠取图像的方法。

图 8-75 更换照片背景前后的对比效果

素材位置：模块八\素材\花.jpg、蓝天.jpg
效果图位置：模块八\源文件\更换照片背景.psd

◆ 实训分析

本实训的操作思路如图 8-76 所示，具体分析及思路如下：

（1）使用通道和蒙版都可以抠取图像，因此可以在通道中先查看各颜色通道中的图像对比效果，再考虑选择使用哪些色彩调整命令进行操作。在本实训中红通道的图像与背景图像对比最强烈，因此可以复制红通道。

（2）利用通道选取图像后发现边缘有些细节处理得不好，此时可进入快速蒙版进行相应调整。

（3）为了使选取的图像与新的背景更为融合，可利用"色彩平衡"命令等进行调整。

①反相后在通道中创建选区　②用快速蒙版选取花朵　③更换背景并调整色彩

图 8-76　更换照片背景的操作思路

实训二　制作艺术边框

◆ 实训目标

本实训要求运用蒙版的相关知识制作如图 8-77 所示的艺术边框。

图 8-77　艺术边框效果

素材位置：模块八\素材\女孩.jpg
效果图位置：模块八\源文件\艺术边框.psd

◆ 实训分析

本实训的制作思路如图 8-78 所示，具体分析及思路如下：

（1）本任务主要是通过创建剪贴蒙版来制作，首先新建图像文件，然后将素材图像拖动至编辑的窗口中。

（2）新建图层，将其移至图层 1 的下方，然后创建剪贴蒙版。

（3）选择图层 2，使用黑色的枫叶画笔进行涂抹绘制，完成制作。

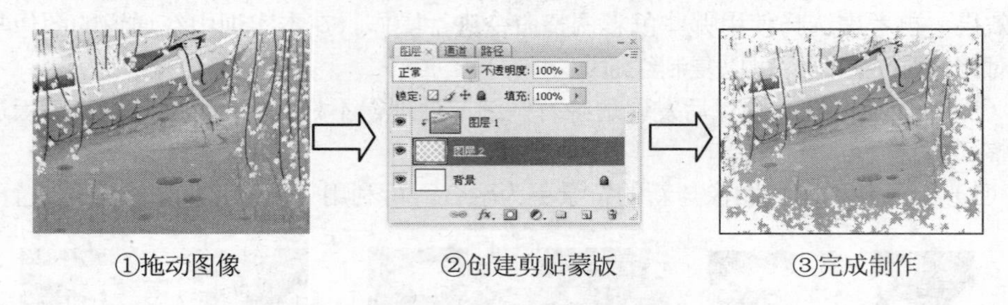

①拖动图像　　②创建剪贴蒙版　　③完成制作

图 8-78　制作艺术边框的操作思路

实训三　制作暖色调照片

◆ 实训目标

本实训要求运用通道的相关知识，根据提供的素材，将照片的颜色调整为暖色调，完成后前后的对比效果如图 8-79 所示。

图 8-79　调整照片色调的前后效果

素材位置：模块八\素材\绿树.jpg

效果图位置：模块八\源文件\暖色调照片.psd

◆ 实训分析

本实训的操作思路如图 8-80 所示，具体分析及思路如下：

（1）打开素材图像，切换到“通道”控制面板，将绿通道和蓝通道进行计算，设置混合为变暗，得到 Alpha 1 通道。

（2）选择绿通道，将其填充为黑色。

（3）将 Alpha 1 通道载入为选区，选择绿通道并填充为白色。

（4）最后利用“亮度/对比度”命令调整照片的亮度和对比度，完成制作。

图 8-80　制作暖色调照片的操作思路

实践与提高

根据本模块所学内容，完成以下实践内容。

练习 1　调整图像颜色

本练习将通过合并和分离通道的相关知识，将图像颜色调整为其他颜色，调整前后的对比效果如图 8-81 所示。

素材位置： 模块八\素材\树.jpg

效果图位置： 模块八\源文件\调整图像颜色.psd

图 8-81　调整图像颜色前后的对比效果

练习 2　制作相框

本练习将通过图层蒙版的相关知识，制作相框效果，最终效果如图 8-82 所示。

素材位置： 模块八\素材\小孩.jpg

效果图位置： 模块八\源文件\相框.psd

图 8-82　相框效果

练习 3　更换图片背景

运用通道的相关知识抠取人物的发丝，注意在制作时需要不断调整图像的色阶，然后更换图片背景完成前后的对比效果如图 8-83 所示。

素材位置：模块八\素材\头发.jpg、背景.jpg
效果图位置：模块八\源文件\抠取发丝.psd

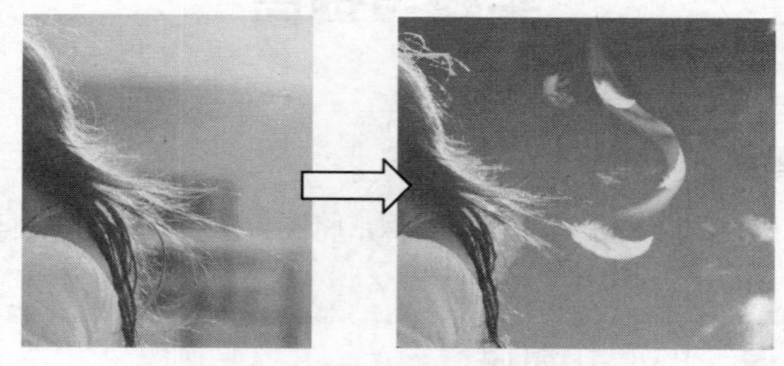

图 8-83　抠取发丝前后对比效果

练习 4　提高通道与蒙版的应用技能

通道与蒙版在处理图像的过程中会经常使用到，除了本模块的学习内容外，课后还可以阅读专门介绍 Photoshop 通道与蒙版的图书，这里补充以下几个学习方向，供大家参考和探索：

- 用通道处理数码照片：使用通道可以调整照片的色彩等处理，试着在照片的复合通道和颜色通道中应用色彩调整命令，改变照片色彩。
- 用通道和蒙版抠取复杂图像：在通道中结合色彩调整命令可以得到需要的大致图像选区，然后再使用蒙版处理相应细节，以便得到较为精确的选区，通常应用于抠取透明婚纱和不规则的复杂图像等。

模块九

滤镜的应用

滤镜是 Photoshop CS3 的特色工具之一，在其中提供了十几类、上百种滤镜，利用滤镜不仅可以改变图像效果、掩盖缺陷，还可以在原有图像的基础上产生许多特殊的艺术效果，并可制作各种特殊的文字效果。通常会结合通道和图层等进行操作。本模块将以 3 个操作任务来具体介绍滤镜的应用。

学习目标

- 认识滤镜
- 了解各种滤镜的作用
- 掌握滤镜的一般设置方法
- 熟练掌握各种滤镜的使用方法
- 了解各种滤镜的使用范围

任务一　制作文字特效

◆ 任务目标

本任务的目标是运用滤镜的相关知识制作各种文字特效，通过练习掌握滤镜的基本知识，包括滤镜的作用和使用范围等，并掌握滤镜在制作图像特效中的运用。

本任务的具体目标要求如下：

（1）熟练掌握使用滤镜制作各种文字特效的方法。

（2）掌握滤镜库中滤镜的设置方法。

（3）了解滤镜的作用范围。

效果图位置：模块九\源文件\钛金字.psd、火焰字.psd、彩带字.psd、印章字.psd

◆ 专业背景

本例要求使用滤镜制作各种特效文字效果，除了本任务中制作的钛金字、火焰字、彩带字和印章字外，还可以使用滤镜制作不锈钢字、塑料字、金属字和网格字等效果。在制作的过程中需要注意设置合适的字体，这样可使完成后的效果更加具体真实。

操作一　钛金字

（1）创建一个“钛金字”的图像文档，设置宽度和高度分别为 600 像素和 400 像素，分辨率为 72 像素/英寸，模式为 RGB 模式，颜色为黑色。

（2）选择工具箱中的横排文字工具，在图像中输入文字，设置字体为华文行楷，字号为 120 点，颜色为白色。

（3）复制文字图层，并执行栅格化操作，将文字载入选区，然后打开“通道”控制面板，新建 Alpha 1 通道并填充为白色，如图 9-1 所示。

（4）选择【滤镜】→【模糊】→【高斯模糊】菜单命令，打开如图 9-2 所示的“高斯模糊”对话框，在其中设置半径为 5 像素，在预览框中显示设置后的预览效果。

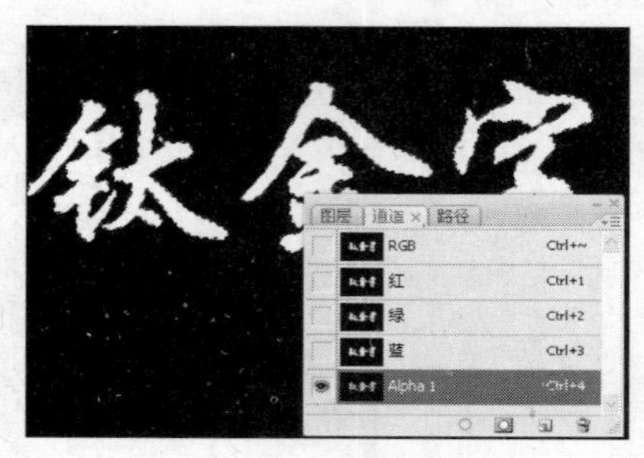

图 9-1　填充选区

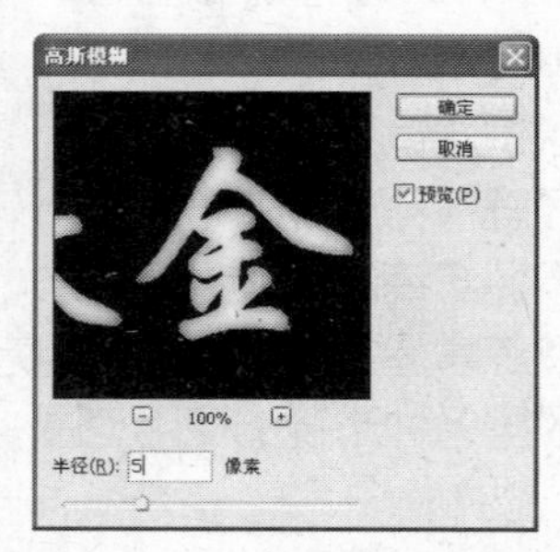

图 9-2　“高斯模糊”对话框

（5）单击“确定”按钮，效果如图 9-3 所示。回到“图层”控制面板，在取消选区后选择【滤镜】→【渲染】→【光照效果】菜单命令，打开如图 9-4 所示的“光照效果”对话框，在其中的“纹理通道”下拉列表框中选择“Alpha 1”选项，在“光照类型”栏中拖动相应滑块设置强度为 100，聚焦为-100，在“属性”栏中设置光泽为 0，材料为-100，曝光度为 0，环境为 14，在左侧的预览框中可拖动圆上的控制点来设置光照的位置和范围。

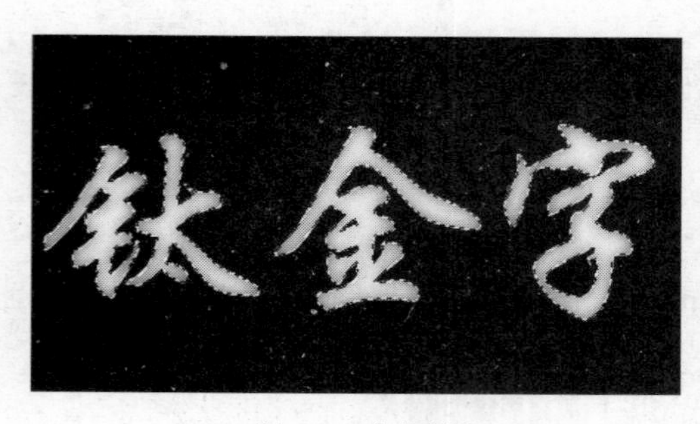

图 9-3　高斯模糊

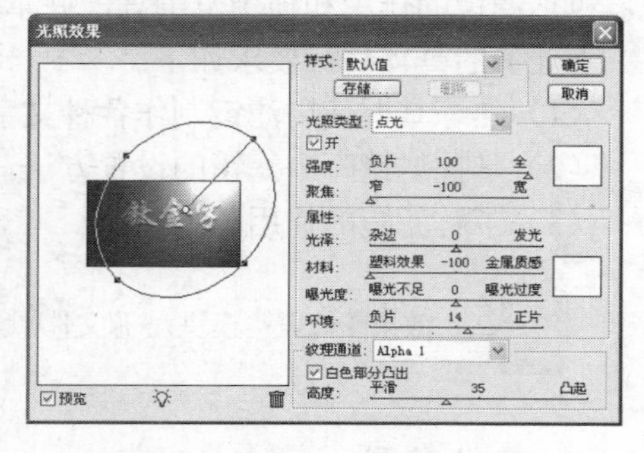

图 9-4　“光照效果”对话框

（6）单击“确定”按钮后的效果如图 9-5 所示。然后按 Ctrl+M 组合键打开如图 9-6 所示的“曲线”对话框，在其中通过拖动曲线使文字更具质感。

（7）设置完成后单击“确定”按钮，效果如图 9-7 所示。

（8）按 Ctrl+U 组合键打开“色相/饱和度”对话框，选中“着色”复选框，依次设置数值为 45、75 和 0，单击“确定”按钮后的效果如图 9-8 所示。

图 9-5　设置后的效果

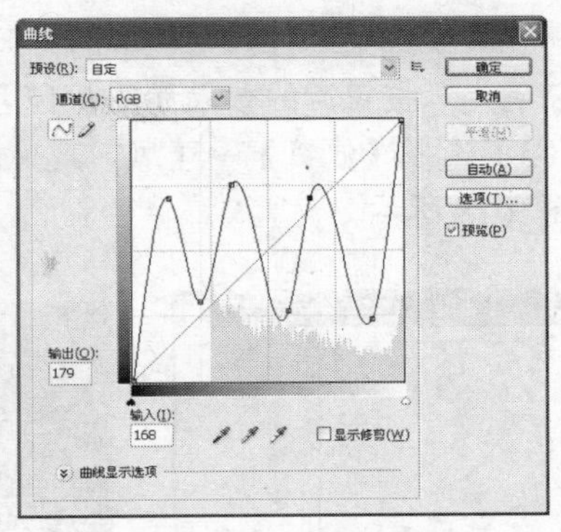

图 9-6　“曲线”对话框

图 9-7　增强文字质感

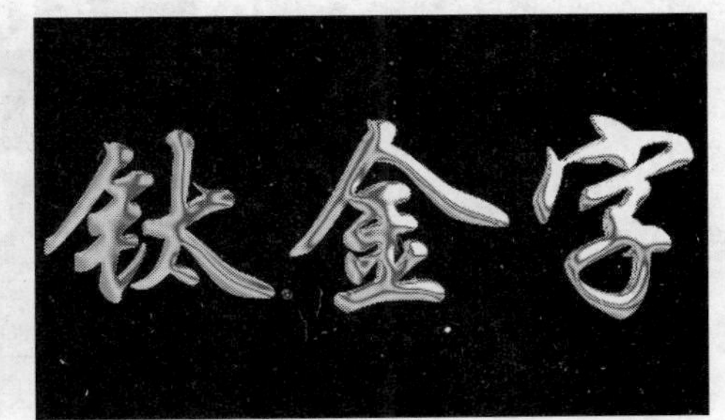

图 9-8　设置色相和饱和度

操作二　火焰字

（1）创建一个“火焰字”的图像文档，设置宽度和高度分别为 600 像素和 400 像素，分辨率为 72 像素/英寸，模式为 RGB 模式，颜色为黑色。

（2）选择工具箱中的横排文字工具，在图像中输入文字，设置字体为隶书，字号为 120 点，颜色为白色，如图 9-9 所示。

（3）复制文字图层，隐藏原文字图层，并将复制后的图层进行栅格化操作，按 Ctrl+T 组合键旋转文字，如图 9-10 所示。

图 9-9　输入文字

图 9-10　变换文字

（4）选择【滤镜】→【风格化】→【风】菜单命令，打开如图 9-11 所示的“风”对话框，在其中选中“方法”栏中的“风”单选项，选中“方向”栏中的“从左”单选项，单击“确定”按钮后的效果如图 9-12 所示。

（5）选择【滤镜】→【风】菜单命令，或按 Ctrl+F 组合键执行两次“风”命令，效果如图 9-13 所示。

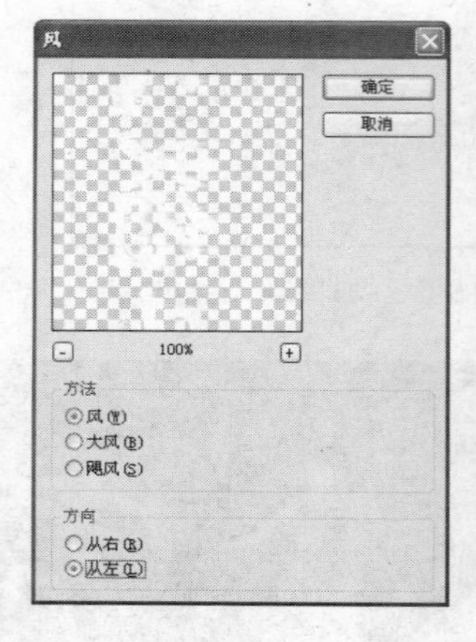

图 9-11 “风”对话框

图 9-12 设置后的效果

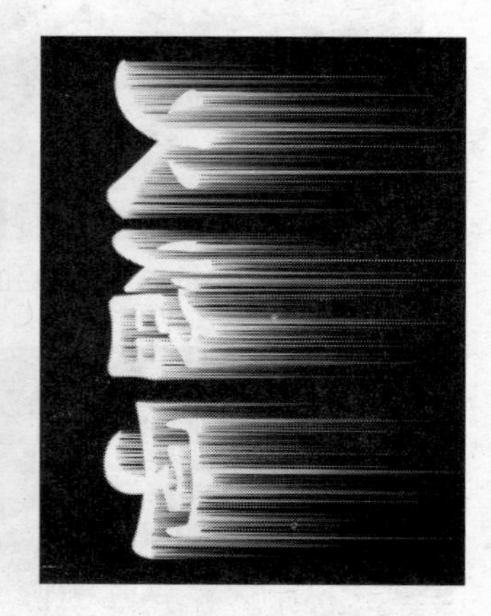

9-13 多次执行“风”命令

提示 若需要再次执行相同的滤镜命令时，选择“滤镜”菜单后，在弹出的菜单中会优先显示上次选择的命令，选择该命令，即可执行与上次设置相同的命令。

（6）旋转文字，然后复制设置后的文字图层，选择【滤镜】→【模糊】→【高斯模糊】菜单命令，设置模糊半径为 2 像素，如图 9-14 所示。

（7）复制背景图层，将复制后的图层移至副本 2 图层的下方，如图 9-15 所示。

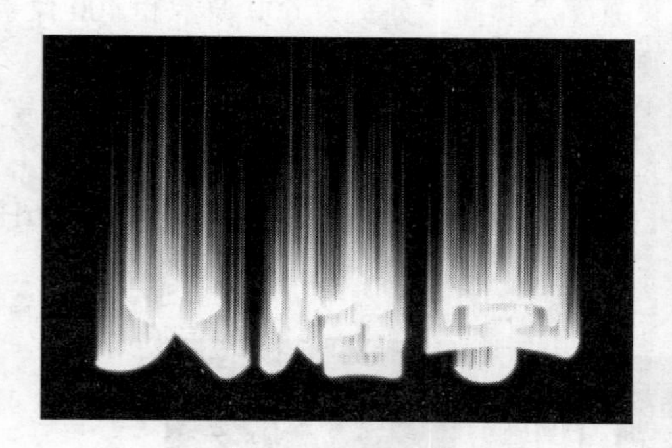

图 9-14 高斯模糊

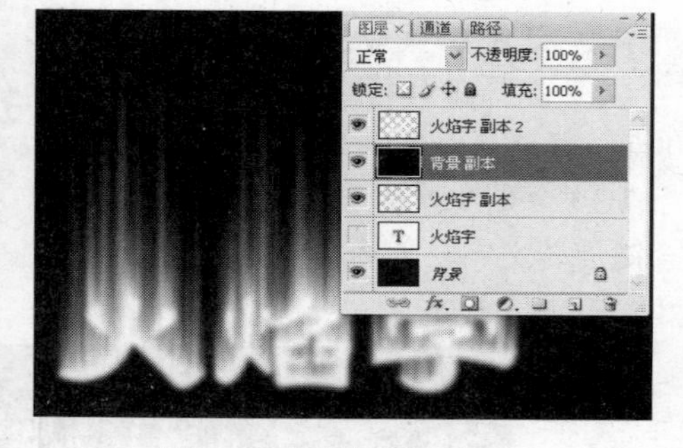

图 9-15 调整图层顺序

（8）选择副本 2 图层，执行“向下合并”命令，合并图层。选择【滤镜】→【液化】菜单命令，或按 Shift+Ctrl+X 组合键打开“液化”对话框，在其右侧的“工具选项”栏中设置画笔大小为 100，如图 9-16 所示，然后在左侧的文字上进行涂抹绘制火焰的效果，如图 9-17 所示。

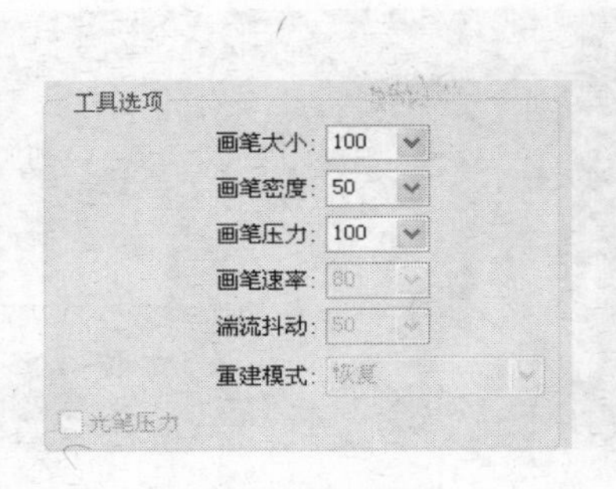

图 9-16　设置画笔大小

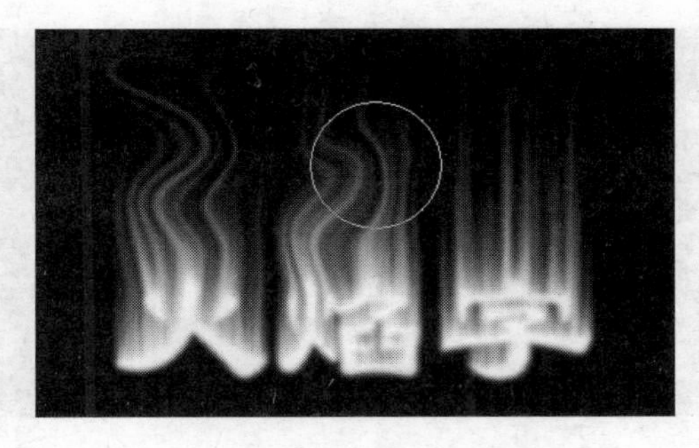

图 9-17　涂抹绘制火焰效果

（9）使用步骤（8）的方法更改画笔大小，并绘制出小的火焰效果，完成后单击“确定”按钮，效果如图 9-18 所示。

（10）按 Ctrl+U 组合键打开“色相/饱和度”对话框，选中“着色”复选框，依次输入数值为 40、100 和 0，效果如图 9-19 所示。

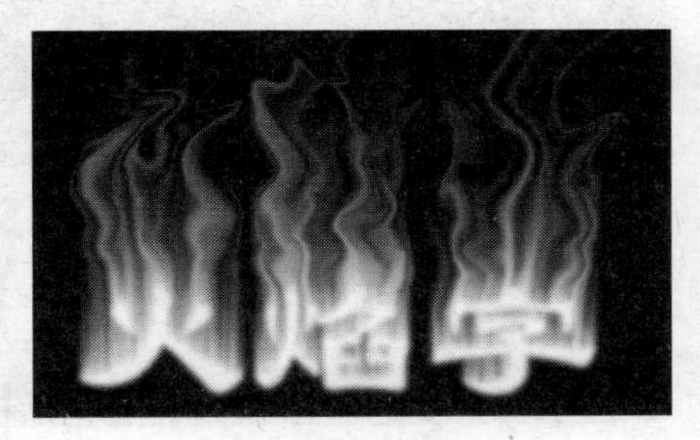

图 9-18　液化设置

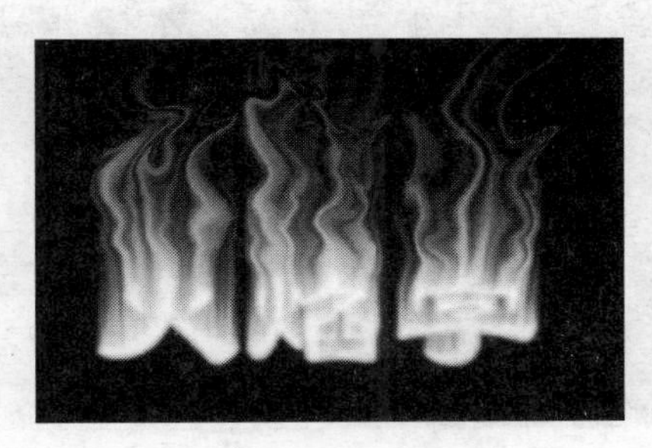

图 9-19　设置色相和饱和度

（11）复制当前图层，将复制后的图层混合模式设置为叠加，如图 9-20 所示。

（12）对栅格化后的文字图层执行“高斯模糊”命令，设置半径为 3 像素，然后再复制背景图层并合并，如图 9-21 所示。

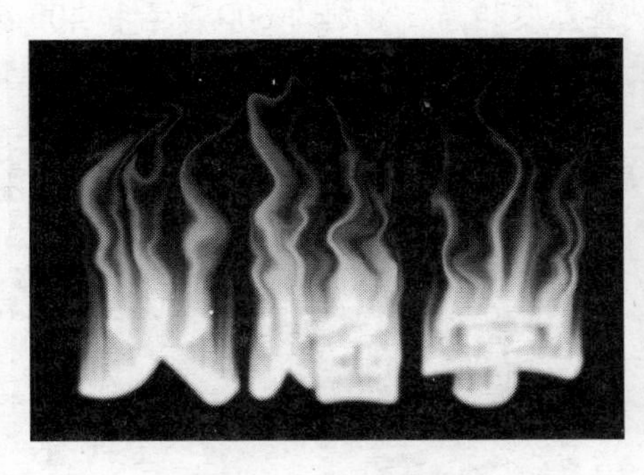

图 9-20　设置图层混合模式

图 9-21　高斯模糊

（13）按照步骤（8）~步骤（10）的方法对副本 3 图层执行液化和着色操作，完成后的效果如图 9-22 所示。

（14）将副本 3 图层的图层混合模式设置为强光，如图 9-23 所示。

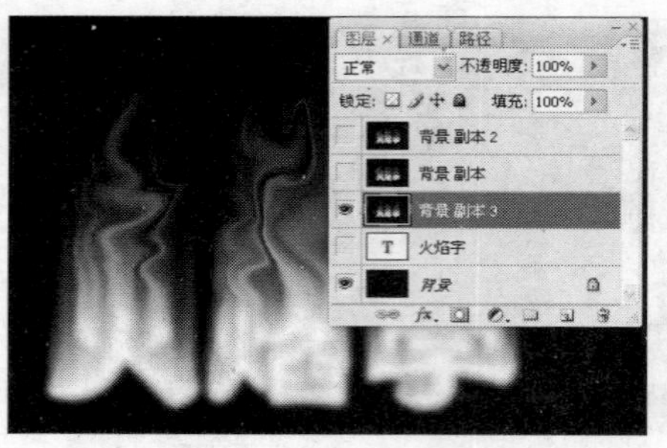

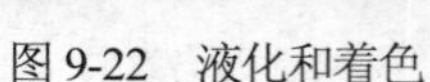

图 9-22　液化和着色　　　　图 9-23　设置图层混合模式

（15）将原文字图层移动到“图层”控制面板中的最上方，栅格化文字图层，进行渐变填充，如图 9-24 所示。

（16）完成后将其移动到合适位置，并调整亮度和对比度，最终效果如图 9-25 所示。

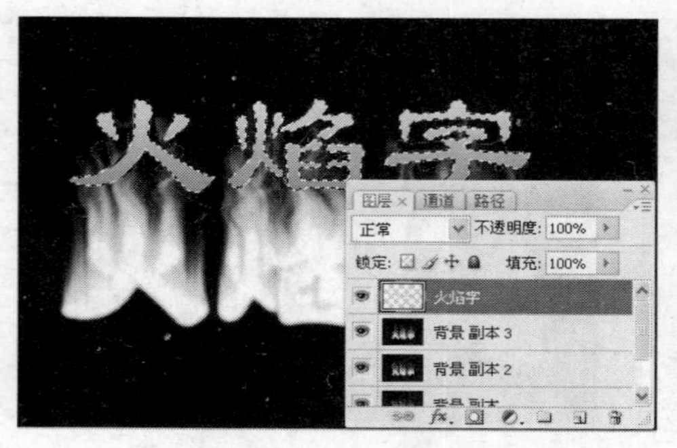

图 9-24　渐变填充　　　　图 9-25　完成制作

操作三　彩带字

（1）创建一个“彩带字”的图像文档，设置宽度和高度分别为 600 像素和 400 像素，分辨率为 72 像素/英寸，模式为 RGB 模式，颜色为黑色。选择工具箱中的横排文字工具，在图像中输入文字，设置字体为隶书，字号为 120 点，颜色为白色，如图 9-26 所示。

（2）按 Ctrl+E 组合键向下合并图层，然后选择【滤镜】→【模糊】→【高斯模糊】菜单命令，设置模糊半径为 4 像素，如图 9-27 所示。

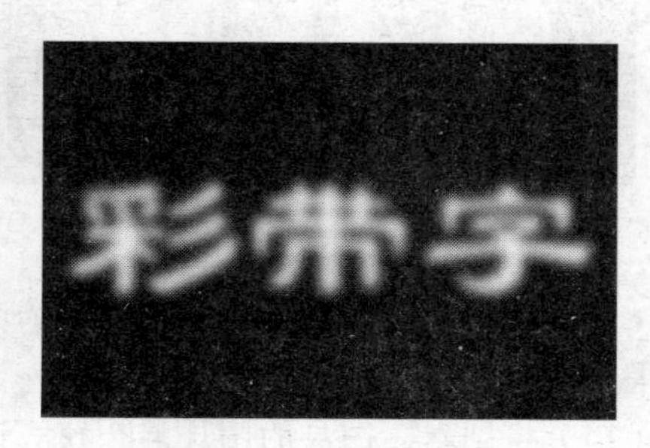

图 9-26　输入文字　　　　图 9-27　高斯模糊

（3）按两次 Ctrl+J 组合键复制图层，得到图层 1 和图层 1 副本图层，选择图层 1，然后选择【滤镜】→【像素化】→【晶格化】菜单命令，打开如图 9-28 所示的“晶格化”对话框，在其中设置单元格大小为 7，单击“确定”按钮后隐藏图层 1 副本图层的效果如图 9-29 所示。

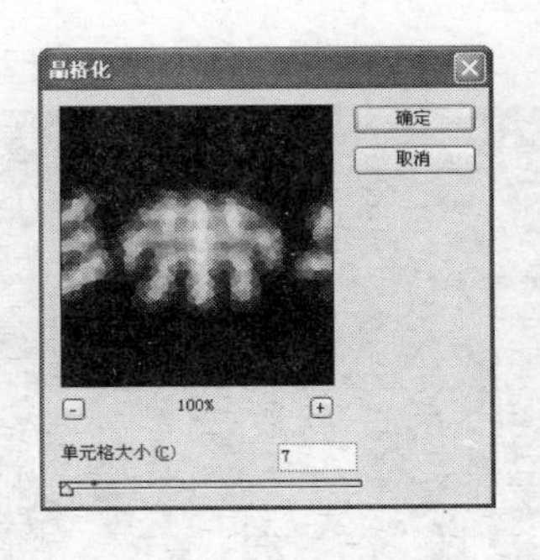

图 9-28　“晶格化”对话框

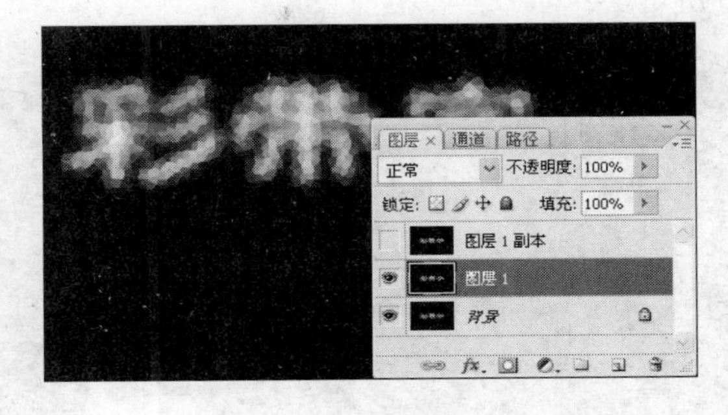

图 9-29　设置后的效果

（4）选择【滤镜】→【风格化】→【照亮边缘】菜单命令，打开“照亮边缘”对话框，在其右侧设置边缘宽度为 1，边缘亮度为 5，平滑度为 5，如图 9-30 所示。单击“确定”按钮后的效果如图 9-31 所示。

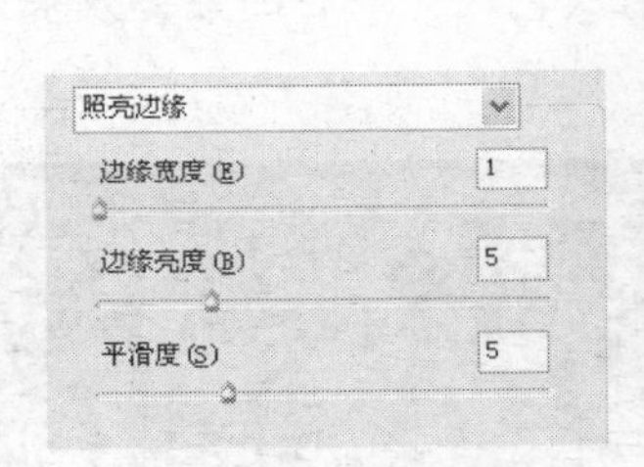

图 9-30　设置数值

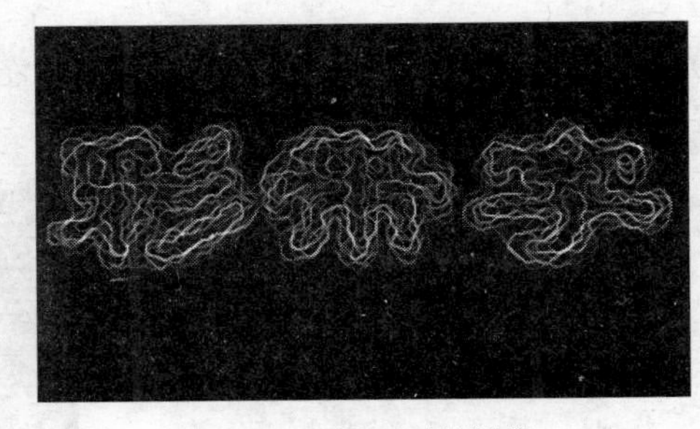

图 9-31　设置后的效果

（5）打开“通道”控制面板。将蓝通道载入选区，然后回到“图层”控制面板，按 Ctrl+J 组合键将选区复制为图层 2，并设置该图层的图层混合模式为滤色，隐藏图层 1 后的效果如图 9-32 所示。

（6）选择图层 1 副本图层，设置高斯模糊半径为 8 像素，如图 9-33 所示。

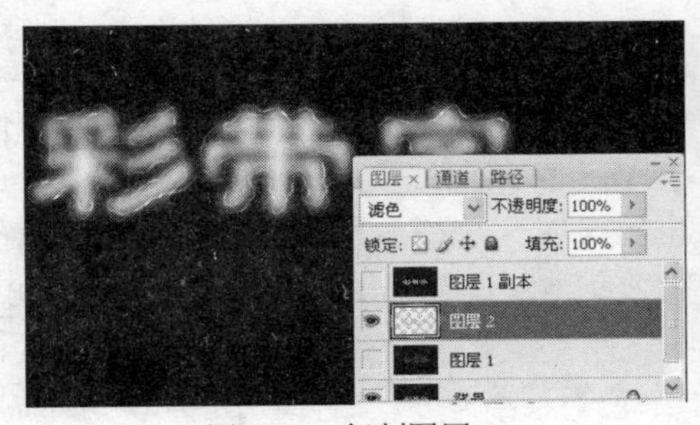

图 9-32　复制图层 2

图 9-33　高斯模糊

（7）选择【滤镜】→【像素化】→【晶格化】菜单命令，打开“晶格化”对话框，设置单元格大小为 14，单击“确定”后的效果如图 9-34 所示。

（8）选择【滤镜】→【风格化】→【照亮边缘】菜单命令，打开“照亮边缘”对话框，在其右侧设置边缘宽度为 1，边缘亮度为 5，平滑度为 12，单击“确定”按钮后的效果如图 9-35 所示。

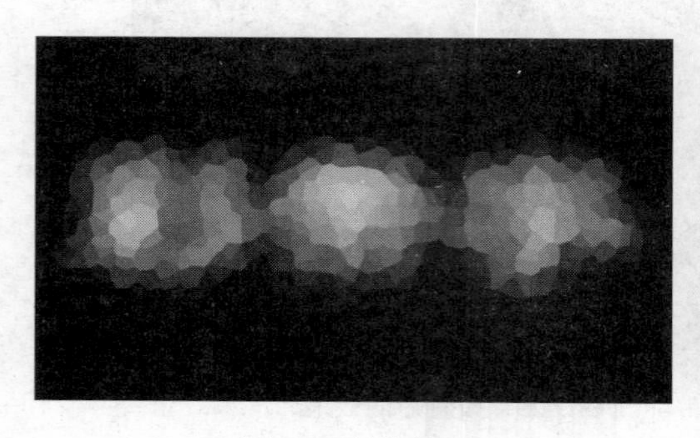

图 9-34 晶格化

图 9-35 照亮边缘

（9）选择图层 1 副本图层，打开“图层样式”对话框，选中“渐变叠加”复选框，设置混合模式为叠加，渐变颜色可任意设置，角度为 0 度，如图 9-36 所示，单击“确定”按钮。

（10）将图层 1 副本图层的图层混合模式设置为滤色，完成后的最终效果如图 9-37 所示。

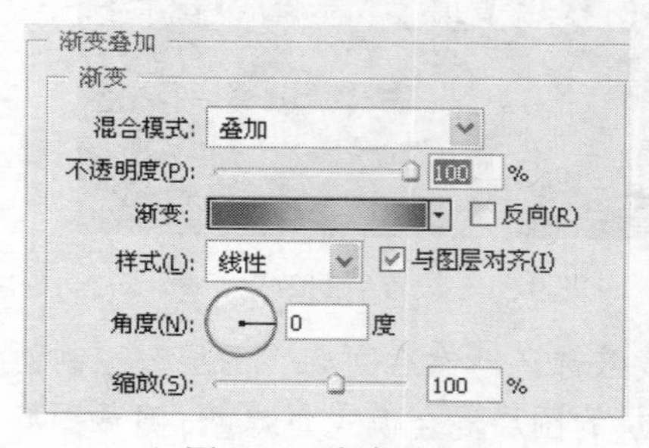

图 9-36 渐变叠加

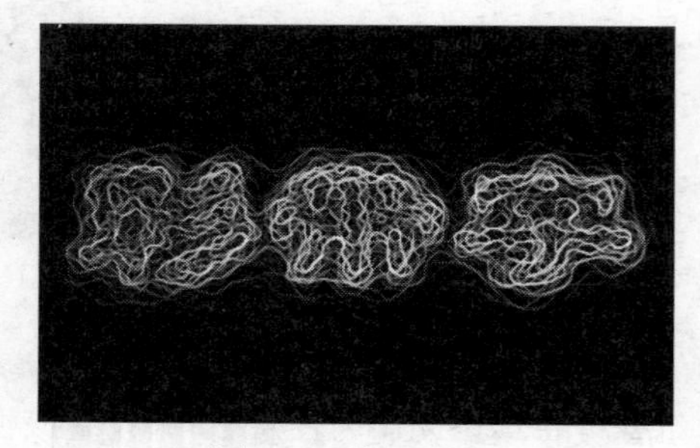

图 9-37 完成制作

操作四 印章字

（1）创建一个“印章字”的图像文档，设置宽度和高度分别为 600 像素和 400 像素，分辨率为 72 像素/英寸，模式为 RGB 模式，颜色为白色。

（2）打开“通道”控制面板，新建 Alpha 1 通道，按 Ctrl+I 组合键进行反向设置，选择工具箱中的横排蒙版文字工具，在图像中输入文字，设置字体为黑体，字号为 120 点，如图 9-38 所示。

（3）选择【滤镜】→【杂色】→【增加杂色】菜单命令，打开如图 9-39 所示的“增加杂色”对话框，设置数量为 400%像素，选中“高斯分布”单选项，单击“确定”按钮后效果如图 9-40 所示。

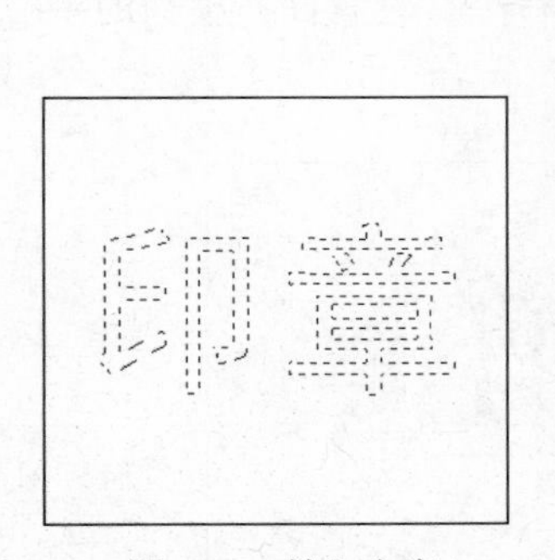

图 9-38　输入文字

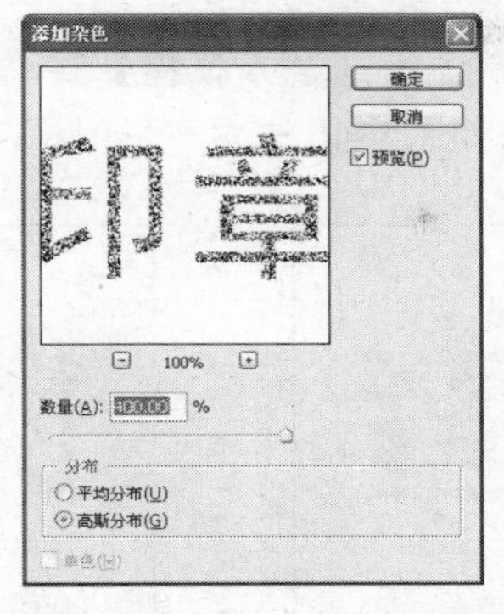

图 9-39　“添加杂色”对话框

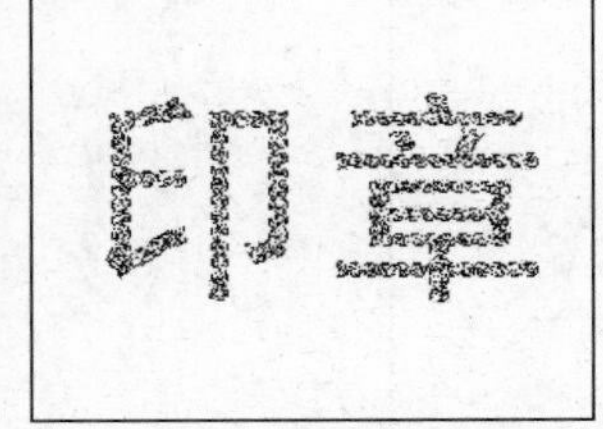

图 9-40　设置后的效果

（4）取消选区，选择【滤镜】→【风格化】→【扩散】菜单命令，打开如图 9-41 所示的“扩散”对话框，选中“变暗优先”单选项，单击“确定”按钮后的效果如图 9-42 所示。

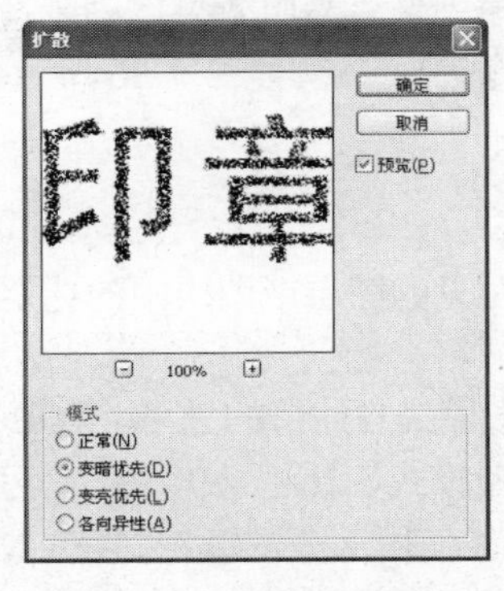

图 9-41　“扩散”对话框

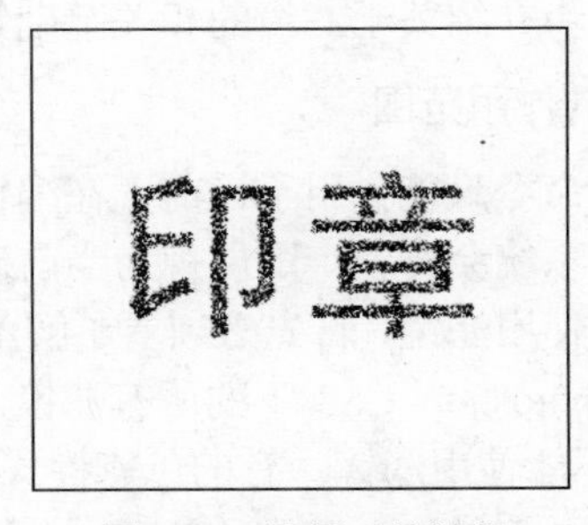

图 9-42　设置后的效果

（5）选择【滤镜】→【模糊】→【高斯模糊】菜单命令，设置高斯模糊的半径为 0.5 像素，单击“确定”按钮后效果如图 9-43 所示。

（6）按 Ctrl+L 组合键打开“色阶”对话框，依次输入数值为 34、1 和 186，完成后按 Ctrl+M 组合键打开“曲线”对话框，设置输入和输出值为 223 和 67，完成后的效果如图 9-44 所示。

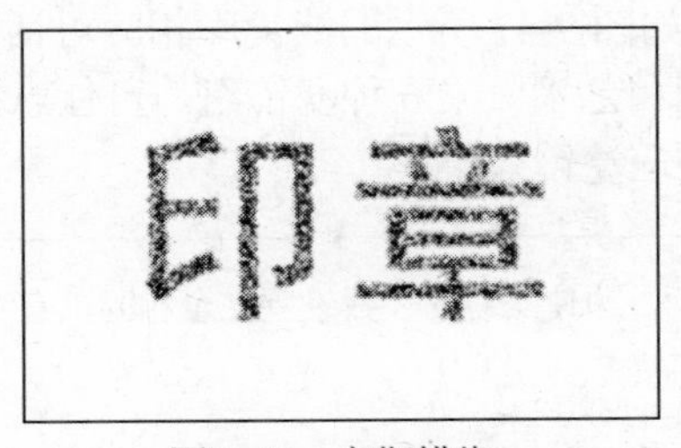

图 9-43　高斯模糊

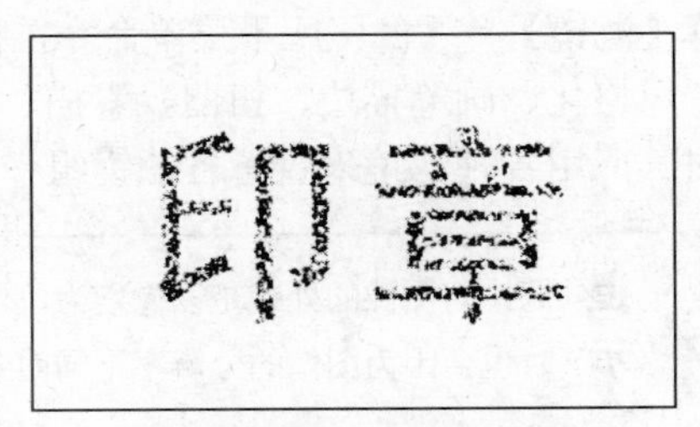

图 9-44　设置曲线

（7）按 Ctrl+I 组合键将 Alpha 1 通道反相，将其载入选区填充 5 次红色，如图 9-45 所示。

（8）选择【滤镜】→【模糊】→【高斯模糊】菜单命令，设置高斯模糊的半径为 1 像素，单击“确定”按钮后效果如图 9-46 所示。

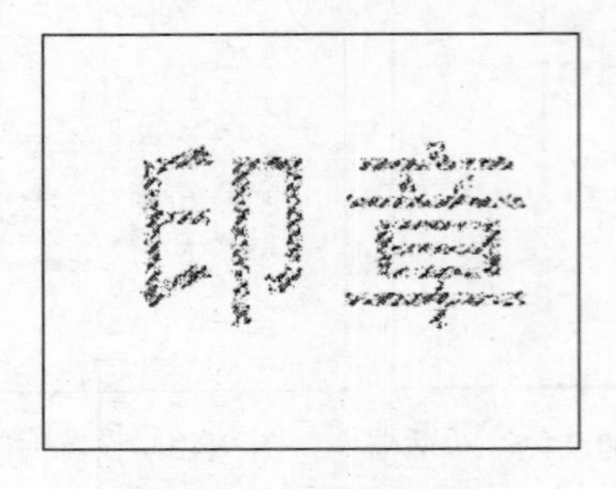

图 9-45 填充颜色

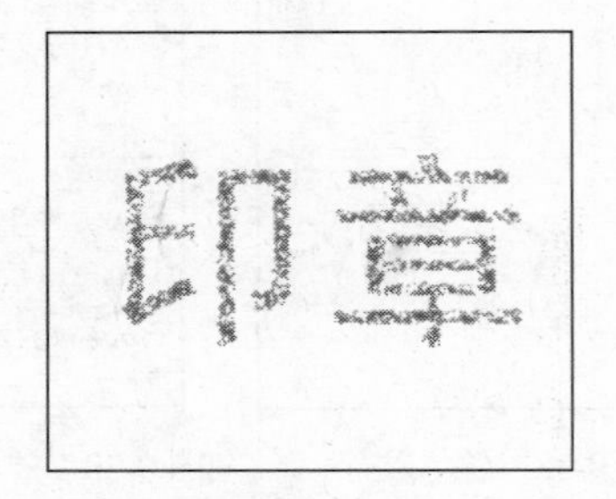

图 9-46 高斯模糊

◆ 学习与探究

本任务练习了滤镜的相关运用，包括“高斯模糊”、“光照效果”、“风”、“液化”、“晶格化”、“照亮边缘”、“增加杂色”和“扩散”命令等。

下面进一步介绍关于滤镜的相关基础知识。

1．滤镜的作用范围

滤镜中的命令只能作用于当前正在编辑的、可见的图层或图层中的选定区域，若没有选定区域，则系统会将整个图层视为当前选定区域。

要对图像使用滤镜，首先必须要了解图像色彩模式与滤镜的关系。RGB 颜色模式的图像可以使用 Photoshop CS3 下的所有滤镜，而位图模式、16 位灰度图、索引模式和 48 位 RGB 模式则不能使用滤镜。有的色彩模式图像只能使用部分滤镜，如在 CMYK 颜色模式下则不能使用画笔描边、素描、纹理、艺术效果和视频类滤镜。

2．滤镜库

在 Photoshop 中的大部分滤镜都集中在滤镜库中，使用滤镜库可以累积应用滤镜，且可多次应用单个滤镜。不但可以查看每个滤镜效果的缩略图，而且还可以重新排列滤镜并更改已应用的滤镜设置，从而实现所需的效果，但是并非“滤镜”菜单中列出的所有滤镜在“滤镜库”中都可使用。

选择【滤镜】→【滤镜库】菜单命令，打开如图 9-47 所示的滤镜库相应对话框，在其中包括了风格化、画笔描边、扭曲、素描、纹理和艺术效果 6 种滤镜组。可任意打开一幅图像，对其应用各种滤镜来查看各滤镜组中的相应滤镜效果。

提示 滤镜对图像的处理是以像素为单位进行，即使滤镜的参数设置完全相同，有时也会因为图像的分辨率不同而效果不同。

图 9-47　滤镜库

- 预览框：用于观察滤镜应用到图像上的变化效果，单击其底部的⊟或⊞按钮，可缩小或放大预览框中的图像。
- 滤镜效果列表：用于显示对图像加载的滤镜选项，设置方法与“图层”控制面板相似，可以通过打开或关闭滤镜名称前的👁图标来决定是否应用该滤镜项，系统默认列表中只有一个滤镜，要应用其他滤镜，应单击按钮创建一个滤镜效果图层，在列表中选择一个滤镜效果图层后单击按钮，可删除选择的滤镜效果。设置好需要应用滤镜的图层或图像区域后，打开“滤镜库”对话框，选择应用滤镜并设置好参数，最后单击“确定”按钮即可应用滤镜。

另外，还可对操作四中的印章字添加边框等效果，使其更具有真实感。

任务二　制作纹理与质感特效

◆ 任务目标

本任务的目标是运用滤镜的相关知识，制作各种纹理与质感的特效，通过练习掌握使用滤镜制作纹理与质感特效的方法，进一步掌握滤镜在制作特效图像中的应用。

本任务的具体目标要求如下：

（1）掌握使用滤镜制作纹理与质感特效图像的方法。

（2）了解除滤镜库外的其他滤镜组中的滤镜效果。

素材位置： 模块九\素材\素材 1.jpg

效果图位置： 模块九\源文件\木纹.psd、帆布.psd、翠玉手镯.psd

◆ 专业背景

本任务要求制作各种纹理与质感的特效图像，除了本任务中介绍的制作特效图像方法外，还可制作其他效果的图像，在制作的过程中，要注意各种滤镜参数的设置和结合其他知识制作特效图像。

操作一　制作木纹

（1）新建一个“木纹”图像文件，设置宽度和高度分别为 600 和 400 像素，分辨率为 72 像素/英寸，颜色模式为 RGB 颜色。

（2）设置前景色和背景色分别为淡暖褐和深黑暖褐，这两种颜色在“色板”控制面板中可以找到，选择【滤镜】→【渲染】→【云彩】菜单命令，填充图像效果如图 9-48 所示。

（3）选择【滤镜】→【杂色】→【增加杂色】菜单命令，打开“增加杂色”对话框，设置数量为 20%，选中“高斯分布”单选项和“单色”复选框，如图 9-49 所示，单击“确定”按钮后的效果如图 9-50 所示。

图 9-48　填充图像

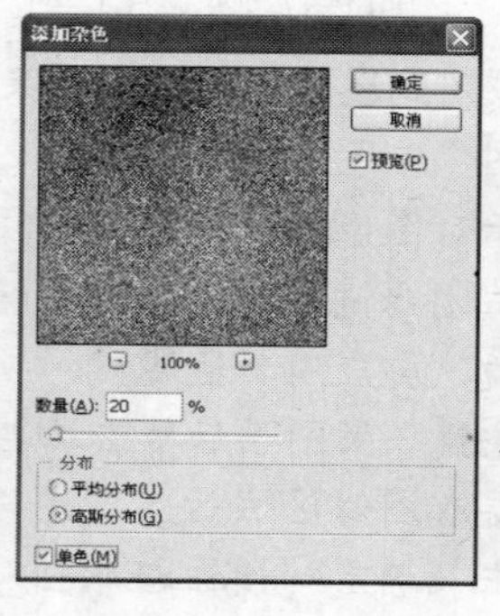

图 9-49　“增加杂色”对话框

图 9-50　添加杂色后的效果

（4）选择【滤镜】→【模糊】→【动感模糊】菜单命令，打开如图 9-51 所示“动感模糊”对话框，设置角度为 0 度，距离为 999 像素，单击“确定”按钮后的效果如图 9-52 所示。

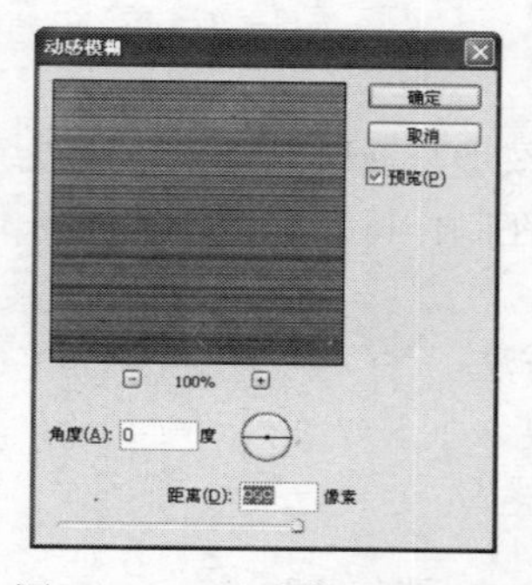

图 9-51　“动感模糊”对话框

图 9-52　设置后的效果

（5）选择工具箱中的矩形选框工具，在任意处绘制矩形选区。选择【滤镜】→【扭曲】→【旋转扭曲】菜单命令，打开如图 9-53 所示“旋转扭曲”对话框，角度为默认，单击“确定”按钮后效果如图 9-54 所示，然后多次重复框选区域，每框选一个区域后，按 Ctrl+F

组合键执行上次的扭曲滤镜，如图 9-55 所示。

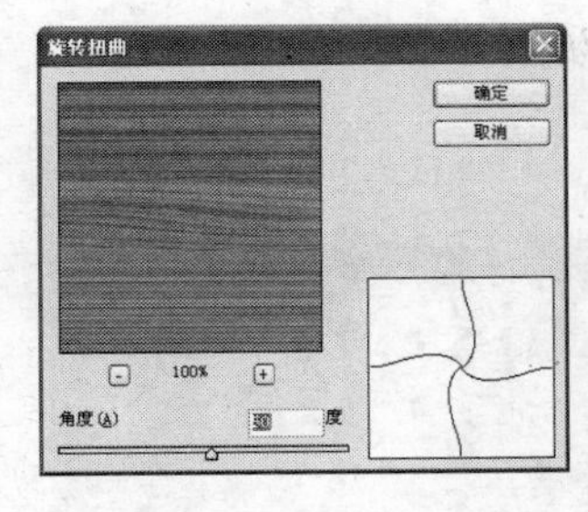

图 9-53　“旋转扭曲”对话框

图 9-54　执行扭曲操作

图 9-55　扭曲后的效果

（6）选择【图像】→【调整】→【亮度/对比度】菜单命令，设置亮度和对比度分别为 73 和 30，如图 9-56 所示。

（7）使用加深工具在图像的部分区域进行涂抹，完成后的效果如图 9-57 所示。

图 9-56　增加亮度

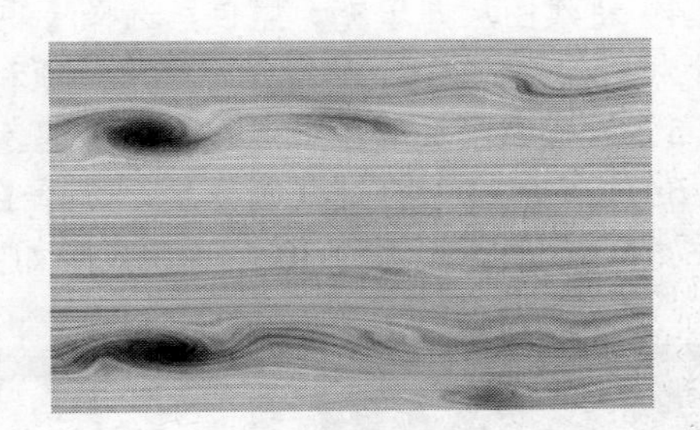

图 9-57　完成制作

操作二　制作帆布纹理

（1）打开“素材 1.jpg”图像文件，选择【滤镜】→【杂色】→【增加杂色】菜单命令，设置数量为 10%，选中“平均分布”单选项和“单色”复选框，如图 9-58 所示。

（2）选择【滤镜】→【模糊】→【高斯模糊】菜单命令，设置模糊为 1 像素，如图 9-59 所示。

图 9-58　添加杂色

图 9-59　高斯模糊

（3）选择【滤镜】→【锐化】→【智能锐化】菜单命令，打开如图 9-60 所示的“智能锐化”对话框，在其中设置数量为 155，半径为 3 像素，单击“确定”按钮后效果如图 9-61 所示。

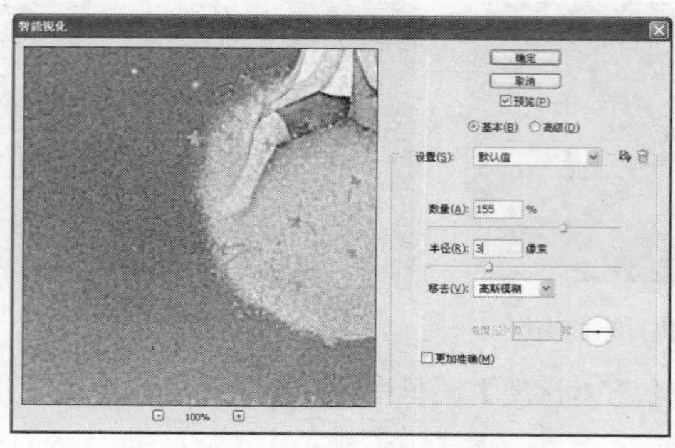

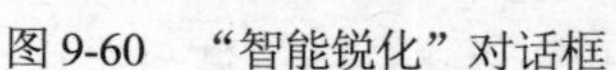

图 9-60 “智能锐化”对话框

图 9-61 设置后的效果

（4）新建图层并填充为黑色，选择【滤镜】→【杂色】→【增加杂色】菜单命令，设置数量为 120%，选中“平均分布”单选项和“单色”复选框，如图 9-62 所示。

（5）设置该图层的图层混合模式为滤色，不透明度为 50%，如图 9-63 所示。

（6）按 Ctrl+J 组合键复制图层，选择【滤镜】→【模糊】→【动感模糊】菜单命令，设置角度为 90 度，距离为 30 像素，效果如图 9-64 所示。

图 9-62 增加杂色

图 9-63 设置图层混合模式

图 9-64 动感模糊

（7）选择【滤镜】→【锐化】→【锐化】菜单命令，执行 3 次该命令，效果如图 9-65 所示。

（8）选择图层 1，选择【滤镜】→【模糊】→【动感模糊】菜单命令，设置角度为 0 度，距离为 30 像素，效果如图 9-66 所示。

图 9-65 锐化图像

图 9-66 动感模糊

（9）按照步骤（7）的方法对图层 1 执行 3 次锐化操作，效果如图 9-67 所示。

（10）合并所有图层，再一次锐化完成制作，效果如图 9-68 所示。

图 9-67 锐化图像

图 9-68 完成制作

提示 若觉得锐化后的图像效果不理想，则可再次按 Ctrl+F 键进行锐化操作加深图像纹理直至满意为止。

操作三 制作翠玉手镯

（1）新建一个“翠玉手镯”图像文件，设置宽度和高度都为 500 像素，分辨率为 72 像素/英寸，颜色模式为 RGB 颜色。

（2）设置前景色为浅绿，颜色在“色板”控制面板中可以找到，选择【滤镜】→【渲染】→【云彩】菜单命令，效果如图 9-69 所示。

（3）选择【滤镜】→【液化】菜单命令，随意绘制出丝状效果，如图 9-70 所示。

（4）创建水平和垂直参考线，选择工具箱中的椭圆工具，按住 Shfit 键不放绘制圆形，如图 9-71 所示。

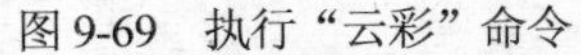

图 9-69 执行“云彩”命令

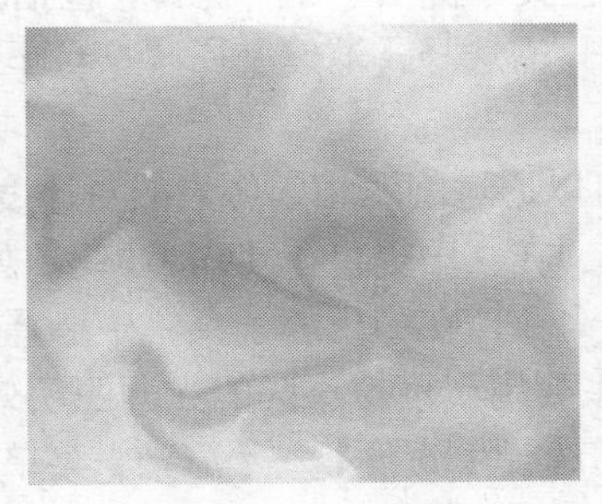

图 9-70 液化图像

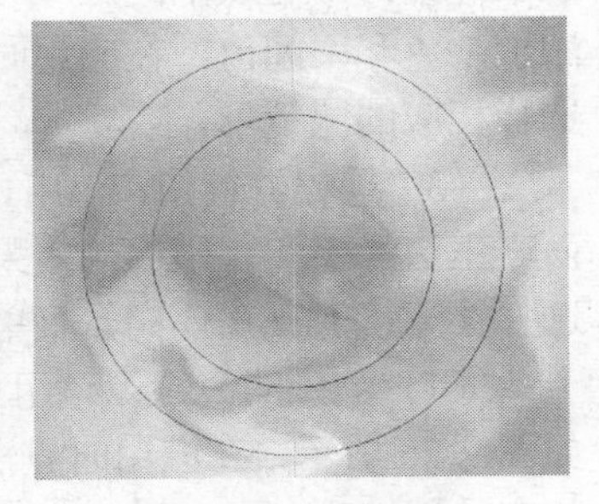

图 9-71 绘制圆形

（5）将路径载入选区，按 Ctrl+J 组合键复制图层，隐藏背景图层后效果如图 9-72 所示。

（6）选择背景图层，将其填充为白色，选择图层 1，双击打开“图层样式”对话框，在其中选中“斜面和浮雕”复选框，设置深度为 220%，大小为 30 像素，软化为 2 像素，高光模式的不透明度为 100%，阴影模式的不透明度为 0%，效果如图 9-73 所示。

（7）选中“内阴影”复选框，设置不透明度为 100%，距离为 0 像素，阻塞为 0%，大小为 15%，再选中“投影”复选框默认设置，完成手镯的制作，效果如图 9-74 所示。

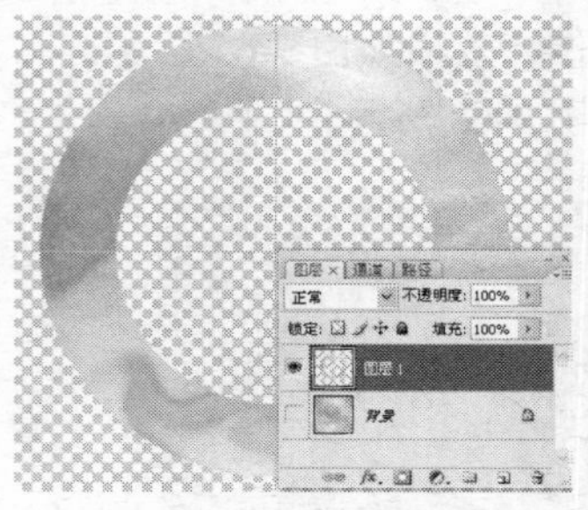

图 9-72　复制图层

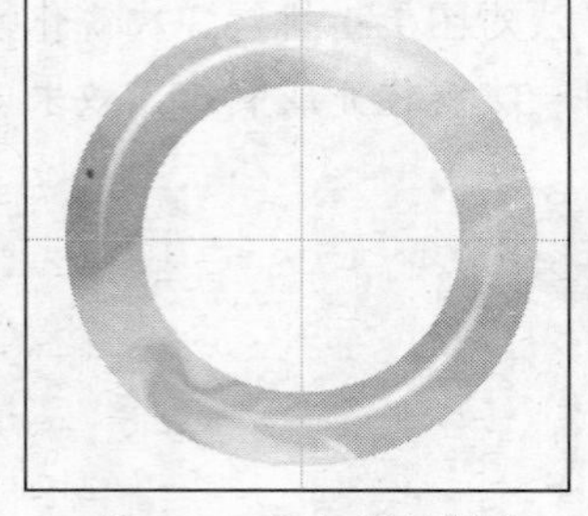

图 9-73　添加图层样式

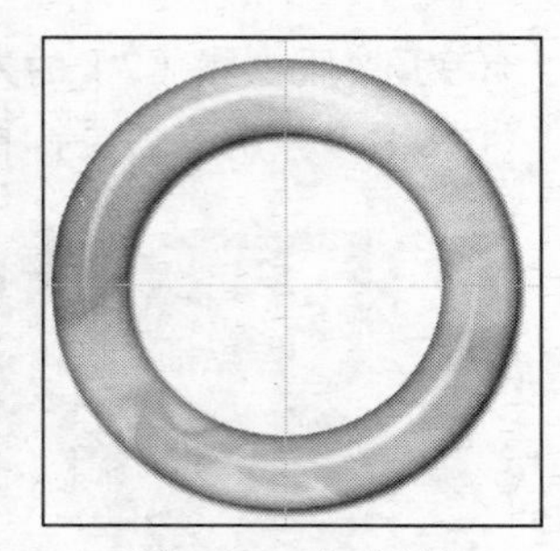

图 9-74　完成制作

提示 在将路径转化为选区时，需要在“建立选区”对话框中选中“从选区中减去”单选项，否则将只存在一个选区。

◆ 学习与探究

本任务练习了使用滤镜的相关知识制作纹理与质感的特效图像。在上一个任务中已经对滤镜库作了简单介绍，下面对 Photoshop CS3 中的其他滤镜进行简要介绍。包括像素化滤镜组、杂色滤镜组、模糊滤镜组、渲染滤镜组和锐化滤镜组。

（1）像素化滤镜组：该组主要是通过将相似颜色值的像素转化成单元格的方法使图像分块或平面化。在其中提供了 7 种滤镜，包括彩色块、彩色半调、点状化、晶格化、马赛克、碎片和铜板雕刻，在应用时只需选择【滤镜】→【像素化】菜单命令，在弹出的子菜单中选择相应的滤镜项。

（2）杂色滤镜组：该组主要用来向图像中添加杂点或去除图像中的杂点，通过混合干扰，制作出着色像素图案的纹理。此外，杂色滤镜还可以创建一些具有特点的纹理效果，或去掉图像中有缺陷的区域。在其中提供了 5 种滤镜，包括减少杂色、蒙尘与划痕、去斑、添加杂色和中间值，在应用时只需选择【滤镜】→【杂色】菜单命令，在弹出的子菜单中选择相应的滤镜项。

（3）模糊滤镜组：该组可以通过削弱相邻像素的对比度，使相邻像素间过渡平滑，从而产生边缘柔和、模糊的效果。在其中提供了 11 种滤镜，如图 9-75 所示，在应用时只需选择【滤镜】→【模糊】菜单命令，在弹出的子菜单中选择相应的滤镜项。

（4）渲染滤镜组：该组主要用于模拟不同的光源照明效果，在其中提供了 5 种滤镜，如图 9-76 所示，在应用时只需选择【滤镜】→【渲染】菜单命令，在弹出的子菜单中选择相应的滤镜项。

（5）锐化滤镜组：该组通过增强相邻像素间的对比度使图像轮廓分明，从而达到使图像清晰的效果。在其中提供了 5 种滤镜，如图 9-77 所示，在应用时只需选择【滤镜】→【锐化】菜单命令，在弹出的子菜单中选择相应的滤镜项。

（6）智能滤镜：应用于智能对象的任何滤镜都是智能滤镜。智能滤镜将出现在“图层”控制面板中应用这些智能滤镜的智能对象的图层下方。这是 Photoshop CS3 的新增功能，原来设置好后的滤镜效果不能再进行重新编辑，但如果将该滤镜转换为智能滤镜后，便可对原来应用的滤镜效果进行编辑。

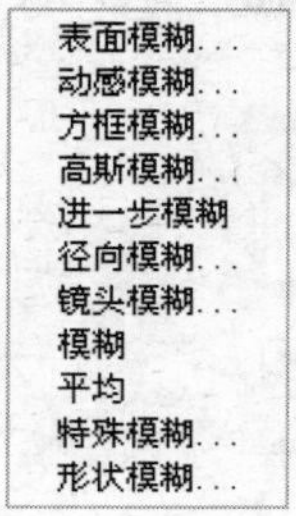

表面模糊...
动感模糊...
方框模糊...
高斯模糊...
进一步模糊
径向模糊...
镜头模糊...
模糊
平均
特殊模糊...
形状模糊...

图 9-75　模糊滤镜组

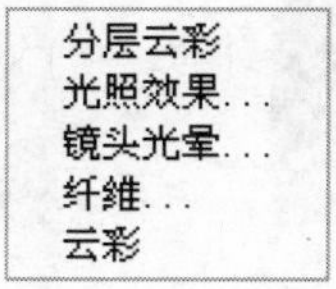

分层云彩
光照效果...
镜头光晕...
纤维...
云彩

图 9-76　渲染滤镜组

USM 锐化...
进一步锐化
锐化
锐化边缘
智能锐化...

图 9-77　锐化滤镜组

对于这些滤镜组中的应用可结合到相应的操作中来掌握其具体效果，另外，可将滤镜与其他知识结合使用，制作出各种不同纹理与质感的特效图像，如皮革效果、大理石效果和金属质感效果等。对于操作三中制作的翠玉手镯，还可制作其他颜色的手镯，除了本任务中使用的滤镜。还可使用其他方法制作出同样的效果。

任务三　制作图像特效

◆ 任务目标

本任务的目标是运用滤镜的相关知识制作一些特效图像效果，通过练习进一步掌握滤镜的设置方法。

本任务的具体目标要求如下：

（1）熟练掌握使用滤镜制作何种特效图像的方法。

（2）了解外挂滤镜的安装和使用方法。

素材位置：模块九\素材\素材 2.jpg、素材 3.jpg、园林.jpg、照片.jpg

效果图位置：模块九\源文件\云雾.psd、下雨.psd、素描画.psd、油画.psd

◆ 专业背景

本任务中要求使用滤镜的相关知识制作图像特效。通常由照相机照出的照片往往没有想要表现的图像效果，使用 Photoshop 中的滤镜为照片添加各种特效，在工作和生活中经常使用到。

操作一　制作云雾效果

（1）打开“园林.jpg”素材图像，新建图层选择【滤镜】→【渲染】→【云彩】菜单命令，效果如图 9-78 所示。

（2）将该图层的图层混合模式设置为滤色，不透明度为 70%，如图 9-79 所示。

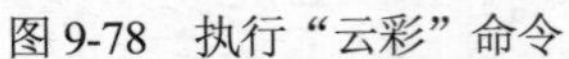

图 9-78　执行“云彩”命令

图 9-79　设置图层混合模式

（3）选择工具箱中的橡皮擦工具擦除不需要云雾的图像区域。如图 9-80 所示。

（4）选择背景图层，设置亮度和对比度分别为 42 和 58，效果如图 9-81 所示。

图 9-80　擦除不需要的图像区域

图 9-81　调整亮度和对比度

操作二　制作下雨效果

（1）打开“素材 2.jpg”素材图像，按 Ctrlt+U 组合键将饱和度设置为 50%，如图 9-82 所示。

（2）复制背景图层，新建图层 1 并填充为黑色，选择【滤镜】→【像素化】→【点状化】菜单命令，打开如图 9-83 所示的“点状化”对话框，在其中设置单元格大小为 5，效果如图 9-84 所示。

图 9-82　调整饱和度

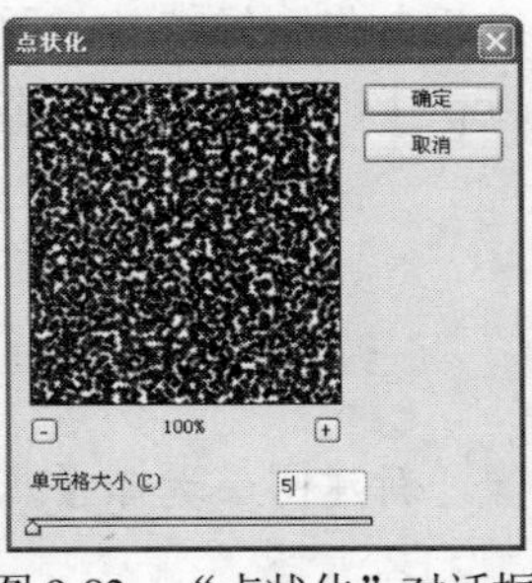

图 9-83　“点状化”对话框

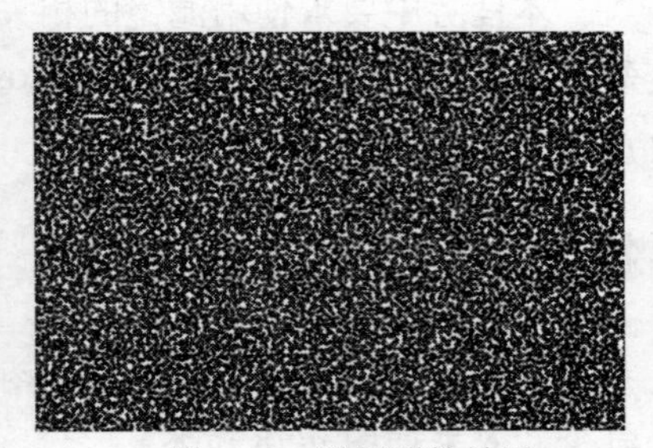

图 9-84　设置后的效果

（3）选择【图像】→【调整】→【阈值】菜单命令，输入数值 255，完成后效果如图 9-85 所示。

（4）将图层 1 的图层混合模式设置为滤色，如图 9-86 所示，选择【滤镜】→【模糊】→【动感模糊】菜单命令，设置角度为-70 度，距离为 40 像素，如图 9-87 所示。

图 9-85　设置阈值

图 9-86　设置图层混合模式

图 9-87　设置动感模糊

（5）选择【滤镜】→【锐化】→【USM 锐化】菜单命令，打开如图 9-88 所示的“USM 锐化”对话框，在其中设置数量为 100%，半径为 2 像素，单击“确定”按钮后效果如图 9-89 所示。

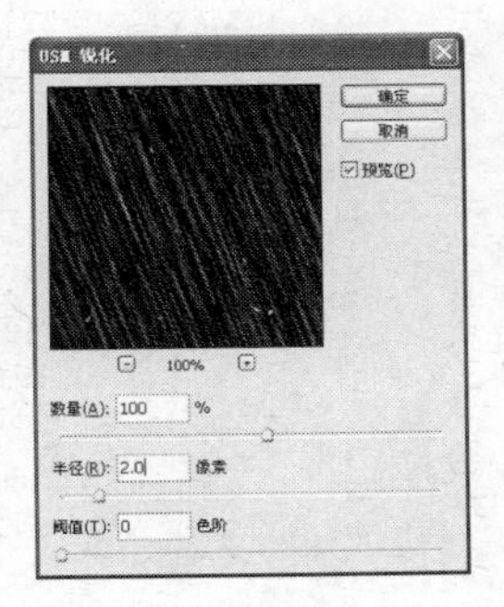

图 9-88　“USM 锐化”对话框

图 9-89　锐化后的效果

操作三　制作素描画

（1）打开“照片.jpg”素材图像，按 Ctrl+Shift+U 组合键去色，如图 9-90 所示。

（2）复制背景图层，选择复制后的图层，按 Ctrl+I 组合键进行反相，如图 9-91 所示。

图 9-90　去色

图 9-91　反相

（3）选择【滤镜】→【其它】→【最小值】菜单命令，打开如图 9-92 所示的“最小值”对话框，在其中设置半径为 1 像素，效果如图 9-93 所示。

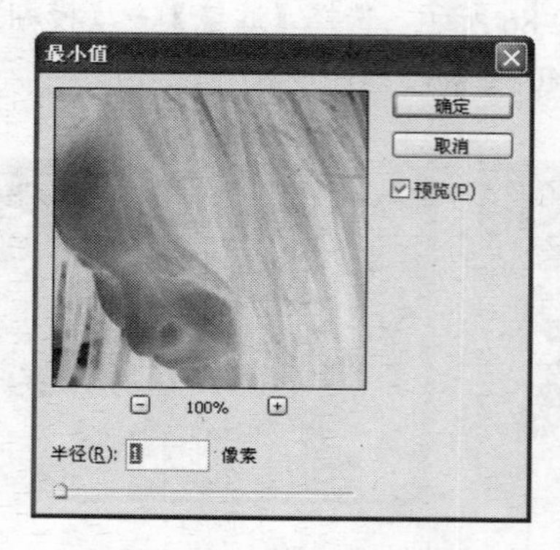

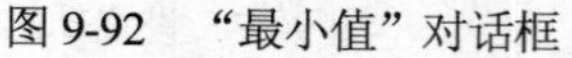
图 9-92 “最小值”对话框

图 9-93 设置后的效果

（4）将背景 副本图层的图层混合模式设置为颜色减淡，如图 9-94 所示。

（5）选择【滤镜】→【模糊】→【高斯模糊】菜单命令，设置半径为 2 像素，如图 9-95 所示。

图 9-94 设置图层混合模式

图 9-95 完成制作

操作四 制作油画效果

（1）打开“素材 3.jpg”素材图像，如图 9-96 所示，并复制背景图层。

（2）选择【滤镜】→【扭曲】→【玻璃】菜单命令，打开“玻璃”对话框，在其右侧设置扭曲度为 4，平滑度为 4，在“纹理”下拉列表框中选择“画布”选项，设置缩放为 100%，如图 9-97 所示，单击“确定”按钮后的效果如图 9-98 所示。

（3）选择【滤镜】→【艺术效果】→【绘画涂抹】菜单命令，打开“绘画涂抹”对话框，在其右侧设置画笔大小为 5，锐化程度为 5，如图 9-99 所示，单击“确定”按钮后的效果如图 9-100 所示。

技巧 在制作特效图像时，有时应用不同的滤镜也可以制作出同一种相似的效果，对于滤镜参数的设置，需根据实际情况进行设置。

图 9-96　打开素材图像

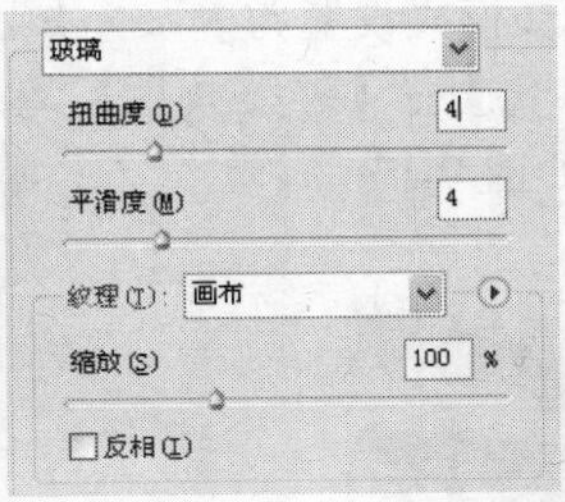

图 9-97　设置参数

图 9-98　设置后的效果

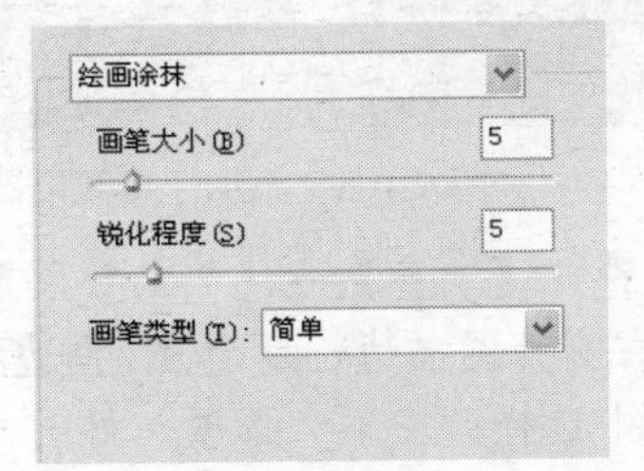

图 9-99　设置参数

图 9-100　设置后的效果

（4）选择【滤镜】→【画笔描边】→【成角的线条】菜单命令，打开“成角的线条”对话框，在其右侧设置方向平衡为 60，描边长度为 8，锐化程度为 6，如图 9-101 所示，单击“确定”按钮后的效果如图 9-102 所示。

（5）选择【滤镜】→【纹理】→【纹理化】菜单命令，打开“纹理化”对话框，在其右侧设置缩放为 70%，凸现为 12，在“光照”下拉列表框中选择“左下”选项，如图 9-103 所示，单击“确定”按钮后的效果如图 9-104 所示。

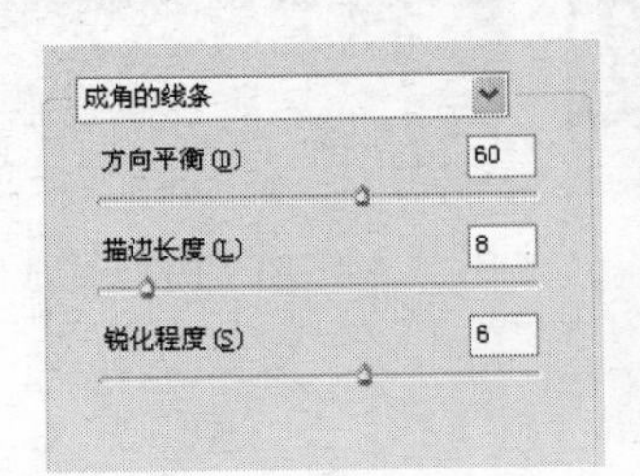

图 9-101　参数设置

图 9-102　设置后的效果

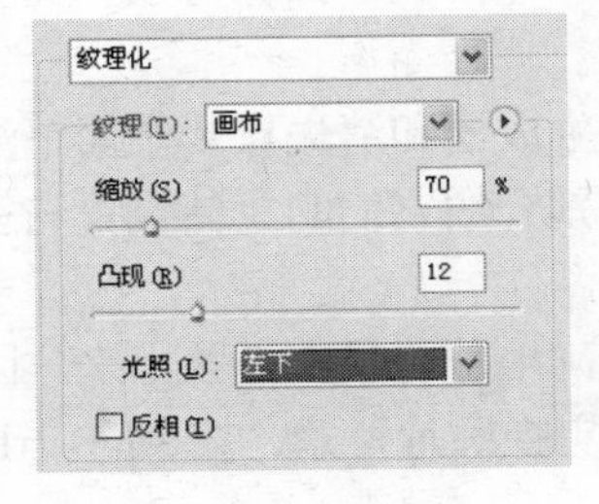

图 9-103　设置参数

图 9-104　设置后的效果

（6）将背景 副本图层的图层模式设置为叠加，如图 9-105 所示。

（7）选择【滤镜】→【风格化】→【浮雕效果】菜单命令，设置角度为 100 度，高度为 4 像素，数量为 120%，效果如图 9-106 所示。

图 9-105　设置图层混合模式

图 9-106　添加浮雕效果

（8）按 Ctrl+Shift+Alt+E 组合键盖印图层，选择【滤镜】→【艺术效果】→【粗糙蜡笔】菜单命令，打开“粗糙蜡笔”对话框，在其右侧设置描边长度为 3，描边细节为 5，缩放为 130%，凸现为 30，在“光照”下拉列表框中选择“左下”选项，如图 9-107 所示，单击“确定”按钮后的效果如图 9-108 所示。

（9）将图层 1 的图层混合模式设置为柔光，完成油画的制作，如图 9-109 所示。

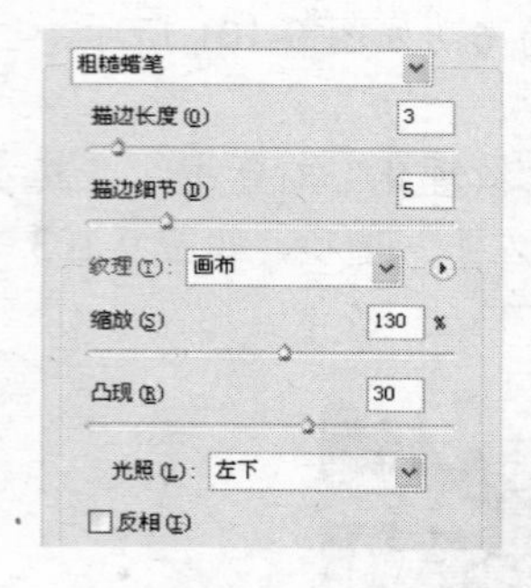

图 9-107　设置参数

图 9-108　设置后的效果

图 9-109　完成制作

◆ 学习与探究

本任务练习了使用滤镜制作特效图像的相关知识，包括云雾效果、下雨效果、素描画效果和油画效果的制作，除此之外，还可使用滤镜制作出其他图像特效，如下雪效果、闪电效果等。

在 Photoshop CS3 中提供了抽出、液化、图案生成器和消失点 4 个简单滤镜，在各个滤镜对话框中的左侧都有相应的工具按钮，下面分别介绍它们的具体设置与应用。

（1）抽出滤镜。

使用“抽出”滤镜可以将图像中的特定区域精确地从背景中提取出来，因此可将其看作是对绘制选区功能的补充。利用该滤镜同样可以更换照片背景。按 Alt+Ctrl+X 组合键可快速打开“抽出”对话框。

（2）液化滤镜。

在本章实例中已经使用到了液化滤镜，使用“液化”滤镜可以对图像的任何部分进行各种类似液化效果的变形处理，如收缩、膨胀和旋转等，并且在液化过程中可对其各种效果程度进行随意控制，是修饰图像和创建艺术效果的有效方法。在使用液化工具前，可先在“画笔选项”栏下设置好画笔大小、画笔密度和画笔压力等参数。按 Shift+Ctrl+X 组合键将可快速打开“液化”对话框。

（3）图案生成器。

使用图案生成器滤镜可以根据选取图像的部分或剪贴板中的图像来生成各种图案，其特殊的混合算法避免了在应用图像时的简单重复，实现了拼贴块与拼贴块之间的无缝拼接效果。按 Alt+Shift+Ctrl+X 组合键将可快速打开“图案生成器”对话框。

（4）消失点。

使用“消失点”滤镜可以在选定的图像区域内进行克隆、喷绘和粘贴图像等操作，使操作对象根据选定区域内的透视关系自动进行调整，以适配透视关系。在其对话框左侧同样有工具箱，选择工具箱的各种工具，可实现不同的效果。按 Alt+Ctrl+V 组合键将可快速打开“消失点”对话框。

对于这些常用滤镜的设置效果，用户可为图像应用相关的滤镜来掌握其效果和作用。

实训一　制作玻璃字

◆ 实训目标

本实训要求运用滤镜的相关知识制作玻璃字，效果如图 9-110 所示。通过本实训掌握利用滤镜制作特效文字的方法。

效果图位置：模块九\源文件\玻璃字.psd

图 9-110　玻璃字效果

◆ 实训分析

本实训的操作思路如图 9-111 所示，具体分析及思路如下：

（1）新建一个黑色背景的图像文件，在其中输入白色文字，设置字体为华文琥珀，字号为 150 点。

（2）将文字载入选区，打开“通道”控制面板，新建 Alpha 1 通道填充为白色，然后选择【滤镜】→【素描】→【铬黄】菜单命令，在打开的对话框中设置细节为 3，平滑度为 10，单击“确定”按钮。

（3）将 Alpha 1 通道载入选区，新建图层并填充为黑色。将原文字载入选区，新建 Alpha 2 通道填充为白色，设置高斯模糊半径为 10 像素，选择【滤镜】→【扭曲】→【玻璃】菜单命令，设置扭曲度为 20，平滑度为 4，纹理为小镜头，缩放为 50%。将 Alpha 2 通道载入选区，新建图层填充为白色。

（4）将原文字载入选区，收缩选区为 3 像素，添加图层蒙版。

①执行“铬黄”命令　②执行“玻璃”命令　③完成制作

图 9-111　制作玻璃字的操作思路

实训二　制作水晶纹理

◆ 实训目标

本实训要求运用滤镜和通道的相关知识制作如图 9-112 所示的水晶纹理。

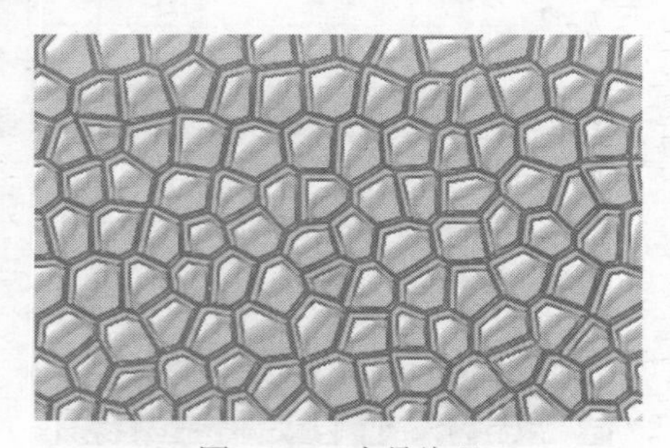

图 9-112　水晶纹理

效果图位置： 模块九\源文件\水晶纹理.psd

◆ 实训分析

本实训的操作思路如图 9-113 所示，具体分析及思路如下：

（1）新建图像文件，打开“通道”控制面板，新建 Alpha 1 通道，选择【滤镜】→【纹理】→【染色玻璃】菜单命令，设置纹理轮廓。

（2）复制通道，选择【滤镜】→【艺术效果】→【霓虹灯光】菜单命令，设置相应参数。再复制通道，选择【滤镜】→【风格化】→【浮雕效果】菜单命令，设置浮雕参数。

（3）复制当前通道，并进行反相，分别调整后面复制的两个通道的色阶，回到“图层”控制面板，填充灰色，然后将复制后的通道载入选区，通过与 Alpha 1 通道相减，并填充相应的颜色，制作出大致效果，最后调整色相和饱和度，完成制作。

图 9-113　制作水晶纹理的操作思路

实训三　制作羽毛

◆ 实训目标

本实训要求运用通道的相关知识，制作羽毛，最终效果如图 9-114 所示。

图 9-114　羽毛效果

效果图位置：模块九\源文件\羽毛.psd

◆ 实训分析

本实训的操作思路如图 9-115 所示，具体分析及思路如下：

（1）新建图像文件，新建图层 1，使用矩形选框工具绘制矩形选区并填充为黑色。选择【滤镜】→【风格化】→【风】菜单命令，选中“大风”单选项，完成后再选择【滤镜】→【模糊】→【动感模糊】菜单命令，设置角度为 0，距离为 35 像素。

（2）按 Ctrl+T 组合键变换图像，使之逆时针旋转 90 度，选择【滤镜】→【扭曲】→【极坐标】菜单命令，选中“极坐标到平面坐标”单选项，完成变换图像。

（3）清除不需要的图像区域，制作出羽毛一边的效果。

（4）复制图层，并水平变换，然后使用矩形选框工具绘制羽毛杆，填充相近的颜色，完成羽毛的制作，合并羽毛的所有图层，调整色相和饱和度。选择【滤镜】→【扭曲】→【切变】菜单命令，设置羽毛的弧度。

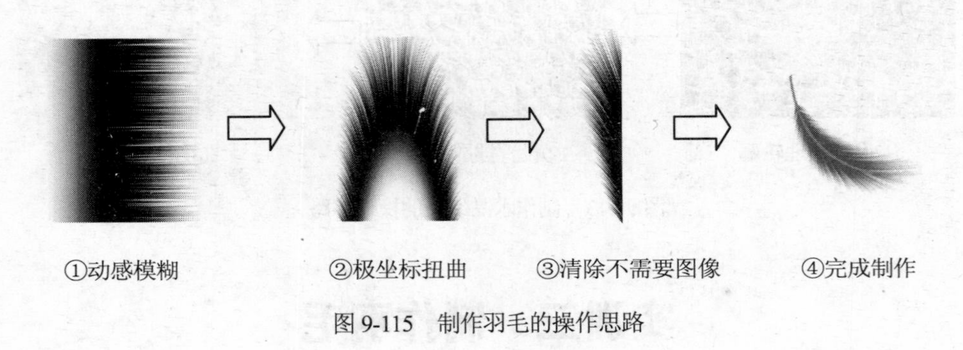

图 9-115　制作羽毛的操作思路

实训四　制作水波效果

◆ 实训目标

本实训要求运用通道的相关知识，制作羽毛效果，最终效果如图 9-116 所示。

图 9-116　水波效果

效果图位置：模块九\源文件\水波.psd

◆ 实训分析

本实训的操作思路如图 9-117 所示，具体分析及思路如下：

（1）新建图像文件，设置前景色为蓝色，背景色为白色，新建图层 1 并填充为蓝色。选择【滤镜】→【渲染】→【云彩】菜单命令，执行云彩操作。

（2）选择【滤镜】→【扭曲】→【玻璃】菜单命令，在“纹理”下拉列表框中选择“磨砂”选项，然后设置相应参数。

（3）将整个图像进行透视变换，并调整亮度和对比度。完成后使用椭圆选框工具创建椭圆选区，设置选区的羽化值，然后选择【滤镜】→【扭曲】→【水波】菜单命令，进行相应设置。

（4）完成制作。

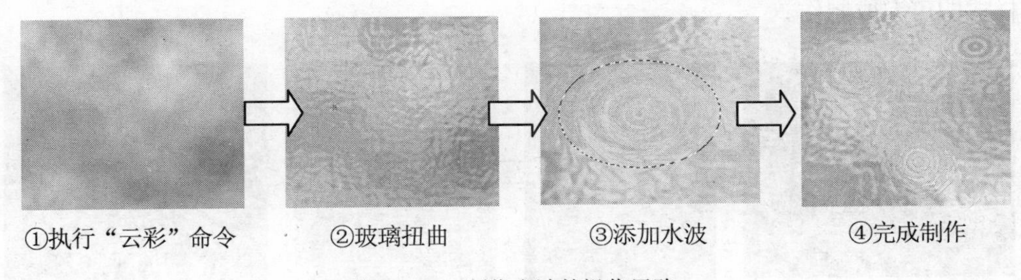

图 9-117　制作水波的操作思路

实训五　制作烟花效果

◆ 实训目标

本实训要求运用滤镜的相关知识，制作烟花效果，最终效果如图 9-118 所示。

图 9-118　水波效果

效果图位置：模块九\源文件\烟花.psd

◆ 实训分析

本实训的操作思路如图 9-119 所示，具体分析及思路如下：

（1）新建图像文件，并填充为黑色。新建图层 1，使用白色画笔在图像上绘制出烟花的大致形状。选择【滤镜】→【扭曲】→【极坐标】菜单命令，在其中选中“极坐标到平面坐标”单选项，单击“确定”按钮。

（2）将画布顺时针旋转 90 度。

（3）选择【滤镜】→【风格化】→【风】菜单命令，进行相应设置，按 Ctrl+F 组合键执行多次，然后将画布逆时针旋转 90 度。

（4）选择【滤镜】→【扭曲】→【极坐标】菜单命令，在其中选中“平面坐标到极坐标”单选项，单击“确定”按钮。烟花的效果已经大致完成，然后为该图层添加外发光图层样式即可完成制作。

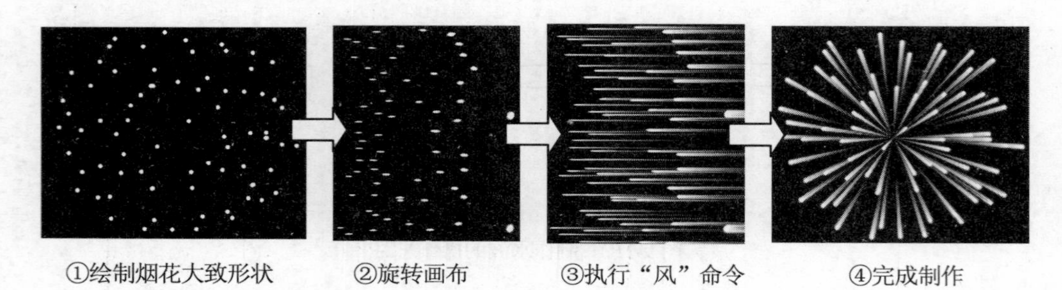

①绘制烟花大致形状　②旋转画布　③执行“风”命令　④完成制作

图 9-119　制作烟花效果的操作思路

实践与提高

根据本模块所学内容，完成以下实践内容。

练习 1　制作动感背景

本练习将使用动感模糊滤镜和选区相结合的相关知识制作动感的模糊效果，最终效果如图 9-120 所示。

图 9-120　动感模糊效果

素材位置：模块九\素材\飞机.jpg

效果图位置：模块九\源文件\动感模糊.psd

练习 2　制作烟雾效果

运用“高斯模糊”滤镜、新建通道、画笔工具、涂抹工具、“波浪”滤镜和“最小值”滤镜等制作烟雾，最终效果如图 9-121 所示。

图 9-121　烟雾效果

效果图位置：模块九\源文件\烟雾.psd

练习 3　制作条纹码

运用“添加杂色”滤镜和选框工具绘制条纹码效果，最终效果如图 9-122 所示。

图 9-122　条纹码效果

效果图位置：模块九\源文件\条纹码.psd

练习 4　制作草编纹理

运用“风格化”滤镜对图像进行编辑，制作出草的纹理效果，然后复制图层并调整图层顺序得到草编效果，最终效果如图 9-123 所示。

图 9-123　草编效果

效果图位置：模块九\源文件\草编效果.psd

练习 5　外挂滤镜的应用知识

外挂滤镜是由第三方软件生产商开发，必须依附在 Photoshop 中运行的滤镜。外挂滤镜在很大程度上弥补了 Photoshop 自身滤镜的部分缺陷，其功能强大，可以轻易地制作出非常漂亮的图像效果。下面讲解外挂滤镜的安装和使用方法。

- 外挂滤镜的安装：下载外挂滤镜后，只需按照软件提供的安装说明进行安装，安装完成后启动 Photoshop，外挂滤镜会显示在“滤镜”菜单中。Photoshop 的安装目录下有一个名为“Plug-Ins”文件夹，该文件夹即是用来存放滤镜，外挂滤镜必须安装在此文件夹中才可使用。
- 外挂滤镜的使用方法：外挂滤镜的使用方法与系统自带的滤镜使用方法一样，需注意的是由于是第三方软件，因此不同的外挂滤镜有不同的工作界面，功能自然也不一样。用户可在网上搜索外挂滤镜并将其安装到 Photoshop 中，然后对图像应用安装的各个外挂滤镜，了解外挂滤镜的工作界面。

模块十

图像的批处理与输出

动作是 Photoshop CS3 中的一大特色功能，通过它可以对不同的图像快速执行相同的操作，减少了重复工作的复杂度，但是使用“动作”控制面板只能一次对一个图像执行动作，若想对一个文件夹下的所有图像同时应用某动作，可通过“批处理”命令来快速实现。在完成图像处理后，有时需要通过打印或印刷将其输出到纸张上，以便于查看和修改图像，本模块将以两个操作任务来具体介绍动作、图像的批处理和输出的相关知识。

学习目标

- 掌握应用预置动作的方法
- 掌握创建与储存动作的方法
- 熟练掌握图像的批处理
- 熟练图像的输出方法

任务一　图像的自动化处理

◆ 任务目标

本任务的目标是运用“动作”控制面板、“批处理”命令和 Web 照片画廊的相关知识进行各种图像处理，作通过练习掌握图像自动化处理的基本操作。

本任务的具体目标要求如下：

（1）了解认识“动作”控制面板。

（2）掌握动作和录制方法。

（3）掌握使用动作批处理图像的方法。

（4）掌握创建 Web 照片画廊和制作 GIF 动画的方法。

素材位置：模块十\素材\素材 1.jpg、素材 2.jpg、素材 3.jpg、素材 4.jpg、素材 5.jpg、“批处理”文件夹、“Web 照片”文件夹

效果图位置：模块十\源文件\调整亮度.psd、“调整亮度”文件夹、“Web 照片画廊”文件夹、“images”文件夹、网页动画.html

操作一　录制和播放动作

（1）打开“素材 1.jpg”素材图像，如图 10-1 所示。选择【窗口】→【动作】菜单命令，或按 Alt+F9 组合键打开“动作”控制面板，在其下方单击“创建新动作”按钮，打开“新建动作”对话框，在“名称”文本框中输入“调整亮度”文本，如图 10-2 所示，单击“确定”按钮。

图 10-1　打开素材图像

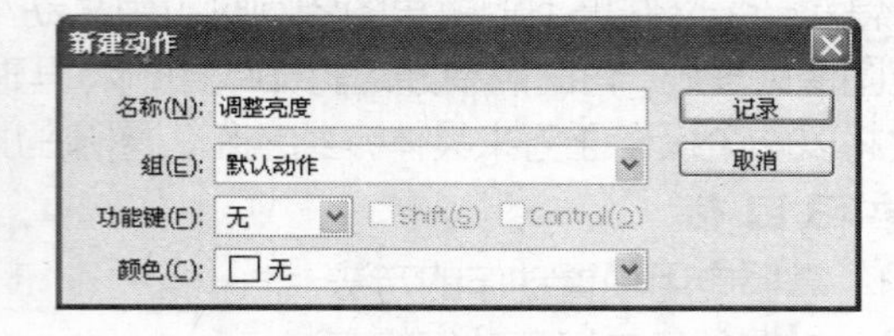

图 10-2　“新建动作”对话框

（2）此时接下来的任何操作都将被记录到新建的动作中，录制动作时“动作”控制面板中的“开始记录”按钮呈红色显示。

（3）按 Ctrl+M 组合键打开“曲线”对话框，设置输出和输入数值为 136 和 112，如图 10-3 所示。

（4）单击“确定”按钮关闭对话框，此时刚刚所进行的操作已被记录在“调整亮度”动作中，如图 10-42 所示。

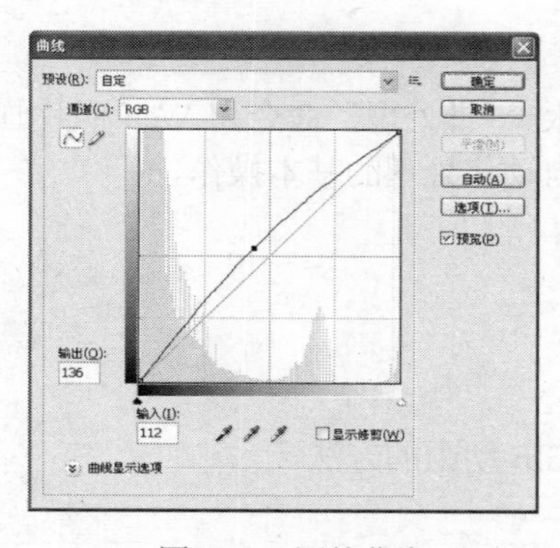

图 10-3　调整曲线

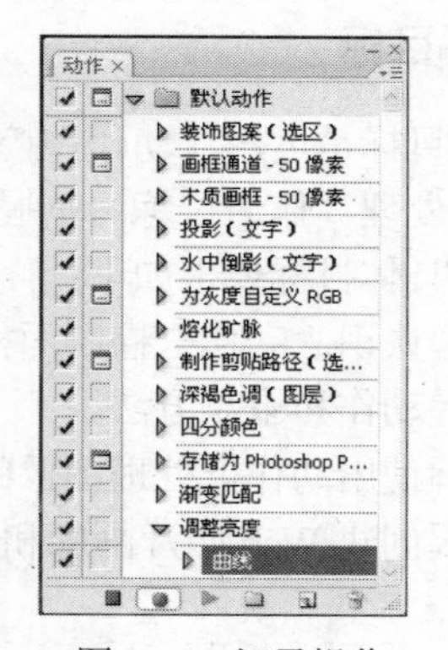

图 10-4　记录操作

（5）继续调整图像的亮度和对比度，分别设置为 15 和−10，操作将被记录在“调整亮度”动作中。

（6）按 Shift+Ctrl+L 组合键执行自动色阶调整，如图 10-5 所示，完成后单击“动作”控制面板中的“停止播放/记录”按钮，完成录制。

（7）在“动作”控制面板中选择新建的“调整亮度”动作，如图 10-6 所示，单击“播放选定”按钮执行该动作，执行后的效果如图 10-7 所示。

技巧 单击“动作”控制面板底部的“创建新组”按钮，可在“动作”控制面板中创建新组，然后再在组中新建动作，以便于管理默认动作和新建动作。

图 10-5　调整后的效果

图 10-6　选择动作

图 10-7　播放动作

（8）若觉得执行动作后的效果变化不明显，还可再次播放该动作，使效果更加明显。

操作二　使用动作批量处理图像

（1）选择【文件】→【自动】→【批处理】菜单命令，在打开的“批处理”对话框中的“动作”下拉列表框中选择“调整亮度”选项，如图 10-8 所示。

（2）单击“选择”按钮，在打开的“浏览文件夹”对话框中将“批处理”文件夹作为当前要处理的文件夹，如图 10-9 所示。在“批处理”文件夹内包含了 6 个图像文件，如图 10-10 所示。

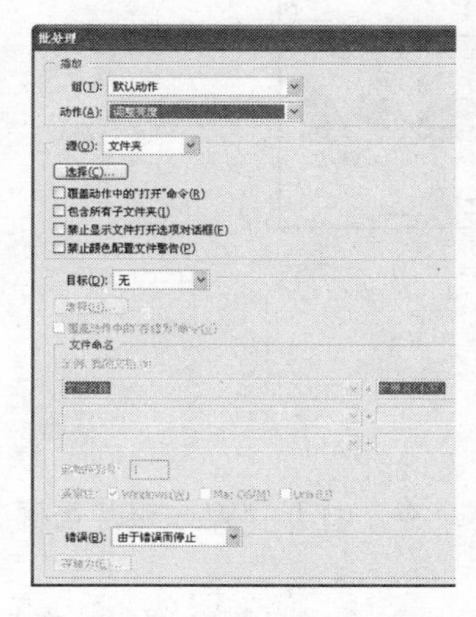

图 10-8　选择要执行的动作

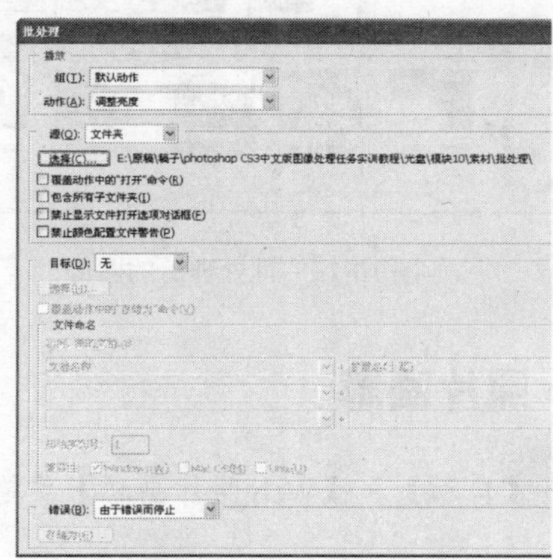

图 10-9　选择需处理的文件夹

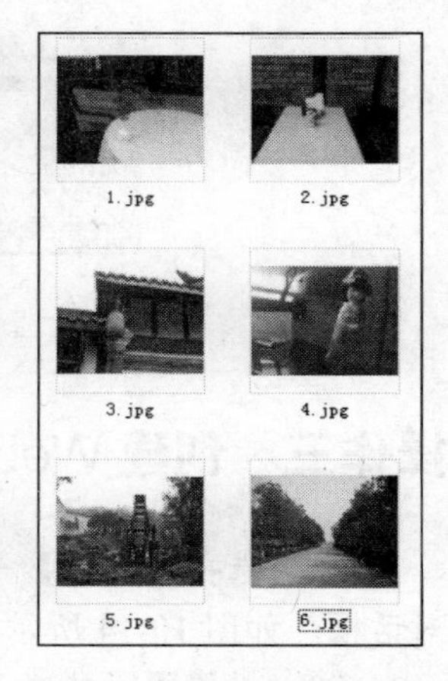

图 10-10　批处理的素材图像

（3）在“批处理”对话框中的“目标”下拉列表框中选择“文件夹”选项，并通过单击“选则”按钮指定处理后的图像存放在“调整亮度”空文件夹下，如图 10-11 所示。

（4）按照文件浏览器批量重命名的方法，在“文件命名”栏下设置起始文件名为“批处理后 01.gif”，如图 10-12 所示。

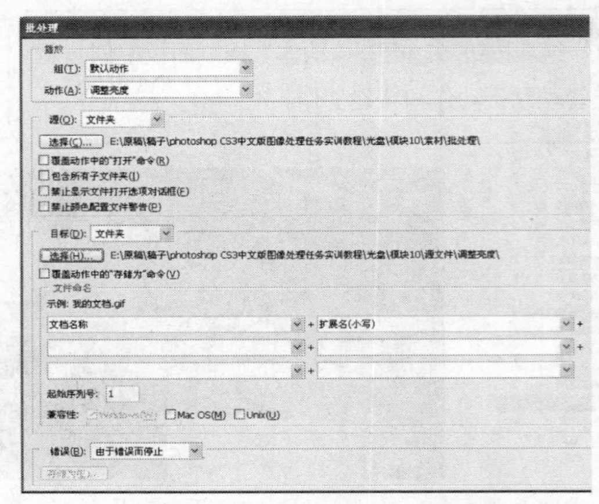

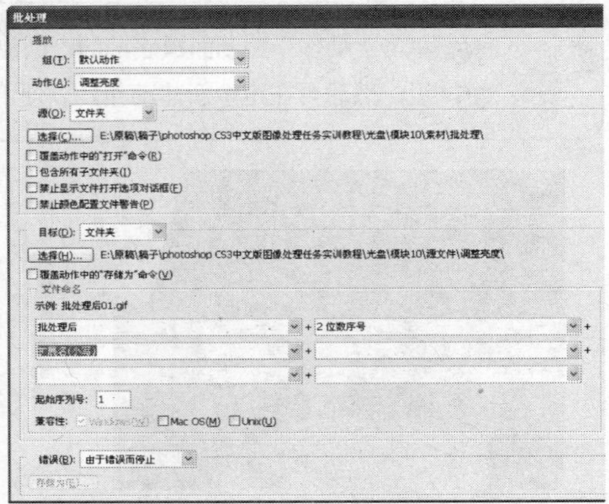

图 10-11　选择处理后的文件存放位置　　　　图 10-12　设置存储文件名

（5）单击“确定”按钮，系统将自动对源文件夹下的每个图像进行亮度调整，并将处理后的文件存储到目标文件下，如图 10-13 所示。

图 10-13　批处理后的图像

操作三　创建 Web 照片画廊

（1）选择【文件】→【自动】→【Web 照片画廊】菜单命令，打开“Web 照片画廊”对话框，如图 10-14 所示。

（2）设置网页样式为“水平放映幻灯片”，分别单击“浏览”和“目标”按钮，在打开的对话框中分别指定图片文件的来源和存放文件夹，如图 10-15 所示。

提示　在创建图片浏览网页过程中，有时可能会打开“Adobe Photoshop”对话框，表示图像文件中包含一些与网页不兼容的字符，此时只需单击“是”按钮忽略。

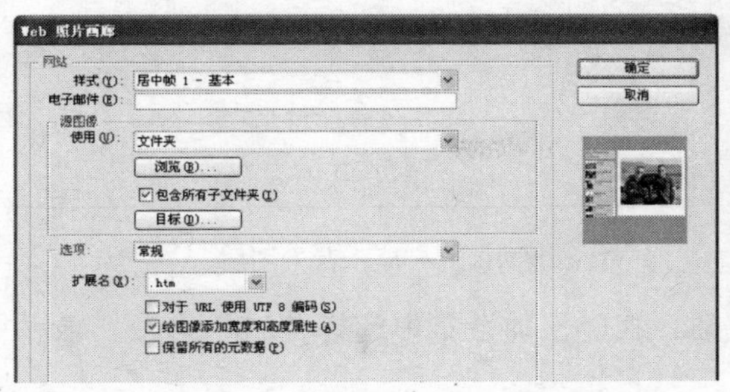

图 10-14 打开“Web 照片画廊”对话框

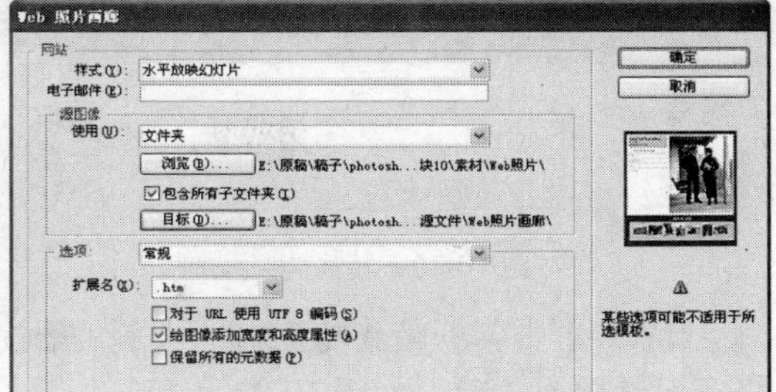

图 10-15 设置照片来源和存储文件夹

（3）单击“确定”按钮，系统会自动将生成的网页文件和所用到的素材文件存放到指定的目标文件夹下，如图 10-16 所示。

（4）双击网页索引文件“index.htm”，便可在打开的网页中浏览图片，如图 10-17 所示。

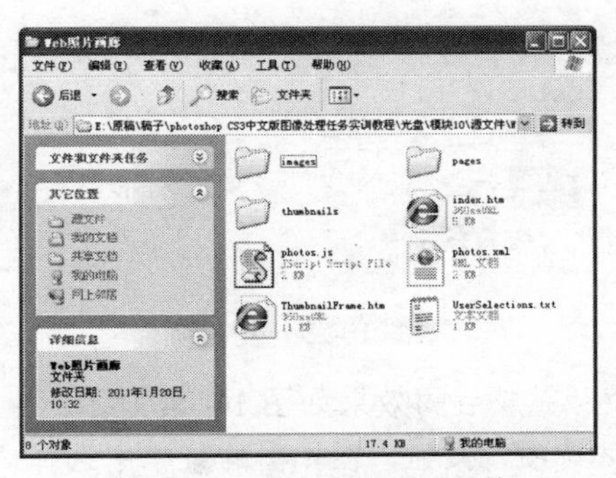

图 10-16 自动生成网页文件

图 10-17 打开网页浏览图片

操作四 创建网页 GIF 动画

（1）打开“素材 2.jpg”素材图像，将“素材 3.jpg”、“素材 4.jpg”和“素材 5.jpg”素材图像拖动至要编辑的图像窗口中，得到图层 1 至图层 3，如图 10-18 所示。

（2）选择【窗口】→【动画】菜单命令，打开“动画”控制面板，如图 10-19 所示。

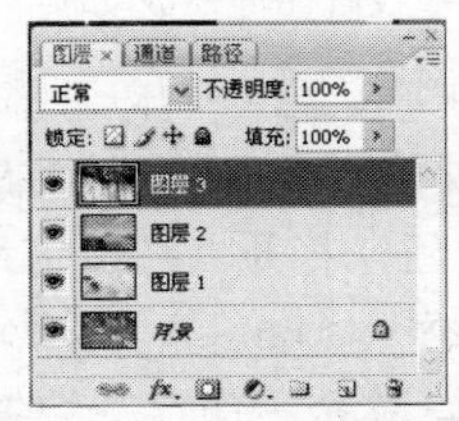

图 10-18 “图层”控制面板

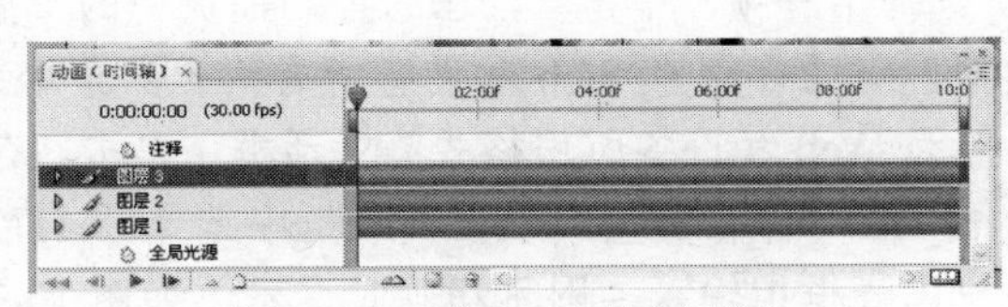

图 10-19 “动画”控制面板

（3）单击“动画”控制面板中右下角的“转换为帧动画”按钮，将该控制面板由时间轴动画转换为帧动画，如图 10-20 所示。

（4）隐藏图层 1 至图层 3，只显示背景图层，此时“动画”控制面板如图 10-21 所示。

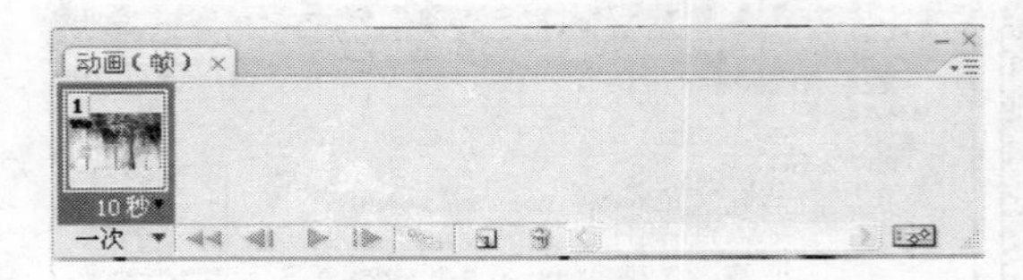

图 10-20　转换为帧动画

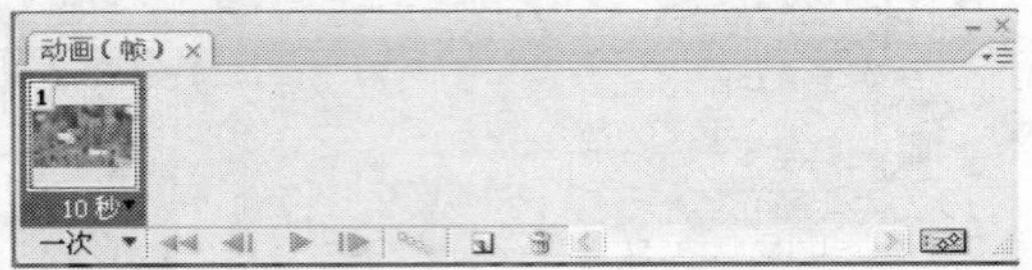

图 10-21　显示背景图层

（5）单击第一帧缩略图时间右侧的▼按钮，在弹出的菜单中选择“2.0”命令，表示将时间设置为 2 秒，如图 10-22 所示。

（6）单击“动画”控制面板中的“复制所选帧”按钮，创建第二帧，然后隐藏其他图层，只显示图层 1，如图 10-23 所示。

图 10-22　设置间隔时间

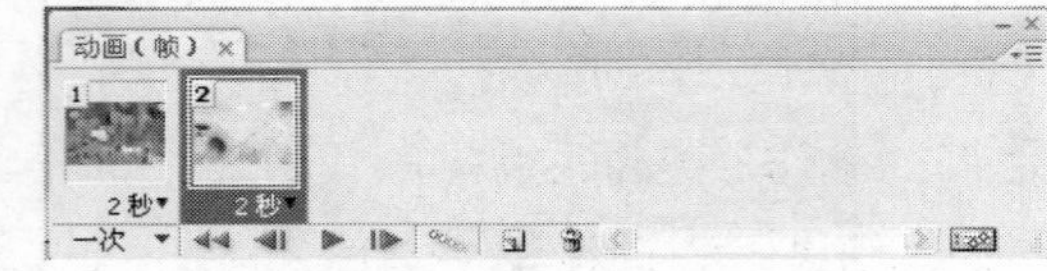

图 10-23　复制帧

（7）按照步骤（6）的方法创建其他帧，完成后的效果如图 10-24 所示。

（8）单击控制面板左下角的“选择循环选项”按钮，在弹出的菜单中选择“永远”选项，表示循环播放动画，如图 10-25 所示。

图 10-24　完成所有帧的创建

图 10-25　设置循环播放动画

（9）选择第一帧，单击“动画”控制面板中的“播放动画”按钮，即可播放动画。选择【文件】→【存储为 Web 和设备所有格式】菜单命令，或按 Alt+Shift+Ctrl+S 组合键打开“存储为 Web 和设备所用格式”对话框，单击“存储”按钮，打开“将优化结果存储为”对话框，在“保存类型”下拉列表框中选择“HTML 和图像（*.html）”选项，在“文件名”下拉列表框中输入“网页动画”文本，如图 10-26 所示，单击“保存”按钮。

（10）在文件的保存位置双击文件，即可在网页浏览器中打开网页动画，如图 10-27 所示。

图 10-26　保存动画　　　　　　图 10-27　浏览动画

◆ 学习与探究

本任务练习了录制播放动作、批处理图像、Web 照片画廊和制作 GIF 动画的相关知识，下面对“动作”控制面板和“动画”控制面板进行简要介绍。

1.“动作”控制面板

“动作”控制面板的组成如图 10-28 所示。各组成部分的作用介绍如下：

图 10-28　“动作”控制面板

- 动作组：用于存储或归类动作的组合，单击“动作”面板底部的“创建新组”按钮可创建一个新的动作组，并且在创建过程中系统会提示为新创建的动作组进行命名。
- “暂停动作”框：若该框中有一个红色的标记，表示该动作中只有部分步骤设置了暂停；若该框中有一个黑色的标记，表示每个步骤在执行中都会暂停。
- 动作名称：用于显示动作的名称，可单击面板底部的“创建新动作”按钮创建一个新动作，并且在创建过程中系统会提示为新创建的动作进行命名。
- 动作控制按钮：用于动作的各种控制，从左至右各个按钮的功能依次是停止播放、开始录制动作、播放选定动作、创建动作组、创建动作和删除。
- “切换动作”框：该框用于控制动作是否可播放，若该框是空白，则表示该动作或动作序列不能播放；若该框内有一个红色的“√”标记，则表示该动作中有部分动作不能播放；若该框内有一个黑色的“√”标记，则表示该动作组中的所有动作都可播放。

在“动作”控制面板中单击右上角的按钮，在弹出的菜单中同样可以选择相应的命令执行操作。

2. “动画”控制面板

“动作”控制面板的组成如图 10-29 所示。各组成部分的作用介绍如下：

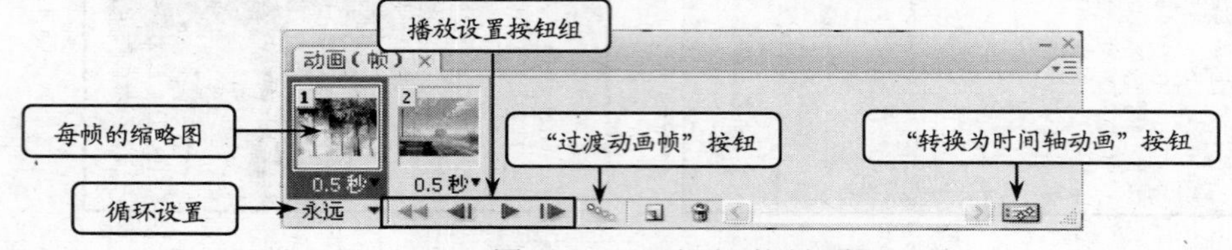

图 10-29 “动画”控制面板

- 每帧的缩略图：用于显示该帧的图像缩略图，打击缩略图下方的按钮，可设置每帧的播放速率。
- 循环设置：在其下拉列表中可指定帧的播放形式，选择“其他”选项时，将打开“设置循环次数”对话框，在其中可设置播放的次数。
- 播放设置按钮组：在其中包括“选择第一帧”按钮、“选择上一帧”按钮、“播放动画”按钮和“选择下一帧”按钮。
- “过渡动画帧”按钮：表示在选定的图层之间添加的帧数。
- “转换为时间轴动画”按钮：单击该按钮，可切换到“动画（时间轴）”面板。

利用创建动画的相关知识，为操作四中的 GIF 网页动画添加过渡帧，并设置过渡的时间，使动画过渡更加自然。

任务二 图像的输出与打印

◆ 任务目标

本任务的目标是练习将处理好后的图像进行输出和打印操作，通过练习进一步掌握图像的输出和打印方法。

素材位置：模块十\素材\打印.jpg
效果图位置：模块十\源文件\多图像打印.psd

本任务的具体目标要求如下：

（1）了解图像打印前的准备工作。

（2）掌握设置和打印图像的方法。

操作一 图像印前准备工作

在将处理后的图像提交印刷之前，应进行一些准备工作，主要包括以下几个方面。

1．图像的分辨率

分辨率是保证印刷后的图像清晰度的关键，分辨率越高，图像越清晰，同时图像文件所需的存储空间也越大。在实际应用中，不同情况对图像分辨率的要求也有所不同，在 Photoshop CS3 中默认的分辨率为 72 像素/英寸，用于在普通显示器上观看；需要发布于网页中的图像分辨率通常为 72 像素/英寸或 96 像素/英寸；报纸杂志等图像作品分辨率通常设置为 120 像素/英寸或 150 像素/英寸；印刷图像的分辨率通常设置为 300 像素/英寸。

2．图像颜色模式

图像不同的输出方式所要求的颜色模式也不同。如输出到电视设备中观看的图像，则必须经过 NTSC 颜色滤镜等颜色校正工具进行校正后才能在电视中显示；如输入网页中进行观看的图像，则可以选择 RGB 颜色模式；对于需要印刷的图像作品，必须使用 CMYK 颜色模式。

3．图像的存储模式

在图像处理完成后，应根据输出需要将图像存储为相应的格式。若用于观看的图像，则将其存储为 JPG 格式；若用于印刷的图像，则需要将其存储为 TIF 格式。

另外，在输出打印前，图像中的字体如不必要，一般不使用特殊字体。还需要注意的是一定要将与该设计作品有关的素材图像文件、字体文件一并提交该输出中心。

操作二　分色、出片和打样

在图像印刷前，还必须进行分色、出片和打样。下面分别进行讲解。

1．分色

分色是印刷的专业名词，指的是将原稿上的各种颜色分解为青（C）红（M）黄（Y）黑（K）四种原色颜色；在电脑印刷设计和平面设计图像类软件中，分色就是将图像的色彩模式转换为 CMYK 颜色模式。要印刷打印图像，必须将图像的颜色模式转换为 CMYK 颜色模式。在 Photoshop 中，选择【图像】→【模式】→【CMYK 颜色】菜单命令，即可将图像的色彩模式从 RGB 颜色模式或 Lab 颜色模式转换为利于打印的 CMYK 模式。

在图像由 RGB 颜色模式转为 CMYK 颜色模式时，图像上一些鲜艳的颜色会产生明显的变化，这种变化可以很明显地观察到，一般会由鲜艳的颜色变成较暗淡一些的颜色。这是因为 RGB 的色域比 CMYK 的色域更大些，也就是说有些在 RGB 颜色模式下能够表示的颜色在转为 CMYK 颜色模式后，就超出了所能表达的颜色范围，这些颜色只能用相近的颜色替代。因而使颜色产生较为明显的变化。

2．出片

出片是指将设计完的图像文件制作成胶片（也称菲林）的过程，在印刷中称做出片。出片需要注意以下几个方面：

- 彩色图像一定要是 CMYK 颜色模式。
- 图像中是否存有专色。

- 文字是否用空格定位，否则出片时文字容易出现跑位现象。
- 不要使用系统提供的字库。
- 中英文混排时，不要用中文字体定义英文字体，否侧容易出现文字跑位和文字挤在一起等现象。
- 图像中是否应用的特殊字体。
- 准备全部有关的输出文件，尤其是页面上所有图像的原始 Photoshop 文件。
- 联系印刷厂确定出片线数。

3．打样

印刷厂在印刷之前，必须将所交付印刷的作品交给出片中心进行出片。输出中心先将 CMYK 颜色模式的图像进行青色、品红、黄色和黑色 4 种胶片分色，再进行打样，从而检验制版阶调与色调能否取得良好的再现，并将复制再现的误差及应达到的数据标准提供给制版部门，作为修正或再次制版的依据，打样校正无误后即可交付印刷中心进行制版和印刷。

操作三　设置并打印图像

要实现图像的打印，首先要知道打印的内容，并根据打印的内容进行参数设置，然后通过打印预览来查看打印后的最终效果，最后即可正式打印。

1．设置打印内容

在打印图像前，首先要确定打印的图像内容，并根据打印的内容进行相关的参数设置，打印内容主要包括以下几个方面：

（1）打印全图像。

默认情况下，当前图像中所有可见图层的图像都属于打印范围，因此图像处理完成后不必作任何改动。

（2）打印指定图层。

默认情况下，Photoshop CS3 会打印一幅图像中的所有可见图层，若要打印部分图层，只需将不需要打印的图层隐藏。

（3）打印指定区域。

若要打印图像中的部分图像，可先使用工具箱中的选区工具在图像中创建一个图像选区，然后再进行打印。

（4）多图像打印。

多图像打印是指一次将多幅图像同时打印到一张纸上，可在打印前将要打印的图像移动到一个图像窗口中，然后再进行打印。其具体操作如下。

①选择【文件】→【自动】→【联系表 II】菜单命令，打开“联系表 II”对话框，如图 10-30 所示。

②单击“浏览”按钮，打开“浏览文件夹”对话框，在其中可选择需打印的多幅图像所在文件夹，如图 10-31 所示。

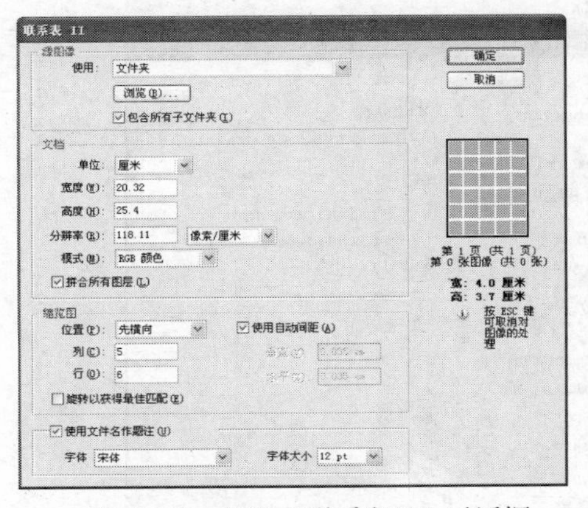

图 10-30　打开“联系表Ⅱ”对话框

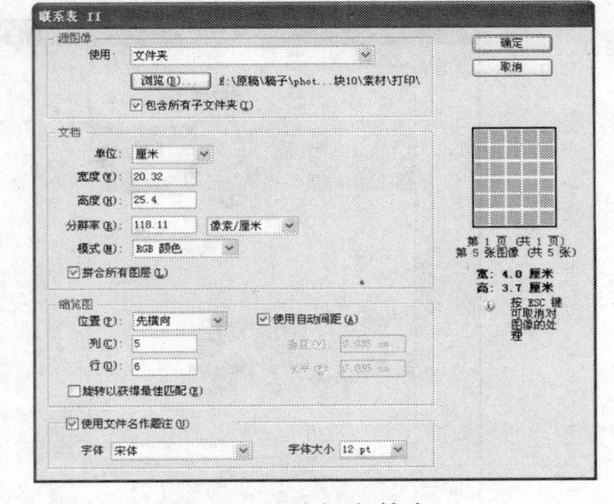

图 10-31　选择文件夹

③在“缩览图”栏下根据要打印图像的多少设置它们在图纸上的分布方式。这里设置3列2行，如图10-32所示。

④单击“确定”按钮，系统会自动创建一个新图像文件，并将选择的图像按上述设置分布在图像内，如图14.7所示。

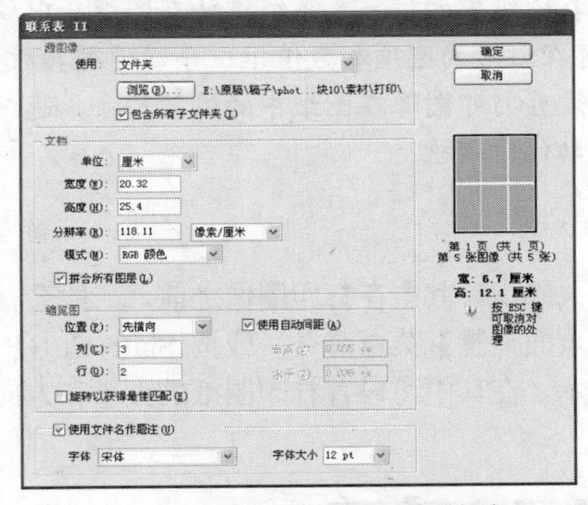

图 10-32　设置图像排列方式

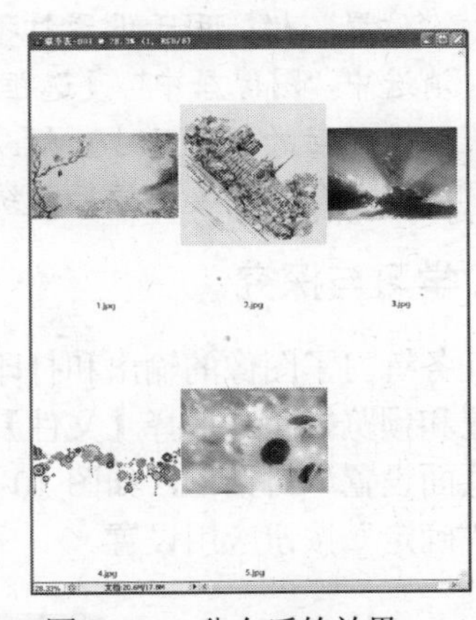

图 10-33　分布后的效果

⑤此时打印系统生成的文件即可。

2. 打印图像

选择【文件】→【打印】菜单命令，或按Ctrl+P组合键打开“打印”对话框，可看到准备打印的图像在页面中所处的位置及图像尺寸等数据，设置好后，单击“打印”按钮即可，如图10-34所示，各选项含义如下。

提示　如果计算机配置的打印机不同，则打开的“打印”对话框中的参数设置也不完全相同，用户可仔细查看购买打印机时随机附送的说明书。

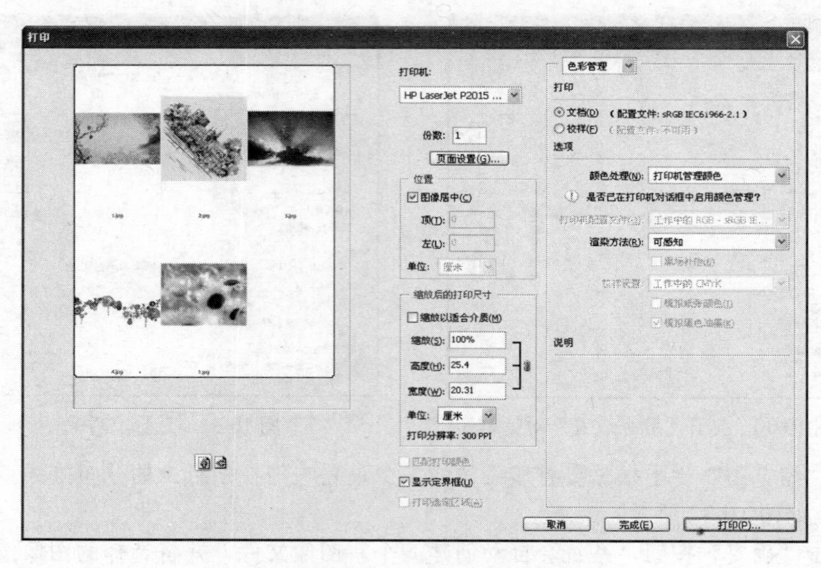

图 10-34 “打印”对话框

- “位置”栏：用于设置打印图像在图纸中的位置，系统默认在图纸居中放置，取消选中“图像居中”复选框，则可在激活的选项和数值框中手动设置其放置位置。
- “缩放后的打印尺寸”栏：用于设置打印图像在图纸中的缩放尺寸，选中“缩放以合适介质”复选框后系统会自动优化缩放。

◆ 学习与探究

本任务练习了图像的输出和打印的相关知识。其中在打印图像之前，一般会首先进行页面设置和预览打印。选择【文件】→【页面设置】菜单命令，或按 Shift+Ctrl+P 组合键打开“页面设置”对话框，如图 10-35 所示。在其中可设置打印图纸的大小和方向，完成后单击“确定”按钮应用设置。

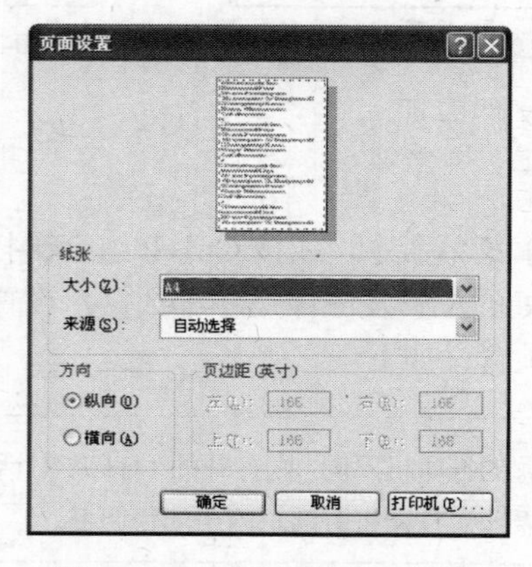

图 10-35 “页面设置”对话框

另外，可通过网上搜索印刷的主要种类，了解各个种类的印刷效果。

实训一　利用动作批量转换图像文件格式

◆ 实训目标

本实训要求运用动作和批处理的相关知识，将多幅图像的 JPG 文件格式转换为 TIF 格式。前后效果如图 10-36 所示。

素材位置： 模块十\素材\蝴蝶.jpg、“文件格式转换”文件夹
效果图位置： 模块十\源文件\蝴蝶.tif、“文件格式转换”文件夹

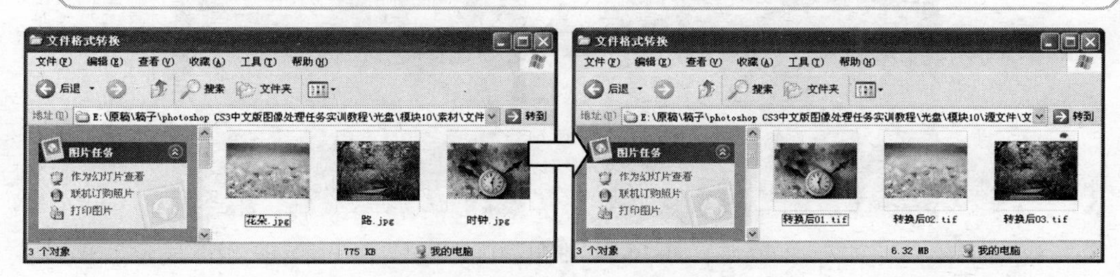

图 10-36　转换格式前后对比效果

◆ 实训分析

本实训的操作思路如图 10-37 所示，具体分析及思路如下：

（1）新建并录制动作。

（2）打开“批处理”对话框，选择源文件夹和目标文件夹。

（3）文件命名后，单击“确定”按钮确认转换。

①录制动作　　②完成转换

图 10-37　批量转换文件格式的操作思路

实训二　制作枫叶飘落效果

◆ 实训目标

本实训要求运用创建 GIF 动画的相关知识制作如图 10-38 所示的枫叶飘落效果。

图 10-38　枫叶飘落效果

素材位置：模块十\素材\枫叶.jpg
效果图位置：模块十\源文件\枫叶飘落.html

◆ 实训分析

本实训的操作思路如图 10-39 所示，具体分析及思路如下：

（1）打开素材图像，用选区工具绘制一片枫叶创建选区，按 Ctrl+J 组合键复制图层，然后按住 Ctrl 键拖动枫叶。

（2）按 Ctrl+Alt 组合键快速复制拖动枫叶，利用相同的方法绘制其他树叶。

（3）打开“动画”控制面板，创建帧，将每帧的间隔时间调整为 0.2 秒，永远循环。

（4）最后将其保存为 GIF 格式即可。

①打开素材图像　②复制图层　③继续复制图层　④完成制作

图 10-39　制作枫叶飘落的操作思路

实训三　制作并打印海报

◆ 实训目标

本实训要求运用 Photoshop 制作图像和打印图像的相关知识，制作海报并将其打印到纸张上，最终效果如图 10-40 所示。

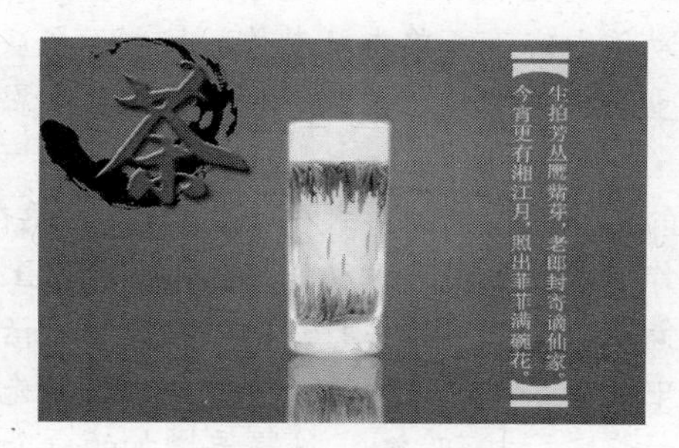

图 10-40　海报效果

素材位置：模块十\素材\墨.jpg、茶.jpg

效果图位置：模块十\源文件\海报.psd

◆ 实训分析

本实训的操作思路如图 10-41 所示，具体分析及思路如下：

（1）新建图像文件进行径向渐变填充，将素材图像拖至编辑的图像窗口中，并进行相应处理。

（2）输入文字，并对文字图像添加相应的图层样式。

（3）选择“页面设置”命令设置纸张大小，然后进行打印。

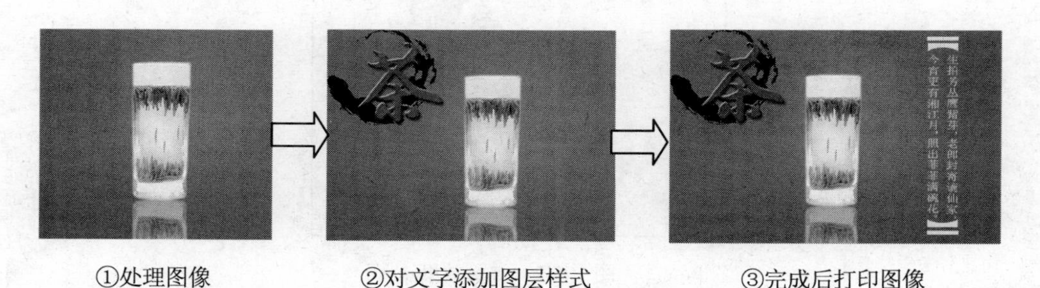

①处理图像　　②对文字添加图层样式　　③完成后打印图像

图 10-41　制作并打印海报的操作思路

实践与提高

根据本模块所学内容，完成以下实践内容。

练习 1　提高使用动作批处理图像的应用技能

在 Photoshop 中通过录制动作对多图像进行处理，可以有效提高工作效率，下面便对录制动作的相关注意事项进行讲解。

- 在 Photoshop CS3 下需要注意的是有的操作不能被录制，能被录制的有多边形套索、选框、裁切、直线、渐变、移动、魔棒、油漆桶和文字等工具，以及路径、通道、图层、历史记录等控制面板中的操作。
- 在录制过程中，如果出现了错误，可先停止当前动作的录制，在已录制的动作下选择录制的出错动作内容，并单击“动作”控制面板底部的删除按钮，以将该内容删除，然后重新单击“开始录制”按钮进入录制状态，再继续进行录制即可。
- 用户可以将录制的动作以文件的形式存储起来，以方便在其他计算机中载入使用，选择要存储的动作组，然后单击“动作”控制面板右上角的按钮，在弹出的快捷菜单中选择“存储”命令，然后在打开的“存储”对话框中输入文件名保存。
- 若要在一个动作中的一条命令后新增一条命令，可以先选中该命令，然后单击控制面板上的“开始记录”按钮，选择要增加的命令，再单击“停止记录”按钮。
- 按住 Ctrl 键不放，在“动作”控制面板上双击所要执行的动作，即可执行整个动作。

练习 2　制作鸡蛋

运用选框工具、加深工具和减淡工具等制作鸡蛋，最终效果如图 10-42 所示。

图 10-42　鸡蛋效果

效果图位置：模块十\源文件\鸡蛋.psd

练习 3　制作星空

运用选框工具、画笔工具、图层样式和设置图层混合模式等相关知识，制作宇宙星空效果，完成后的最终效果如图 10-43 所示。

素材位置：模块十\素材\纹理.jpg、地图.jpg、云.jpg、光芒.jpg
效果图位置：模块十\源文件\星空.psd

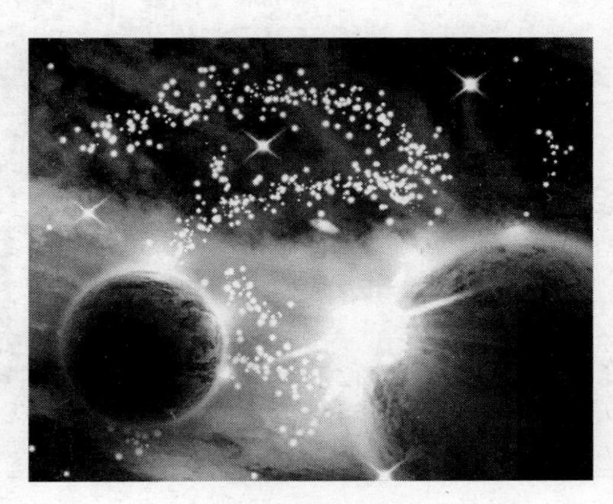

图 10-43　星空效果

练习 4　制作扇子

本练习将运用“添加杂色”命令、“动感模糊”命令、选框工具、自定义形状工具和自由变换等相关知识，制作古典扇子效果，完成后的最终效果如图 10-44 所示。

素材位置：模块十\素材\中国结.jpg
效果图位置：模块十\源文件\扇子.psd

图 10-44　扇子效果

练习 5　制作书籍封面

本练习运用选框工具、文字工具、添加图层蒙版和滤镜等相关知识，制作书籍封面，完成后的最终效果如图 10-45 所示。

素材位置：模块十\素材\黄昏.jpg、背景.jpg、古迹.jpg、壁画.jpg
效果图位置：模块十\源文件\书籍封面.psd

图 10-45　书籍封面效果

反侵权盗版声明